国家科学思想库

科学文化系列

科学与中国

院士专家巡讲团报告集

第九辑

白春礼/主编

科学出版社
北京

图书在版编目(CIP)数据

科学与中国．院士专家巡讲团报告集．第九辑/白春礼主编．—北京：科学出版社，2015.2

ISBN 978-7-03-043356-5

Ⅰ.①科… Ⅱ.①白… Ⅲ.①科学技术-概况-中国-文集 Ⅳ.①N12-53

中国版本图书馆 CIP 数据核字（2015）第 030116 号

责任编辑：侯俊琳 牛 玲 张翠霞/责任校对：李 影

责任印制：李 彤/封面设计：无极书装

科学出版社 出版

北京东黄城根北街 16 号

邮政编码：100717

http://www.sciencep.com

北京厚诚则铭印刷科技有限公司印刷

科学出版社发行 各地新华书店经销

*

2015 年 3 月第 一 版 开本：720×1000 1/16

2023 年 6 月第五次印刷 印张：20 1/4 插页：3

字数：307 000

定价：78.00 元

编 委 会

序　言

十年前，由中国科学院牵头策划，并联合中共中央宣传部、教育部、科学技术部、中国工程院和中国科学技术协会共同主办的“科学与中国”院士专家巡讲活动拉开了帷幕。这项活动历经十载，作为我国的一项高端科普品牌活动，得到了广大院士和专家的积极响应，以及社会公众的广泛支持和热烈欢迎。十年来，巡讲团举办科普报告 800 余场，涉及科技发展历史回顾、科技前沿热点探讨、科学伦理道德建设、科技促进经济发展、科技推动社会进步等五个方面，取得了良好的社会反响，在弘扬科学精神、普及科学知识、传播科学思想、倡导科学方法等方面做出了突出贡献。

“科学与中国”院士专家巡讲团由一大批著名科学家组成，阵容强大，演讲内容除涉及自然科学领域外，还触及科学与经济、社会发展等人文领域，重点针对“气候与环境”、“战略性新兴产业”、“科学伦理道德”、“振兴老工业基地”、“疾病传染与保健”等社会关注的焦点问题和世界科技热点，精心安排全国各地的主题巡讲活动。同时，该活动还结合学部咨询研究和地方科技服务等工作开展调查研究，扩大巡讲实效。近年来，该巡讲团针对不同人群的需要，创新开展活动的组织形式，分别在科技馆和党校开辟了面向社会公众和公务员的“科学讲坛”这一科普阵地，举办了资深院士与中小学生“面对面”对话交流活动。这些活动的实施在激励青少年学生成长成才和献身科学事业、培养广大领导干部科学思维与科学决策、引导社会公众全面正确认识科学技术等方面都起到了积极作用。如今，“科学与中国”院士专家巡讲活动已经成为我国高层次的科学文化传播活动，是科学家与公众的交流桥梁，是科学真谛与求知欲望紧密接触的纽带，是传播科学的火种。

科技创新，关键在人才，基础在教育。进入 21 世纪以来，世界科技发展势头更加迅猛，不断孕育出新的重大突破，为人类社会的发展勾勒出新的前景，世界政治、经济和安全格局正在发生重大变化。随着人类文明在全球化、信息化方面的进一步发展，国家间综合国力的竞争聚焦于科技创新和科技制高点的竞争，竞争的重点在人才，基础在教育。胡锦涛同志在2006年全国科学技术大会上曾经指出，要“创造良好环境，培养造就富有创新精神的人才队伍”。是否能源源不断地培养出大批高素质拔尖创新人才，直接关系到我国科技事业的前途和国家、民族的命运。由于历史的原因，作为一个人口大国，我国公众整体科学素养水平相对较低，此外，由于经济、社会发展不均衡，公众科学素养存在很大的城乡差别、地区差别、职业差别。所以，我国的科普工作作为公众科学教育的重要环节，面临着更加复杂的环境。中国科学院应当充分发挥自身的资源优势，动员和组织广大院士和科技专家以多种形式宣传科技知识，传播科学理念，积极开展科普活动，把传播知识放在与转移技术同样重要的位置，为培育高素质创新人才创造良好的环境条件并做出应有的贡献。

中国科学院学部联合社会力量共同开展高端科普工作的积极意义，不仅在于让公众了解自然科学知识，更在于提高公众对前沿科技的把握，特别是加深其对科学研究本身的思想、方法、精神、价值、准则的理解，这是对大中小学课程和社会公众再教育的重要补充。只有让公众理解科学，才能聚集宏大的人才队伍投身于科技创新事业，才能迸发持续不断的创新源泉和创新成果。

《科学与中国——院士专家巡讲团报告集》第一轮的出版工作始于2005年，共出版了七辑，经五年工作的积累，第二轮出版工作已启动，已出版第七、第八辑，现第九、第十辑也付梓印刷。我们向社会公开出版院士专家的演讲报告文集，希望读者能够通过仔细阅读，深度体会科学家们的科学思想和科学方法，感受质疑、批判等科学精神和科学态度，理解科技的道德和伦理准则，把握先进文化和人类文明的发展方向，并在实际工作和社会生活中切实加以体会和运用。这也是中国科学院学部科学引导公众、支撑国家科学发展的职责之所在。

是为序。

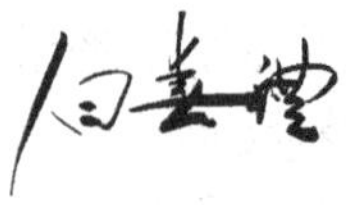

2014年冬

目 录

从沃森、克里克发现DNA双螺旋分子结构说起

纪念《核酸的分子结构——脱氧核糖核酸的结构》发表60周年

路甬祥

流体传动与控制专家。中国科学院原院长，浙江大学教授。籍贯浙江慈溪，1942年4月28日生于浙江宁波。1964年毕业于浙江大学，1981年获德国亚琛大学工程博士学位。1990年当选为第三世界科学院院士。1991年当选为中国科学院学部委员（院士），1994年当选为中国工程院院士。

在前人的基础上创造性地提出“系统流量检测力反馈”、“系统压力直接检测和反馈”等新原理，并应用于先导流量和压力控制器件，将此技术推进到一个新阶段，使大流量和高压领域内的稳态与动态控制精度获得量级性提高。将这些原理与机-电-液一体插装技术相结合，推广应用于阀控、泵控和液压马达等控制，研究开发了一系列新型电液控制器件及工程系统。该技术被认为是20世纪80年代以来电液控制技术重大进展之一。主持开发研究的相应的CAD、CAT支撑系统，被广泛应用于中国工业部门。

Lu Yongxiang

路甬祥

1953年，美国生物学家沃森和英国的物理学家克里克共同提出来DNA双螺旋分子结构模型，从分子的层面阐明了遗传物质DNA如何携带遗传信息及如何进行遗传复制的机制，由此揭示了生命遗传的奥秘，奠定了分子生物学的基础。

60年来，人类对于生命的认知已经深入到了分子层面，人们开始从分子层面来理解生命的遗传、发育、变异、凋亡和进化，以生物物理和生物化学为基础的分子生物学成了生命科学领域中发展最快、成果最丰硕，也最具有吸引力的学科。分子生物学的发展还带动了基因工程、干细胞等技术的发展，为农业、医学、工业生物制造等开辟了全新的途径。所以我们今天来回顾DNA双螺旋分子结构发现的故事，的确可以从中得到许多启示。

一、DNA双螺旋分子结构的发现

1. 背景

我们先来回顾一下DNA双螺旋分子结构发现的过程。过程也有故事性。先看看当时发现它的背景怎么样。19世纪末，科学家就已经猜测到是细胞当中的染色体决定了生命的遗传。但是这个遗传物质究竟是染色体当中的蛋白质还是核酸，一直没有定论。到了1944年，艾弗里、麦克里奥德与麦卡迪，他们通过细菌转化试验发现了染色体的主要成分是脱氧核糖核酸，也就是DNA，是遗传物质，它的基本单元是核苷酸，这一步当然是非常重要的。1946～1950年，人们也已经测定了DNA的化学组成是脱氧核糖和磷酸，并且已经知道了由于碱基的不同，核苷酸可以分为腺嘌呤、鸟嘌呤、胸腺嘧啶与胞嘧啶四种，并且确定了它们之间的数量关系。

所以走到这一步，实际上破解DNA分子结构的时机已经基本成熟了。当时，主要有三个实验室致力于DNA分子模型的研究。

第一个是伦敦的国王学院的威尔金斯跟富兰克林他们两个人所在的实验室，主要是侧重于用X射线衍射方法来研究DNA的晶体结构，他们获得了DNA的X射线衍射的照片，并且发现DNA的分子是双链同时排列的螺旋结构；磷酸根的基团和脱氧核糖在螺旋的外侧，并且测量出DNA螺旋体的直径和螺距。他们做到这一步，实际上离揭开双螺旋分子结构已经只有一步之遥了。

第二个从事DNA结构研究的实验室是美国加州理工学院的鲍林实验室。鲍林从1951年开始就用X射线衍射方法来研究蛋白质晶体的氨基酸和多肽链，发现了血红蛋白多肽链为α螺旋链，但是鲍林却误认为DNA应该是三螺旋结构，所以走岔了道。

第三个从事DNA研究的实验室是英国剑桥大学的卡文迪什实验室当中的两位年轻人，就是沃森和克里克。他们这个小组，实际上是一个自主成立的非正式的研究小组，也就是说它没有得到官方的资助，也不是实验室立题请他们研究的，是他们自发立题的。

走到这一步，还是要讲一讲卡文迪什实验室（图1）的情况。卡文迪什实验室始建于1871～1874年，是由当时的剑桥大学校长威廉·卡文迪什私人捐款兴建的，首任的实验室主任是理论物理学家麦克斯韦尔，麦克斯韦尔方程，就是以他的名字命名的。他自己虽然是个理论物理学家，但是非常重视科学方法、实验方法的训练，倡导学生要自己设计实验、制作仪器，这后来也延续成为卡文迪什实验室的传统。

图1 卡文迪什实验室

1884年，物理学家汤姆孙继任实验室主任。在任期内，他建议改革学位制度，吸收世界各地的优秀人才，并且进一步发扬光大了良好的学风。可见在他之前，卡文迪什实验室建立初期，它的学生主要是来自英国本土的，汤姆孙担任主任以后才开放的，从世界各地吸收优秀学生、人才到实验室来做研究工作。他领导实验室开展了气体导电研究，由此发现了电子；开展了放射性研究，发现了α、β射线；发明了质谱仪，开拓了同位素研究，这是一个新领域的开拓；发明了膨胀云雾室，为核物理和基本离子研究创造了条件；同时开展了电子波和热电子研究，并因此发明和改进了真空管，促进了无线电电子学的发展和应用，因为在半导体发明之前，无线电通信主要是靠真空管作为放大器件的。

汤姆孙担任实验室主任期间培养的研究生当中，后来有许多成为著名的科学家，像卢瑟福、朗之万、布拉格、威尔逊、理查森和巴克拉等。他们当中有9位获得了诺贝尔奖。卢瑟福是物理学家，也是卡文迪什实验室培养出来的，到了1919年，他继任实验室主任。他更加重视年轻人的培养，在他的带领下，查德威克发现了中子，考克拉夫特和沃尔顿发明了高压倍加静电加速器，并且首次实现了由人工加速的质子所引起的原子核的分裂。这都是了不起的带有历史意义的物理研究的成就。

布莱克特改进了威尔逊的云雾室，在核嬗变、宇宙线等领域又有许多新发现，他拍摄的正负电子对产生的径迹照片证实了正电子的存在。这实际上是反物质被人们所认识的一个最早的案例。

奥利芬特发现了核酸和氚。卡皮查在高电压技术跟强磁场和低温液氦超流体等方面取得硕果。

卢瑟福的学生和助手中也有8个人后来获得了诺贝尔奖。卡文迪什实验室不仅产生了许多重要的科研成果，而且形成了追求卓越、创造质疑的学术氛围和传统。这个实验室的教授们都很有名望，但是每一位实验室成员，无论职位高低、资历深浅，都享有充分的学术自由和独立思考的权利。这里鼓励争论和批评，不管你是教授还是学生，你发表的学术观点或论文，其他的人都可以质疑，进行争论、讨论。教授的理论和实验遭受学生的批评往往不亚于其他人，但同事之间又保持着良好的友谊和合作氛围。

卡文迪什实验室当时有一条座右铭，它是“The works of the lord are great，sought out of all them that have pleasure therein”。这里有一个中文翻译：“主之作为，极其广大，凡乐之嗜，皆必考察”，我也觉得翻译得不太令人满意，大家还可以再考虑把它翻得更好一点。第二次世界大战以后，鉴于核研究的重要性和安全的要求，英国政府专门成立了有关核研究的国家实验室。因此，有关研究人员和经费全部从卡文迪什实验室转走了，这使得实验室面临很大的困难和挑战。当时的实验室主任已经由布拉格担任，他曾经在X射线衍射分析晶体结构研究方面做出过重要贡献，他是跟他父亲合作的，25岁的时候就获得了诺贝尔物理学奖。他当时在这个困难处境当中，决定将实验室转向非核粒子和固体物理学的研究，从事积极开辟新的交叉学科研究领域。

也就是说，卡文迪什实验室从开始作为一个纯粹的物理基础研究实验室，转向了物理与天文、物理与生命科学交叉等新的前沿领域，这也是非常大胆的一步。他首先支持拉特克利夫和赖尔利用战时发展起来的雷达技术和军方弃置的技术设备建造射电望远镜，发展射电天文研究。当然他也没有什么钱，所以就利用军方弃置的设备来改造拼装成为射电天文望远镜雷达设备。

布拉格支持的第二个方向是在X射线衍射晶体分析的基础上进行生物大分子结构研究，组成了以佩鲁茨和肯德鲁为首的蛋白质晶体结构研究小组。正是由于布拉格的远见卓识，在当时十分困难的条件下，卡文迪什实验室在这两个新开辟的学科领域又取得了辉煌的成就，发现了类星体、脉冲星，发明了双天线的射电干涉仪、综合孔径射电望远镜，还确定了DNA双螺旋分子结构、血红蛋白分子结构等。后来居然又有9个人成为诺贝尔奖的得主，其中有5位是与分子生物学相关的，4位是跟射电天文相关的，为战后的英国科学界争得了很高的荣誉。

我们从卡文迪什实验室的发展路径当中可以得到很多启示。对于一个好的研究所，一个好的大学来说，研究经费是重要的，但是不是最重要的。最重要的还是要有科学思路，要有创新的战略选择，要积极地推动学科交叉，要鼓励青年人的创造、创新，鼓励营造一个自由、平等的学术氛围。

2. DNA双螺旋结构模型

下面我们看看DNA双螺旋分子结构模型是怎么建立起来的。詹姆斯·沃森，1928年出生于美国芝加哥，也是一个很聪明的青年人。他16岁的时候就获得了芝加哥大学动物学的学士学位，22岁因为研究X射线对噬菌体增殖的影响而获得了理学博士学位。

1951年，沃森到意大利那不勒斯参加生物大分子的结构会议，正好在会上，伦敦国王学院的威尔金斯和富兰克林有一篇关于 DNA X 射线晶体衍射分析的报告吸引了他。后来他经过导师的推荐，从美国转移到了哥本哈根大学从事噬菌体 DNA 的研究。因为他原来博士论文就是做 X 射线对噬菌体增殖的影响，对噬菌体的结构是有认识、有基础的。他同时在意大利参加会议，又对 DNA 有兴趣，可能是这个原因，导师就推荐他到哥本哈根去。他当时已经朦胧地认识到了 DNA 就是遗传物质。到了哥本哈根他没有待多久，由于对卡文迪什实验室学术氛围的向往，他自主选择转到卡文迪什实验室做肯德鲁教授的博士后，因为肯德鲁教授刚刚开辟新方向，用 X 射线衍射方法从事蛋白质结构的研究。

弗朗西斯·克里克，1916 年生于英国北安普顿城，他年纪要比沃森大。1937 年，21 岁的他就获得了伦敦大学的学士学位，随即就攻读物理学博士学位。但是到 1939 年，他因为第二次世界大战爆发中断了学业，后来参了军，在英国海军从事磁性水雷等武器研究，整整搞了八年。第二次世界大战后，克里克大量地阅读了国内各学科的书籍，其中一本是量子力学的奠基人之一薛定谔的《生命是什么》。在这本书当中，薛定谔指出：要想揭示出生命遗传的本质，必须从生命的结构、信息传递和功能三方面入手。因为薛定谔是量子力学的奠基人之一，他从理论物理学家的立场跟观点来看待生命遗传学研究的本质，认为必须要了解它的结构，同时要认识信息传递和它的功能，这是很符合逻辑的。

从物理学家的眼光来看，研究生命现象的分子结构很重要，因为万物都是由分子、原子、电子组成的，生命现象当然也不能够例外，只不过生命物质它有遗传发育和复制的功能，不同于无生命物质的结构而已。正是因为受到薛定谔这本书的启发，克里克对生物学产生了浓厚兴趣，因为他是学物理的，决心探究生命的奥秘。1947 年，他从海军退役以后就进入了剑桥大学。1948 年，他又顺利进入了卡文迪什实验室，成为佩鲁茨的博士研究生。正好佩鲁茨也是用 X 射线衍射进行蛋白质结构研究的这个方向的领导人之一，主要从事血红蛋白 X 射线衍射的分析研究。

在卡文迪什实验室，沃森和克里克两人碰在一起，很快成为好朋友。这两个人有一些共同的兴趣和追求，他们都不盲从当时大多数科学家认为蛋白质是遗传物质的观念，而相信 DNA 是遗传物质。他们认为解读 DNA 的三维分子结构是了解生命现象的关键，因此共同决定选择探索

DNA分子结构作为研究目标。

他们之间的合作，从现在来看，可以说正好是揭示DNA结构功能的一个很好的组合，因为沃森了解噬菌体遗传学的前沿进展，克里克熟悉X射线衍射晶体学，这都有助于他们探讨遗传物质的分子结构，而且他们都比较年轻，思想活跃，视野开放，对任何有关的研究进展都有着敏锐的感觉和强烈的兴趣。当时沃森和克里克他们没有条件做实验，这主要是因为要想正式立题开展实验研究，首先要有经费，当时的经费渠道，他们是要向卡门·威尔士（相当于中国的自然科学基金会）申请，申请的周期至少要一年时间，还要经过复杂的评审才能申请到。

另外，因为当时卡文迪什实验室主任布拉格曾经跟伦敦国王学院有一个君子协定，就是卡文迪什实验室只做蛋白质结构的X射线分析，DNA的X射线分析由国王学院进行。再要在卡文迪什实验室开辟一个实验小组，那就比较难了。所以他们两位只能够从国王学院去获得DNA X射线衍射分析的有关实验数据。就是在这种比较困难的情况下，他们主要依靠已经公开的知识，依靠他们杰出的科学思维和严谨的科学方法进行自己所热衷的研究工作。

值得庆幸的是，沃森因为有生物学背景，所以对生物大分子结构，他是有认知和了解的；克里克是物理学背景，所以他的X射线衍射分析的知识也是比较扎实的。这使得他们能够很快理解当时所能够得到的有关DNA公开发表的资料或者是通过其他渠道得到的资料，能够很快地来分析和研究X射线衍射照片以及各种实验的数据。沃森和克里克还讨论了鲍林发现的蛋白质的α螺旋的过程，注意到了鲍林成功的关键，不是仅仅依靠X射线图像分析获得的，而且还研究确定了分子模型当中原子之间的数量关系和结构关系，这是鲍林研究工作的方法对他们的启示。

所以他们在其他人的实验成果的启示下开始用很简陋的设备进行研究。我去看过卡文迪什他们构建的模型，现在放在门厅的橱窗里面，就是用自行车的辐条、做化学模型的塑料球，还有硬纸板三种材料搭建起来的。他们开始也认为DNA应该是三螺旋结构，得出了一个三螺旋的分子模型，但是他们把这个模型展示给威尔金斯和富兰克林看的时候，富兰克林当时马上就指出了这个模型的问题和缺陷，研究工作就陷入僵局了。他们听了以后也觉得富兰克林讲得很有道理，这个模型不行。

1953年2月14日，在一次讨论当中，威尔金斯拿出了一幅富兰克林在1951年11月取得的非常清晰的B型DNA晶体的衍射照片，图2就是这张照片。一看这张照片，沃森马上意识到DNA晶体不是三螺旋，应该是双螺旋的结构。当然他们还参考了查尔加夫的DNA化学分析的结果，因为查尔加夫的化学分析对DNA当中的腺嘌呤、鸟嘌呤、胸腺嘧啶和胞嘧啶的数量进行了测定，而且发现DNA中的腺嘌呤（A）与胸腺嘧啶（T）数量几乎完全一样，鸟嘌呤（G）与胞嘧啶（C）的数量也相同，即A=T，G=C。这是一个数量的概念，很重要。他们既有空间结构的概念，又有数量方面的概念，所以他们根据这些基本的知识和数据，共同构建了第二个双螺旋分子模型。在构建这个模型当中，他们把脱氧核糖和磷酸交替连接，排列在外侧，形成一个螺旋形构架，将碱基成对地排列在内。但是他们犯了一个错误，他们把碱基采用了同配方式，也就是A连接A，C连接C，G连接G，T连接T，由于配对的方式错误，这个模型也宣告失败了。

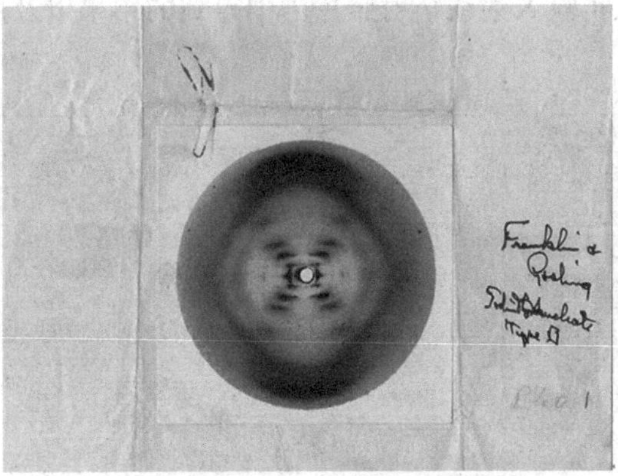

图2　B型DNA晶体衍射照片

他们冥思苦想，当然也有点沮丧，但是他们没有停止。1953年2月20日，沃森首先顿悟，他认为要放弃碱基同配的方案，采用碱基互配的方案，也就是A跟C配，G跟T配，两个人很高兴，于是又在实验室里面用自行车辐条、塑料、硬纸板重新搭建起新的DNA螺旋分子模型。这个模型结构一建起来以后，它与DNA晶体X射线衍射的影像是完全一致的，数量也符合查尔加夫的法则。他们恐怕再犯错，又经过了三个星期的反复核对、分析研究和修饰完善，到了3月18日，成功地建立起了 DNA 双螺旋结构模型。这个模型完全符合 DNA 当时已知的物理化学性状，而且可以完美地解释 DNA 为什么是遗传信息的载体，还可以合理地说明基因的复制和图片的机制。

到这里我觉得值得一提的是，沃森和克里克他们两位都并不是生物化学或生物物理领域的知识专家，他们都很年轻，而且开始从事 DNA 分子结构研究仅仅一年半的时间，却取得了如此重大的科学成就，实在是科学史上罕见的，也是令人赞叹的。

1953 年 4 月 25 日出版的英国《自然》杂志，同时刊登了三篇有关 DNA 分子结构的论文，一篇是沃森和克里克的，题目叫做“核酸的分子结构——脱氧核糖核酸的结构”，仅仅 1000 多字，一幅插图，不到两页的短文，提出了 DNA 分子的双螺旋结构模型。图 3 显示的是发表在《自然》上面的这篇文章，两页，1000 多字。另外两篇，一篇是威尔金斯、斯托克斯和威尔逊合写的《脱氧戊糖核酸的分子结构》，还有一篇是富兰克林和她的学生戈斯林署名的《胸腺核酸钠的分子构象》。这两篇文章发表了他们两位从实验 X 射线衍射照片当中得到的结果以及所进行的数据分析。

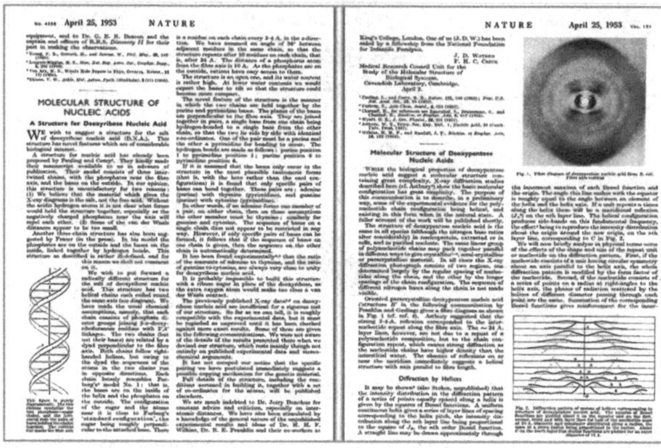
April 25, 1953　NATURE

MOLECULAR STRUCTURE OF NUCLEIC ACIDS

A Structure for Deoxyribose Nucleic Acid

J. D. Watson
F. H. C. Crick

NATURE　April 25, 1953

Molecular Structure of Deoxypentose Nucleic Acids

Diffraction by Helices

图 3　沃森和克里克发表在《自然》杂志上的文章

可见《自然》杂志的编辑或主编还是很有科学编辑工作经验的，并不是单独发表一篇文章，而是把相关的这两篇文章都发表了。9 年以后，也就是 1962 年，沃森、克里克和威尔金斯因为发现 DNA 双螺旋结构，获得了诺贝尔生物学或医学奖。威尔金斯的贡献为 DNA X 射线衍射分析研究，其实富兰克林也是有重要贡献的，但是很不幸，在评奖之前 4

年——1958年她因为患卵巢癌去世了，当时年仅37岁。她的贡献主要是提供了DNA X射线衍射照片和关键参数，这实际上是沃森和克里克成功最重要的依据之一。克里克和沃森的DNA双螺旋分子模型开启了生命科学的新时代，它的影响渗透并引领着当代生命科学各个学科领域的发展，使得整个生命科学的科学观念、研究思路、研究方法和技术等，都发生了根本性的变革。

在这个基础上，人们还成功地研究开发出了克隆技术、基因疗法、转基因技术、干细胞技术和DNA鉴定技术等。在农业、医疗、工业生物产业、生物产品鉴定、刑侦取证等许多领域得到了越来越广泛的应用。

当然，基因研究跟基因技术如果被滥用，也将面临新的科学伦理问题和可能带来的安全风险。这已经引起了科技界和社会公众的关注或者是高度的关注。双螺旋分子结构的发现，与相对论、量子论、地球板块理论、宇宙大爆炸理论一起被公认为是20世纪最伟大的科学成就。克里克和沃森被生命科学界一致誉为20世纪最有影响的科学家，他们的成就跟模型构建的过程也给了我们许多值得深思的启示。

二、DNA启示与展望

下面我想谈一点我从中得到的启示，以及生命科学未来发展的一些粗浅的展望。因为我不是一个生命科学家，所以有的地方可能讲得不太准确，也请同学们、老师们批评。

第一，学科交叉融合、交流合作，是孕育前沿突破的沃土和环境。这个我想不会错，大家也都会赞成。20世纪20～30年代，由于量子力学的迅速发展，生命物质的分子结构和遗传的分子机制研究也进入了关键时期，有一大批的化学家、物理学家积极地参与到生命科学研究中来。他们不仅带来了新的科学思想，而且对生命科学的实验技术发展也产生了巨大的影响和推动，比如说凝胶电容法、X射线衍射解析结晶结构技术等，在研究蛋白质和DNA分子结构当中都发挥了重要的作用。分子生物学正是物理、化学、仪器学、计算科学与生物学交叉融合的产物。

卡文迪什实验室主任布拉格当年果断地选择射电天文和生物物理这两个交叉领域作为新的研究方向，并且吸纳了不同学科背景的优秀科学家共同工作。这是很有战略眼光的，值得我们学习和借鉴，尤其是对在学术领导岗位上，在研究所或者大学领导岗位上有一点小权力的科学家更值得借鉴。克里克和沃森之间的合作，也体现了一位年轻物理学家和一位年轻生物学家之间在共同感兴趣的分子生物学领域的合作。而且他们的成就，并不是光靠他们两个人的聪明才智凭空产生的，而是在与威尔金斯、富兰克林、鲍林和查尔加夫等进行直接的交流或者是在他们实验成果的启示下取得的。

所以说，学科交叉、交流合作，始终是引领科学前沿突破的沃土和环境。但是联系我们自己的实际，值得注意的是，现在无论在我国的大学还是研究所内，学科间的分割、人才和知识结构单一、信息不能共享、交流合作比较困难等现象，至今仍然没有得到根本性的改变。这也是制约我们创新前沿发挥的一个重要原因。所以我们应该从体制机制、考核评价依据和方法上切实进行改革。

第二，创新思维受到尊重，对认定的目标锲而不舍，是年轻人成功的根本原因。沃森当时 23 岁，是肯德鲁教授的博士后，而肯德鲁主要从事蛋白质结构研究。克里克比沃森年纪要大 12 岁，他因为参军过，当时是 35 岁，是师从佩鲁茨的博士研究生，当时佩鲁茨正从事血红蛋白和 X 射线衍射分析研究，这是佩鲁茨指定给他的研究方向。但是他们两个人都不相信蛋白质是遗传的载体，而更相信 DNA 是遗传物质，认为解读分子结构意义更大，是关键，并且对此有强烈的兴趣。兴趣归兴趣，如果导师不允许他们做，实验室也不支持他们做，他们也会很困难的。但是可喜的是，卡文迪什实验室和他们的导师尊重并且支持了他们的选择，为他们开展研究、获得成功开了方便之门，这应该是他们后来能取得成功的一个前提条件，这也正是卡文迪什实验室优良的传统和大师辈出的重要原因。

另外，沃森和克里克他们两位不怕经济短缺，不怕资历浅薄，始终满怀自信和激情，锲而不舍、紧密合作、勇于探索、不怕失败、求真唯实的这种精神，是他们取得成功的根本原因。他们当中也有失败，虽然我这里举到的只不过是三次，但是我想这个过程当中如果仔细去研究的话，他们经历的一年半时间，还是有许多探索的过程。

对照当下有些单位讲究论资排辈，迷信权威，以及有些导师习惯于指定研究生的研究方向，指定了方向还不够，还要指定研究生的选题，不尊重、不支持研究生的兴趣，不重视青年人创新思维和自主的选题，这是一个巨大的反差。而一部分年轻人缺乏自信心，乐享其成，导师指定，经费都安排好了，那也很好，那我就照你的安排做，盲目地服从导师的安排，不敢于、不勤于、不善于独立思考和创新思维，碰到困难与挫折往往就畏缩不前、绕道而行，有的甚至见异思迁，这当然不可能取得什么大的成就了。所以沃森和克里克的成功事例，对我们是一个很好的教育和启示。

第三，实验证据和创新思维是突破科学前沿问题不可或缺的两个基本要素。因为实验观察它始终是自然科学研究的主要手段，数学除外，因为数学它是一个思维科学，不是实验科学，不是自然科学；也是检验一切科学假设、科学理论的唯一依据，生命科学也不可能例外，实验是重要的，是最基本的。另外，科学思维能力也很重要，爱因斯坦曾经说过：想象力比知识更重要，因为知识是有限的，而想象力是无限的。

沃森和克里克在不到两年的时间里，就取得了如此重大的突破。威尔金斯和富兰克林他们拍摄的DNA X射线衍射照片和关键参数功不可没。查尔加夫根据DNA化学分析结果所获得的查尔加夫法则，也为他们提供了重要的依据和启示。当然，他们两位的科学悟性、对DNA分子结构的创新思维和严谨的分析推理能力，也是起了关键作用的。否则的话，威尔金斯和富兰克林离“楼台”更近，但是他们没有做到，而是两位年轻人做到了。

对照我们的教育，我觉得有许多值得我们反思的地方。我们的教育应该要下决心转变教育观念，并且采取切实的改革举措，从注重知识的灌输转变为更加注重学生创新能力的培育，着力培养学生的学习能力、创新思维能力、创新仪器和方法的能力、实验观察和分析综合的能力、开展交流合作的能力。这些能力不管做什么事，不管是做科学研究、技术创新，还是以后出去做科技管理，还是创业，我觉得都一样是重要的。

第四，科学有永无止境的前沿，生物技术与产业前景无限。因为虽然今天已经完成了许许多多物种和人类的基因图谱，也已经认知了一批个别基因的功能，但是还没有认知所有基因的功能以及它们组合编码蛋白质的机制，而且还没有从已经获得的各类物种的基因图谱当中揭示出它的发育变化，以及不同物种它的基因排列和启动顺序的规律。

我一直跟生命科学家说，你们要找一找遗传的语法和它的时间序列，没有找到，至少到现在为止没有找到。而且我本人相信这个语法和时间序列，如果一旦突破的话，一定是简洁的，不会是很复杂的，只不过现在还没有找到而已。因为从生命的产生，到演化，到生物多样性，它都是从简单的基因组合发展到现在复杂的多样的基因组合，它是一个自然发展的过程。所以理解它，除了对复杂物种与基因进行分析之外，我相信还要有物理学家、化学家、数学家的一起参与才有可能。

编码蛋白质的机制现在也不是很清楚，归类还没有找到，只知道个别的，还必须通过认知大量蛋白质组的结构与功能来发现疾病诊断的新方法和研发新药的新靶点。蛋白质它是受体，同时蛋白质小分子也可以作为药物，这些也是目前研究的热点。

另外一个领域就是干细胞研究，干细胞是一类具有自我更新和分化潜能的起源细胞。以干细胞为种子培育组织和器官，可以用于移植医学、治疗恶性肿瘤、延缓衰老、提高生命质量。这也是当前和未来要继续研究的热点。

英国的克隆羊多莉的诞生，开启了可复制基因完全相同的新生命的时代。由克隆细胞复制出可供移植、无免疫排斥的各种组织细胞和器官，也曾经是 21 世纪初生命科学研究的新方向，但是热度现在有所下降。

神经科学、脑与认知科学、生命信息学等也是人们关注的生命科学热点和前沿，这个问题比基因和干细胞的问题还要有点复杂，因为神经科学它还牵扯到意识产生的问题。

生命科学的进展还将带动现代生物工程的创新，为农业、医药、生物制造、生物能源、生态环保等提供新的方法和途径，支持绿色低碳、可持续发展。我国的科技工作者不应该只满足于学习模仿和跟踪，应当要着力提升发现和提出重大前沿科学问题的自信和能力，勇于探索和开辟新的前沿领域和方向。因为克里克、沃森，如果跟多数人走的话，就去研究蛋白质结构了，他们不干，他们就要研究 DNA，结果他们就成功了。同时还要勇于创造新的研究手段与方法，揭示新规律，提出新理论，发展新技术，开拓新应用，我们在这方面还是不够的。总体上我们国家发表论文的数量增长很快，现在到了世界第二位了，质量也逐渐提升，这是客观事实，也是应该充分肯定的成绩。但是，原创性的科学成就、自主独创的科学观点、独立研制的科学方法跟仪器设备很少。

最近中国科学院搞了一个深紫外频谱仪，报纸上也登了。但是我也不以为这就是一个独创的仪器，它还是频谱仪，只不过是用了深紫外晶体，我们用了一个深紫外晶体，使得频谱仪的频段可以向深紫外波段延伸，如此而已。所以这个成绩，除非是在深紫外波段有什么重大发明，它随带的可能得诺贝尔奖，但如果是单独一个仪器去得诺贝尔奖，可能性不大，因为它不是一个原创性的。做这项工作的科学家不要不高兴，我没有贬低的意思。

第五，生物安全仍需给予充分关注。生命科学发展与生物技术创新，也可能带来安全风险和挑战。生命科学研究和现代生物技术的开发应用，以及转基因生物的跨境转移，可能造成对生物多样性、生态环境乃至人类健康的危险或负面影响，有的甚至可能危及国家和公共安全。由于生命与生态系统的多样性和复杂性，有一些生物安全问题是可以即时或者在当代检测和判定的，也确实有一些生物技术可能带来的安全风险是需要长时间的观察才能最终得到检验和判定的。

生物安全已经受到国际社会、各国政府和社会公众的高度关注，关于转基因生物产品安全的争论也成为人们关注的热点问题。应对生物安全风险与挑战，是需要国家和社会共同努力的，还需要国际社会的合作协动。《联合国生物多样性公约》和《卡塔赫纳生物安全议定书》都已经签署生效了，我们科技界更加应该共同承担起生命科学与生物技术研究及应用道德伦理方面的责任。发展生命科学与生物高技术产业要保障生物安全，因为这事关我国的经济社会生态环境安全、可持续发展，事关人民的健康幸福，事关中华民族的伟大复兴。

我觉得我们要积极地支持生命科学基础研究和生物技术创新。完善相关的法律法规和技术标准，积极而审慎、规范而有序地推广应用生物高新技术。我们应该要提倡准确、平衡地做好有关的科学普及宣传工作，提升公众的科学认知。我们还要在确保信息透明、对称的基础上，尊重最终用户的自主选择，并且接受公众的监督。这是透明原则。还有一条，对于诸如粮油、禽畜等关系全民生存基本需求的商品，还必须要确保立足国内，自主多源，保障国家农业安全和供给的安全。一些主要的食品、粮食，完全依靠人家是不行的。

地震与防震减灾

陈运泰

地球物理学家，中国科学院院士，发展中国家科学院（TWAS）院士。1962年毕业于北京大学地球物理系，1966年中国科学院地球物理研究所研究生毕业。现任北京大学地球与空间科学学院名誉院长、中国地震局地球物理研究所名誉所长、中国科学技术协会全国委员会荣誉委员、中国地震学会理事长、亚洲与大洋洲地球科学学会（Asia Oceania Geosciences Society，AOGS）主席、国际《地震学刊》（*Journal of Seismology*）编委等职。

主要从事地震波与震源的理论与应用研究，发表科学论著300余篇（部）。他在地震破裂动力学、天然与地下核爆炸近震源观测以及地震破裂过程反演的研究成果增进了对地震破裂过程时空复杂性的认识，并在减轻地震灾害的实践中得到了一些成功的应用。研究成果获全国科学大会奖（1978）、卢森堡大公勋章（1987）、国家自然科学奖三等奖（1987）、国家科技进步奖三等奖（1998）、“何梁何利”基金科学与技术进步奖（2000）、美国地球物理学联合会（American Geophysical Union）国际奖（International Award）（2010）、亚洲大洋洲地球科学学会（AOGS）艾克斯福特奖（Axford Medal Award，2012）等多项奖励。

Chen Yuntai

陈运泰

尊敬的各位老师、各位同学：

大家上午好！

我今天报告的题目是“地震与防震减灾”。地震是一种可怕的自然灾害。我们经常能从各种渠道了解到有关地震与地震灾害的信息，知道它不但会造成重大的人员伤亡和经济损失，而且会产生巨大的社会影响。正因为如此，地震与防震减灾一直是大家十分关注的问题。今天我想从地震科学的角度围绕这个问题跟大家交流有关地震与防震减灾的一些知识与认识，供大家参考。

一、地震与地震灾害

首先请大家一起来回顾最近十几年来全球发生过的一些重大的地震事件。表1是2000年以来全球重大地震事件表，图1是2000年以来全球重大地震震中分布图。表1和图1告诉我们，从2000年以来，全球发生过许多重大的地震事件，其中大家都很熟悉的是2004年12月26日发生在印度尼西亚苏门答腊-安达曼、地震学家称之为“矩震级”$M_W9.1$的特大地震。这次地震不但特别大，而且还引发了印度洋大海啸。大地震加大海啸共造成了227 898人死亡与失踪，造成了巨大的经济损失与社会影响。另一次是2008年5月12日发生在我国四川汶川的“面波震级”$M_S8.0$（$M_W7.9$）地震，这次地震致使87 587人死亡与失踪，是我国自1976年月7月28日唐山$M_S7.8$（$M_W7.6$）大地震以来人员伤亡最惨重的一次大地震。还有一次是2010年1月12日发生在海地的地震。海地地震不是很大，矩震级$M_W7.0$，却造成了222 570的人死亡。此外，2011年3月11日，在日本的东北部发生了一次矩震级$M_W9.0$的特大地震，这次地震不但造成了巨大的人员伤亡和财产损失，而且还引发了核泄漏，造成了严重的危机。

表 1 2000 年以来全球重大地震事件

编号	日期 (年-月-日)	时：分 (UTC)	地区	纬度/(°)	经度/(°)	死亡 人数/人	震级 M_W
1	2000-11-16	04:54	巴布亚新几内亚新爱尔兰	−4.00	152.33		8.0
2	2001-01-13	17:33	萨尔瓦多	13.04	−88.66	844	7.7
3	2001-01-26	03:16	印度古杰拉特	23.39	70.23	20 085	7.6
4	2001-06-23	20:33	秘鲁沿海	−16.30	−73.55	75	8.4
5	2001-11-14	09:26	中国昆仑山口西	35.97	90.59		7.8
6	2002-03-25	14:56	阿富汗兴都库什西	36.06	69.32	1 000	6.1
7	2002-11-03	22:12	美国阿拉斯加德纳利帕克	63.52	−147.44		7.9
8	2002-05-21	18:44	阿尔及利亚伯梅尔德斯	36.96	3.63	2 266	6.8
9	2003-09-25	19:50	日本北海道	41.82	143.91		8.3
10	2003-11-17	06:43	美国阿拉斯加雷特岛	51.15	178.65		7.8
11	2003-12-22	19:15	美国加州圣西蒙	35.71	−121.10	2	6.6
12	2003-12-26	01:56	伊朗东南部	28.99	58.31	31 000	6.6
13	2004-12-26	00:58	印尼苏门答腊-安达曼	3.30	95.87	227 898	9.1
14	2005-03-28	16:09	印尼北苏门答腊	2.07	97.01	1 313	8.6
15	2005-06-15	02:50	北加州近海	41.29	−125.95		7.2
16	2005-10-08	03:50	巴基斯坦	34.53	73.58	86 000	7.6
17	2006-05-26	22:53	印尼爪洼	−7.96	110.45	5 749	6.3
18	2006-11-15	11:14	千岛群岛	46.59	153.27		8.3
19	2007-09-12	11:10	印尼南苏门答腊	−4.44	101.37	25	8.5
20	2007-12-19	09:30	美国阿拉斯加安德雷诺夫	51.36	−179.51		7.2
21	2008-05-12	06:28	中国汶川	31.00	103.32	87 587	7.9
22	2009-04-06	01:32	意大利拉奎拉	42.35	13.38	308	6.3
23	2009-09-29	17:48	萨摩亚群岛地区	−15.49	−172.10	192	8.1
24	2009-09-30	10:16	印尼南苏门答腊	−0.72	99.87	1 117	7.5
25	2010-01-12	21:53	海地	18.46	−72.53	222 570	7.0
26	2010-02-27	06:34	智利	−35.83	−72.67	577	8.8
27	2010-04-13	23:49	中国玉树	33.2	96.6	2 968	6.9
28	2011-03-11	05:46	日本东北部	38.32	142.37	19 009	9.0
29	2012-04-11	08:38	印尼北苏门答腊近海	2.311	93.063		8.6
30	2012-04-11	10:43	印尼北苏门答腊近海	0.773	92.452		8.2

注：①据美国地质调查局国家地震信息中心（USGS/NEIC）。②UTC：协调世界时。③纬度、经度正号表示北纬、东经，负号表示南纬、西经。

从表 1 和图 1 可以看到，从 2000 年到 2012 年（4 月 11 日）的 12 年间，因为地震死亡的人口总数达到了 72 万人，年均值高达 6.0 万人/年！我们知道，在 20 世纪，即 1900～1999 年，因为地震死亡的人数高达 180 万人。这就是说，在过去的一个世纪，因为地震死亡的人数年均值达到了 1.8 万人/年。但是在 21 世纪头 12 年，即 2000～2012 年，因为地震死亡人数的总数竟达到了 72 万，年均值高达 6.0 万人/年。所以如大家看到的，在 21 世纪开头的这 12 年，因为地震死亡的年均值竟大大超过了 20 世纪的年均值。这是一个非常触目惊心的数字！

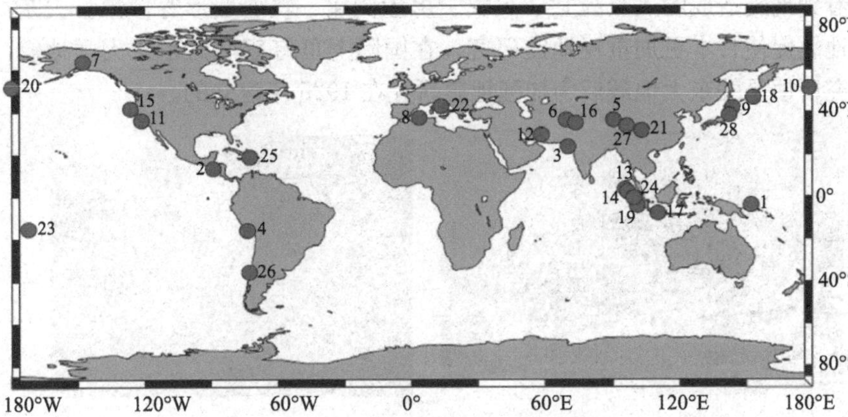

图 1　2000 年以来全球重大地震震中分布图（文后附彩图）

红点表示地震震中，红点边上的数字为地震编号（参见表 1）

2011 年 3 月 11 日日本东北部发生的地震震级很大，最初定为 M_W9.0，后来经过反复修订，最新的结果是 M_W9.1。日本东北部特大地震的发生改变了 1900 年以来全球 M_W8.5 以上大地震的排行榜。若按 M_W9.0 算，它跟 1952 年 11 月 4 日发生在俄罗斯东部堪察加的大地震并列为全球第四号大地震。若按最新的结果 M_W9.1 算，也可以说是自 1900 年以来、或者说是自 1889 年人类第一次用现代地震仪记录到远震信号以来记录到的、震级排行第三的大地震。

日本东北部特大地震在日本历史上也是非常重要的一次地震。在日本的历史上造成了巨大的人员伤亡和经济损失以及社会影响的大地震有三次。第一次是 1923 年 9 月 1 日关东大地震，这次地震震级为 M_W7.6。根据官方的数据，在日本关东大地震中大约有 10 万人死亡（一说 14.2 万人死亡），还有因为火灾等其它原因造成的严重的损失。第二次是 1995 年 1 月 17 日发生的阪神大地震，震级为 M_W7.2。地震在大阪和神户造成了严重的损失，死亡人数 6400 多人。阪神大地震也引发火灾，造成了巨大的损失和社会影响。第三次就是 2011 年 3 月 11 日日本东北部的 M_W9.0～9.1 特大地震。日本地震学家建议把这次地震称为（日本）

东北（部）大地震。因为这次地震的震中是在日本东北部近海的海域中，若按照传统的命名法，有点冗长，所以日本地震学家建议仿照对1923年关东大地震的叫法，管这次地震叫做（日本）东北（部）大地震。

图2是1923年关东大地震震后现场的一些老照片。由这些老照片可以看到地震造成的人员死亡、火灾、房屋倒塌、轨道变形等惨象。关东大地震促使日本更加重视地震研究，在国际上负有盛名的东京大学地震研究所便是关东大地震后为加强地震研究在1925年建立的。

图2　1923年关东大地震震后现场

阪神大地震发生在1995年1月17日，这次大地震震中在兵库县南部，但在经济发达、人口稠密的大阪和神户造成了严重的破坏和损失，所以一些科学家起初按照传统的命名法管它叫兵库县南部地震。但是，公众（包括越来越多的科学家）则倾向于以遭受严重破坏和损失的大阪和神户命名，称之为阪神（大）地震。（图 3）。阪神大地震促使日本政府、科学家对地震工作进行反思，对日本地震预报研究计划做了重大改变和调整。地震学家管矩震级 $M_W \geqslant 7.0$ 的地震叫做“大地震”（great earthquake)，管矩震级 $M_W \geqslant 8.0$ 的地震叫“特大地震”（mega earthquake)。2012 年 3 月 11 日日本东北部地震跟上两次地震还有不同，不但已是“特大地震”，而且达到甚而超过 $M_W 9.0$ 了，所以许多学者把它归入“超级”大地震的范畴，称之为巨大地震（giant earthquake)。

图 3　1995 年阪神大地震震后现场

2011年日本东北部地震，不但震级特别大，而且引发了特别大的、超级大海啸，超级大地震加上它引发的超级大海啸造成了巨大的人员伤亡和财产损失。不仅如此，与已往的大地震-大海啸的情况不同，这次地震不但引发了海啸，还引发了核泄漏。这是前所未有的，是世界有史以来第一次。地震与海啸致使在日本福岛的第一核电站放射性物质泄漏，氢气爆炸，很多人受到核辐射，而且影响还在不断“发酵”，一直继续到现在。

图4显示了日本东北部$M_W9.0$地震及其引发的超级大海啸铺天盖地向岸上袭来的情景。图5是当时各种监控设备拍下来的、海啸袭击日本东北部沿海地区后漂浮在水面上的汽车、巨大漩涡等非常混乱和恐怖的景象。

图4　日本东北部大地震引发的大海啸向岸上袭来时的情景

图5　日本东北部大地震引发的超级大海啸袭击日本东北部沿海地区后的情景

日本东北部地震引发了海啸，海啸在太平洋中传播，直至太平洋西海岸，影响到北美洲和南美洲。图 6 是海啸在海洋中传播情景预报图，图右边的色标表示海啸波浪的幅度（“浪高”），以厘米为单位。颜色最深的色标表示浪高的最高值为 120 厘米，也就是 1.2 米。这个数值不大。由此可见，当海啸在海洋中传播的时候，它的波浪是不高的，像这次日本东北部地震引发的超级大海啸的浪高最大也不过是 1.2 米。我在后面会解释为什么海啸在海洋中传播的时候，浪高并不大，但是到达沿海海岸的时候，会一下子“蹦”到 7～8 米高、甚至十几米～几十米高的原因。此外，从监控得到的受到核污染的区域随时间扩大的地图可以看到，受到核污染的区域主要分布在日本沿海地区，而且核污染物主要是向东方扩散的。

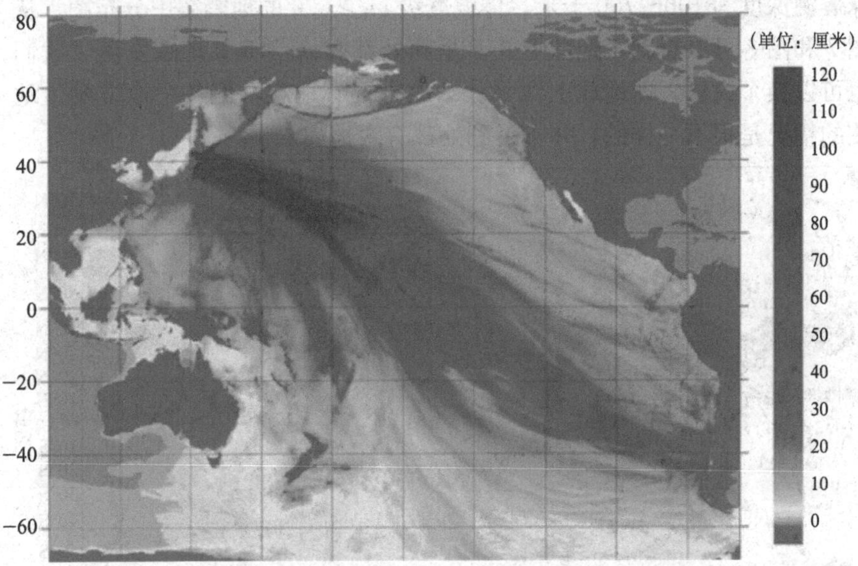

图 6　日本东北部大地震引发的特大海啸在海洋中传播情景预报图（文后附彩图）

遭受到日本东北部地震与海啸袭击的主要是日本东北部的沿海地区，受灾最严重的是岩手县、宫城县、福岛县三个县。位于日本东北部的仙台也遭受到地震-海啸的袭击。仙台是一个著名的地方，我国现代历史上的著名人物，像周恩来总理、鲁迅先生都曾在仙台求过学。鲁迅先生上学的学校当时叫仙台高等医科学校，后来并入仙台的日本东北大学。仙台风景优美，有一处著名的松岛海湾，还有一处著名的青叶山公园，都是风景非常优美的游览胜地，这次也未能幸免。

经历了这么多的地震、海啸事件，人们不禁要问：为什么会发生地震？地震是如何发生的？为什么会发生海啸？海啸是如何发生的？我们如何预防和减轻地震与海啸灾害？等等。今天我就以“地震与防震减灾”为题，谈一谈地震、海啸，以及预防和减轻地震与海啸灾害等问题。

二、为什么会发生地震？地震是如何发生的？

为什么会发生地震？地震是如何发生的？这就是地震成因与地震机制问题。为了说明这两个问题，请大家先一起来看一看地震在全球的地理分布情况。图 7 是 1964～1997 年期间全球震源深度为 0～700 千米、“体波震级” $m_b \geqslant 5.0$ 的地震震中分布图，图 8 是 1964～1997 年期间全球震源深度为 100～700 千米、体波震级 $m_b \geqslant 5.0$ 的地震震中分布图。从图 7 和图 8 可以看到，地球上并不是到处都有 $m_b \geqslant 5.0$ 地震发生。我们也可以换个说法，即地球上几乎什么地方都有地震，但各个地方发生地震的情况是很不一样的，并不是到处都有大地震。

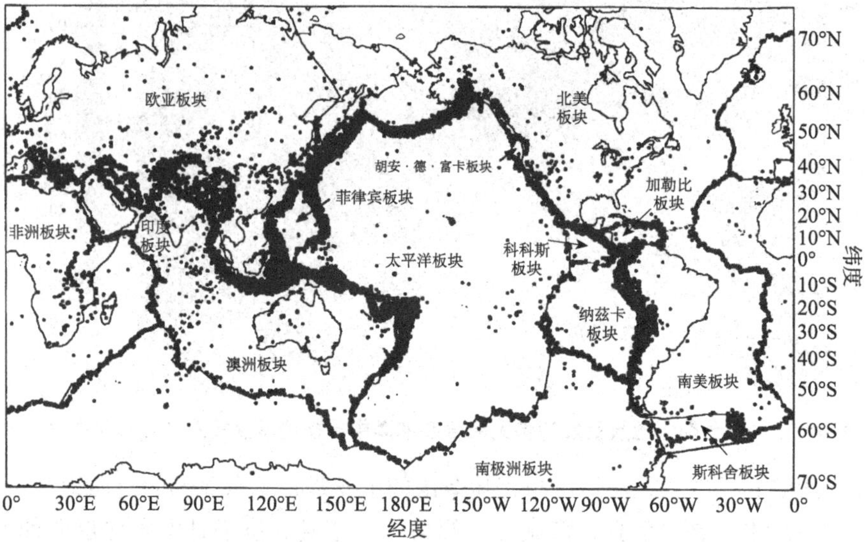

图 7　1964～1997 年期间全球震源深度为 0～700 千米、体波震级 $m_b \geqslant 5.0$ 的地震震中分布图

我们看到，地震主要是沿着几条地带发生的。首先，环绕着太平洋，有一条地震非常密集的条带，我们管它叫做“环太平洋地震带”。其次，如果再仔细看，可以看到西起亚速尔、地中海北岸，向东沿着阿尔卑斯

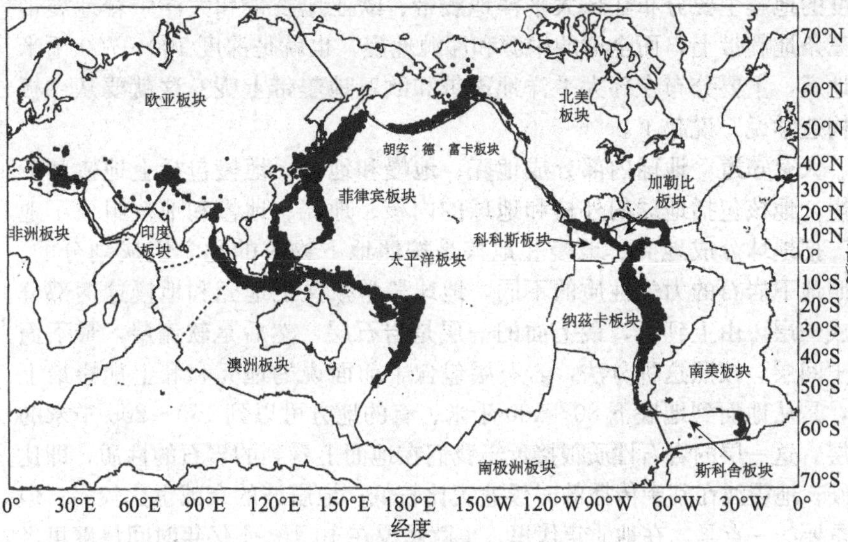

图 8　1964～1997 年期间全球震源深度为 100～700 千米、体波震级 $m_b \geqslant 5.0$ 的地震震中分布图

山脉、喜马拉雅山脉，经过意大利亚平宁半岛、西西里岛、土耳其、伊朗、巴基斯坦、印度北部、我国青藏高原南部，一直到印度东部跟太平洋地震带连接起来，也有一条地震分布非常密集的条带。这一条带横贯欧亚，我们管它叫做“横贯欧亚地震带”，简称“欧亚地震带”。再次，在图 7 这幅图里，如果我们再仔细看，还可以看到一条细长的地震带。这条地震带从北冰洋开始，经过大西洋一直绵亘到南极洲，而且进一步延伸到印度洋。这条地震带跟环太平洋地震带或欧亚地震带不一样，不像它们那么宽，而是又细又长。虽然如此，从图 7 这幅图里还是可以非常清楚地看到这条很细很长的地震带。它长达 6 万多千米，而且所在的地方正好跟海底山脉中的山脊联系在一起，我们称它为“大洋中脊地震带”，也称为“海岭地震带”。从图 7 这幅图可以得到一个认识，就是全球所有深度的地震，包括浅源、中源、深源地震，也就是震源深度从 0～700 千米的所有深度的地震，主要分布在三条地震带上：一是环太平洋地震带，二是欧亚地震带，三是大洋中脊地震带。而从图 8 所表示的 1964～1997 年期间全球震源深度为 100～700 千米、体波震级 $m_b \geqslant 5.0$ 的地震震中分布图，我们会很惊讶地发现，中源和深源地震主要发生在环太平洋地震带和从欧亚地震带，但不发生在大洋中脊地震带。

看了图 7 与图 8 之后，我们马上会想到一个问题：为什么全球所有深度的地震主要分布在环太平洋地震带、欧亚地震带和大洋中脊地震带这三条地震带上，而全球的中源和深源地震，也就是深度100～700千米的地震，主要分布在环太平洋地震带和欧亚地震带上呢？这就要从“板块构造学说”说起了。

大家知道，地球内部分成地壳、地幔和地核。地幔包括上地幔和下地幔，地核包括地球的外核和地球的内核。地壳、地幔和地核组成了地球。把地球分成地壳、地幔和地核是按照地下物质的化学组成划分的。按照地下岩石的力学性质的不同，地球科学家又把地壳和地幔这两部分分成三层。由上到下，最上面的一层是岩石层，然后是软流层，最下面是中间层。按照这种分法，岩石层包含了前面说的地壳和和上地幔最上部，是从地面到地底下80～100千米、有的地方可以到150～200千米的一层。这一层的岩石性质很接近于我们在地面上看到的岩石的性质，即比较硬；地震波在其中传播的时候速度比较低；地震波的衰减也比较慢；但最重要的一点是，在地质年代里、也就是说在10万～1亿年时间尺度里经受载荷时，它不发生明显的塑性形变。在岩石层下面的一层是软流层，软流层托着岩石层，或者说，岩石层漂浮在软流层的上方。软流层是一种软的、温度接近于熔点的物质，它的黏滞性比较低，容易流动，在地质年代里，它表现为可以缓慢流动的塑性层。此外，它还有其它性质，比如说地震波传播速度比较低、地震波衰减比较快，等等。软流层下面是中间层。

岩石层最重要的特点是，它并不是一个完整的块体，而是分成若干个被一些活动的构造（如海岭、海沟、岛弧、平移大断层和山系）所割裂形成的有限的单元——“岩石层板块”。“板块”就是指地球最表面上的、厚度为80～100千米甚至到200千米这一层所分成的块体“岩石层板块”的简称。

那么为什么全球的地震主要分布在三条地震带上呢？板块构造学说告诉我们：地震带就是板块的边界。我们看到的全球的地震主要分布在三条地震带这一独特的地震地理分布，其原因就在于这三条地震带实际上就是地球最表面的岩石层板块的边界。

那么板块有什么特点呢？为什么全球中深源地震主要分布在环太平洋和欧亚地震带这两条地震带上呢？板块最重要的一个特点就是，它是处在不断地相对运动和相互作用之中。板块的相对运动有三种方式：第一种运动方式是两个板块相互离开，例如一个板块朝西运动，另一个板块朝东运动，等等；第二种运动方式是两个板块相互靠近，例如一个板块被迫俯冲到另一个板块的下方；第三种运动方式是两个板块沿着水平方向相互错动（滑动）即平移（图9）。

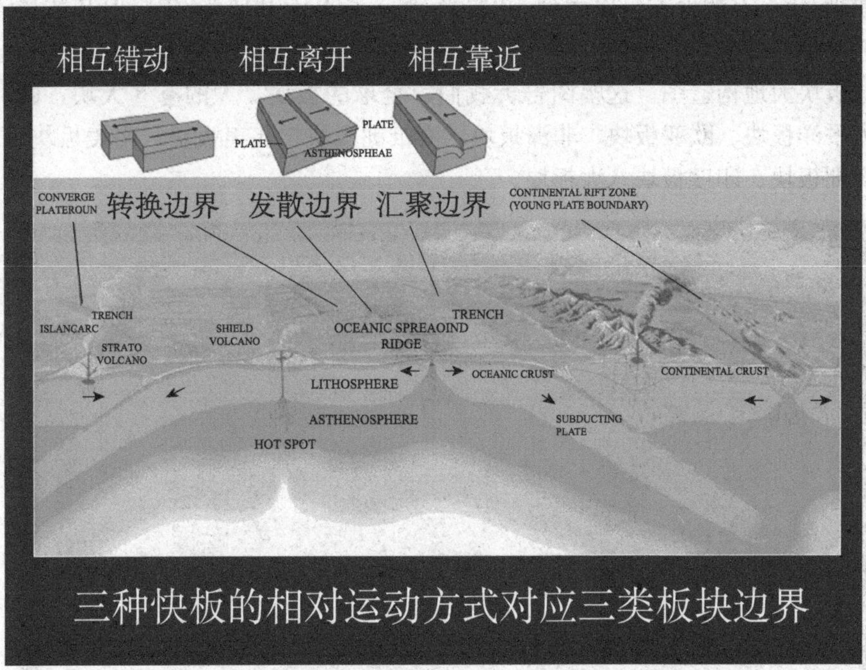

图 9　板块相对运动方式和边界类型

这三种运动方式——“相互离开”、“相互靠近”和“相互错动”导致了三种类型的板块边界。第一种类型的板块边界是与两个互相背离分开的板块运动对应的边界，称为“发散边界”；第二种类型的板块边界是与两个互相靠拢的板块运动对应的边界，称为“汇聚边界”；第三种类型的板块边界是与两个板块沿着水平方向相互错动即平移的边界，称为“转换边界”。板块相对运动虽然很复杂，但是归纳起来，即上述三种主要的相对运动方式。这三种运动方式导致板块的三种类型的边界。发散边界主要发生在大洋中脊处。汇聚边界发生在两个板块（如大陆板块-海洋板块，海洋板块-海洋板块或大陆板块-大陆板块）汇聚处。在板块的汇聚边界，常常发生一个板块被迫俯冲到另一个板块下方的情况。板块俯冲带也就是两个板块的汇聚带。转换边界发生在两个板块沿着水平方向相互错动即平移处。有人特别把两个大陆板块汇聚的边界单独划出来，称为“碰撞边界”。若按此分法，板块的边界便有四种类型。

板块处在不断的相对运动和相互作用中，那么它们的相对运动速率有多大呢？板块相对运动速率一般是几厘米/年，有的地方是 3～4

厘米/年，有的地方可以大到 10 厘米/年，甚至十几厘米/年，但其数量级就是～厘米/年。这个速率形象地说有多大呢？请看图 10。图 10 是全球板块大地构造图。这幅图告诉我们，全球的板块，大的有 8 大块，即太平洋板块、欧亚板块、非洲板块、南极洲板块、北美板块、南美板块、欧洲板块、印度板块八大板块。

图 10　全球板块大地构造图（文后附彩图）

白色箭头的长度正比于假定板块相对运动保持现今速度 2500 万年不变时的位移。在发散带（洋中脊），两个板块的相对运动以互相背离的两个箭头表示。在汇聚带，向下俯冲的板块相对于上覆板块的运动以单箭头表示。在许多地方板块的边界是范围相当广阔的形变带．图中红色区域表示由地震活动性、地形、断裂等资料推知的陆地上的边界（形变带）；橘红色区域表示主要是由地震资料推知的海洋下面的边界（形变带）；黄色区域表示由板块运动和地震活动性资料推知的海洋下面的边界（形变带）

在大的板块中间还镶嵌着一些小的板块。小板块共有 14 个，例如：菲律宾板块、阿拉伯板块，加勒比板块，纳斯卡板块，科科斯板块，等等。小板块虽小，但其作用却是不可忽视的，它在大板块之间的相对运动、相互作用中，起着一种调节的作用。在图 10 中，白色箭头代表板块相对运动的方向和大小。单箭头表示一个板块向下俯冲到另一个板块（上覆板块）下方或两个板块汇聚的运动，箭头的方向代表了板块俯冲汇聚运动的方向，长度代表了板块俯冲汇聚运动速率的大小。双箭头表示两个板块互相背离的运动，两个箭头端部之间的长度代表了板块相运动速率的大小。

这幅图中白色箭头的长度是按照假定板块相对运动保持现今速度 2500 万年不变时的位移画的。这个位移的长度与几厘米/年的运动速率相当。几厘米/年的板块运动速率是多大呢？人的指甲一个星期要长大约 1 毫米，一年有 52 个星期，一年内如果不修剪指甲的话，要长大约 5 厘米，所以指甲生长的速率是～5 厘米/年。这就是说，板块运动的速率与指甲生长的速率相当。

板块运动速率与人的指甲生长的速率相当，其数量级是～厘米/年，有些地点可以快到 10 厘米/年，十几厘米/年。这样一个速率并不大，但时间长了累积起来的位移量会非常可观。比如说，如果板块运动的速率是 5 厘米/年，经过 100 年，位移量就是 5 米；经过 2500 万年，那就是 250 千米！所以我们从图 10 可以看到，经过 2500 万年，太平洋板块相对于欧亚板块，朝着北偏西方向要移动数量级达～1000 千米这么长的距离，非常可观。

的确，板块运动速率是不大的，只有几厘米/年。如果两个板块以这样一个速率做的相对运动能够及时得到调整，好比人的指甲如果随时修剪的话，那不会有什么问题。但是如果得不到及时调整，好比人的指甲几年不修剪会影响到个人的卫生、给生活带来不便一样，板块运动的位移量就会在某个地方积累起来。时间长了积累起来的位移量会非常可观，如果到了一定程度突然释放出来，那就是地震。

当两个板块相对运动的时候，“中地壳”以下温度比较高，岩石层的这个部分相对比较软，两个板块的相对运动容易及时得到调整；但是在地壳的上部，即在“上地壳”、“中地壳”，岩石比较坚硬，各处的岩石又不均匀，在有的地方，两个板块的相对运动容易被卡住，得不到及时调整。尽管板块相对运动的速率很小，只有几厘米/年，但经过多年的积累，积累的位移量或者相应地，岩石中的应力或储存在岩石中的应变就有可能达到非常可观的水平，到了岩石中的应力达到岩石再也不能承受的程度的时候，就会突然发生破裂错动，岩石突然的破裂错动就是地震。岩石破裂错动时以地震的形式释放出储存在岩石中的能量，断层面两边的岩石于是反弹或者说回跳到它们各自的平衡位置。

因此，我们可以概括地说：板块的相互作用是地震发生的基本成因。这里说的地震既包括发生于板块之间的地震，叫做“板间地震”，也包括发生于板块内部的地震，叫做“板内地震”；既包括“浅源地震”（震源深度为0～70千米的地震），也包括“中源地震”（震源深度为70千米至300千米的地震）和“深源地震”（震源深度为300千米至700千米的地震）。它们的发生都与板块的相互作用有关。浅源地震包括发生在发散边界、汇聚边界、走滑边界、碰撞边界的地震。深源地震和中源地震的发生与下沉俯冲到软流层的岩石层板块有关，是下沉的岩石层板块俯冲到软流层、在板块内部发生地震破裂的结果，因而中深源地震只发生在板块汇聚碰撞的边界。这就是为什么全球所有深度的地震主要分布在环太平洋地震带、欧亚地震带和大洋中脊地震带这三条地震带上，而全球中深源地震主要分布在环太平洋和欧亚地震带这两条地震带上的原因。

三、地震的成因与机制

那么，具体地说，地震究竟是怎么发生的？或者说，地震发生的机制是什么样的？

根据对1906年美国旧金山大地震的研究，一位著名的美国地质学家雷德（Harry Fielding Reid，1859—1944）在1910年提出了关于地震发生机制的理论——“弹性回跳理论”。按照雷德的理论，地震发生的过程就是地下岩石中的应变缓慢积累到快速释放的弹性回跳过程。这就是关于地震发生机制或者说关于地震直接成因的弹性回跳理论的简要的说法。通过具体分析地震如何发生的几个阶段，不难理解地震发生的过程的确就是地下岩石中的应变缓慢积累到快速释放的弹性回跳过程（图11）。

假定地下的岩石在它发生形变之前处于没有应变的状态（图11a）。为形象说明问题起见，假定在这个时候我们在地面上整齐地种上一排一排的树。因为此时还没有发生岩体的相对运动，岩石处于无应变的状态，于是树沿着一条条互相平行的直线排列得整整齐齐。如果因为构造运动（雷德提出弹性回跳理论时还不知道、但我们现在已经知道他所说的构造运动即板块的相对运动）带动了某个地方未来的断层面两侧的岩体发生相对运动，那么原来排列得很整齐的互相平行的直线就要逐渐弯曲，意味着应变在岩石中逐渐积累（图11b）。当岩石中的应变积累到一定的程度、岩石中的应力升高到了岩石再也不能承受的程度时，就要突然发生破裂错动，这就是地震（图 11c）。破裂错动总是在岩石中的薄弱环节或者应力比较高的地点率先发生。一旦在该点发生破裂错动，该点破裂面两侧的岩石就要反弹或者说回跳到它的平衡位置。在这个时候，我们可以看到，原先呈弯曲然而是“连续”排列的树（图 11b），现在断开了，破裂面两侧的岩石错开了一段距离（图 11c）。

如果我们在临地震之前做一排标记，比如说，修筑由图中的点状直线表示的一排篱笆（图 11b），就会发现，地震之后这条点状直线所表示的篱笆就要断开，形成了地震之后看到的篱笆错开的情况（图 11c）。在这幅图中，细黑实线代表比方说好几十年前、好几百年前种的排列得很整齐的树，这些原先排列得很整齐的树在地震之后、在岩石发生破裂的地点断开。岩石一旦在某一个地点开始发生破裂，不可能只局限在率先发生破裂地点，它要影响它的周边，带动周边、触发周边发生破裂，于是地震破裂便从率先发生破裂的地点扩展到整条断层（图 11d）。

当然到了某个时候，地震破裂因为遇到比较大的“不可逾越”的“障碍”，最后还是要被迫停下来。因此，当弹性回跳结束、或者说当地震结束时，我们看到在几十年前或者几百年前种的这些排列得很整齐的树，现在错开了，变成图 11d 所表示的样子。这就是关于地震发生机制——弹性回跳理论的简单的形象的图解说明（图 11）。

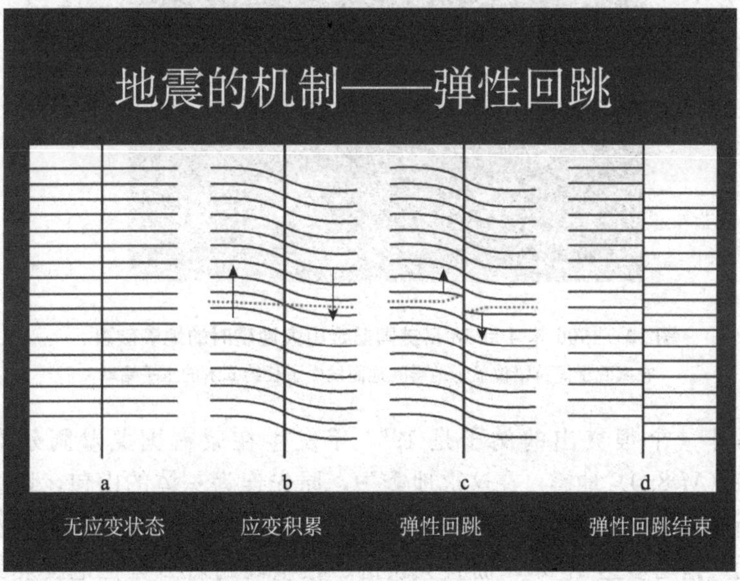

图 11　地震发生的机制——弹性回跳理论示意图

现在我们明白了，地震是什么？地震就是地下岩石中的应变缓慢积累然后快速释放的现象。在1906年4月18日美国旧金山M_W 7.9(M_S8.3)大地震中，可以看到在地震之前农夫在房屋外的院子修筑的篱笆在地震时发生了长约6米的错位（图12）。图12篱笆水平错动显示的地表破裂的图像跟我们在图11中看到的是一致的。图11b中红色点状线相当于地震之前农夫修筑的篱笆，图11c中断开的红色点状线相当于在地震时发生了错位。由这个实例我们可以理解关于地震发生机制的弹性回跳理论很符合实际，是很有道理的。

图12　1906年4月18日美国旧金山大地震时的地表破裂

农家院子篱笆错位显示地震时地面发生了长约6米的水平错动

另外一个很突出的例子是1957年发生在蒙古国戈壁阿尔泰的M_W8.1（M_S8.0）地震。在这次地震中，原先连为一体的山包，地震之后错断成两半（图13）。大家可以看到，地震时发生了大规模的岩石断裂错动，错动量达10米，而且大块的、很坚硬的岩石竟在地震发生的“一瞬间”发生错断。

图 13　1954 年 12 月 4 日蒙古国戈壁阿尔泰地震时发生的大规模的岩石断裂错动

以上说明了地震为什么会发生，以及地震如何发生。下面回到我们前面说的问题，就是 2011 年 3 月 11 日的日本东北部大地震是怎么发生的。地震发生之后，我的学生和我运用全球地震台网的数字地震观测记录经过“反演”很快得出这次地震的震源机制结果，我们管它叫做地震的“矩张量解”（图 14）。为了方便国内外研究者使用，我们同时用中、英文（右半部用中文、左半部用英文）发布结果。这次地震发生在北京时间 3 月 11 日的 13∶46。在大约 4 个小时即 3 月 11 日 17∶35，我们就得出这个结果并立即在网上公布。这个结果表示的是地震发生时震源错动的情况，它与国际一些机构如美国地质调查局、日本东京大学地震研究所等单位的结果彼此是非常接近的。这些结果一致表明日本东北部大地震是沿着向下倾斜的断层面上的岩石断裂错动引起的，断层面的走向是 193°～203°，向北偏西方向倾斜，倾角是 7°～14°，滑动角是 81°～94°。图 15 是 2011 年 3 月 11 日日本东北部大地震及其所在区域地震震源分布图。图 15 的 AA’剖面表示的地震震源空间分布清楚地显示出红线右面（东面）的太平洋板块是如何朝红线左面（西面）的板块向下俯冲的。这个图像与我们经过反演得到的日本东北部大地震的矩张量解的结果（图

14 的“NP2”即“节面 2”）两者十分一致，互相印证了日本东北部大地震是太平洋板块朝其西面的板块向下俯冲产生的。

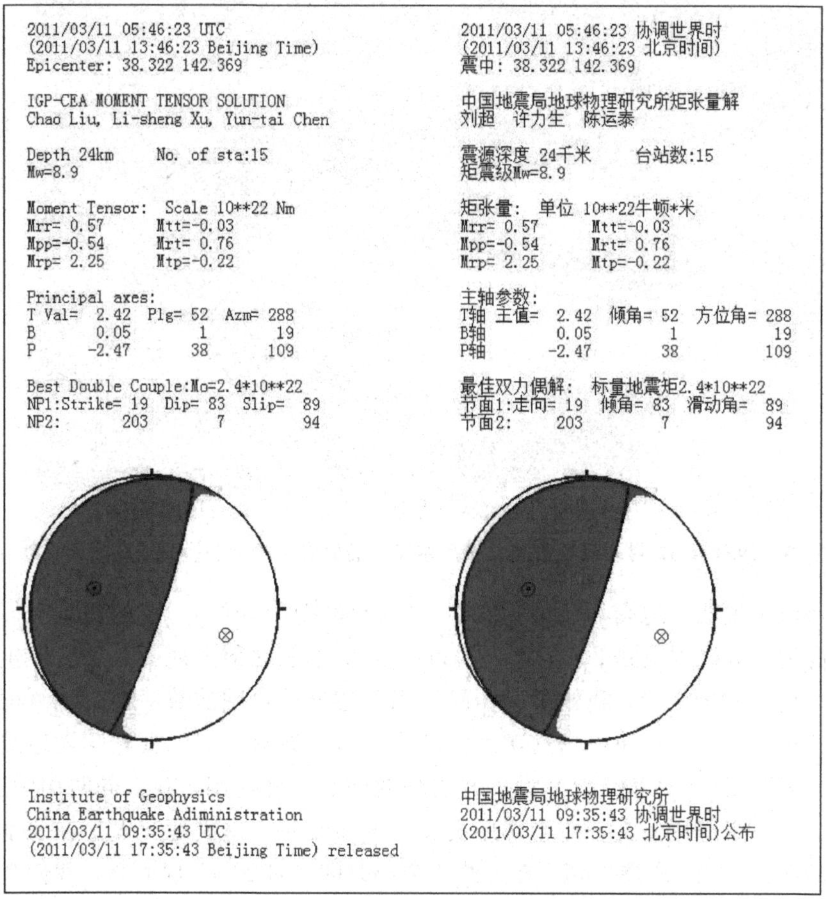
2011/03/11 05:46:23 UTC
(2011/03/11 13:46:23 Beijing Time)
Epicenter: 38.322 142.369

IGP-CEA MOMENT TENSOR SOLUTION
Chao Liu, Li-sheng Xu, Yun-tai Chen

Depth 24km　No. of sta:15
Mw=8.9

Moment Tensor: Scale 10**22 Nm
Mrr= 0.57　Mtt=-0.03
Mpp=-0.54　Mrt= 0.76
Mrp= 2.25　Mtp=-0.22

Principal axes:
T Val= 2.42　Plg= 52　Azm= 288
B　0.05　1　19
P　-2.47　38　109

Best Double Couple:Mo=2.4*10**22
NP1:Strike= 19　Dip= 83　Slip= 89
NP2:　203　7　94

Institute of Geophysics
China Earthquake Adiministration
2011/03/11 09:35:43 UTC
(2011/03/11 17:35:43 Beijing Time) released

2011/03/11 05:46:23 协调世界时
(2011/03/11 13:46:23 北京时间)
震中: 38.322 142.369

中国地震局地球物理研究所矩张量解
刘超　许力生　陈运泰

震源深度 24千米　台站数:15
矩震级Mw=8.9

矩张量: 单位 10**22牛顿*米
Mrr= 0.57　Mtt=-0.03
Mpp=-0.54　Mrt= 0.76
Mrp= 2.25　Mtp=-0.22

主轴参数:
T轴 主值= 2.42　倾角= 52　方位角= 288
B轴　0.05　1　19
P轴　-2.47　38　109

最佳双力偶解: 标量地震矩2.4*10**22
节面1:走向= 19　倾角= 83　滑动角= 89
节面2:　203　7　94

中国地震局地球物理研究所
2011/03/11 09:35:43 协调世界时
(2011/03/11 17:35:43 北京时间)公布

图 14　2011 年 3 月 11 日日本东北部大地震的矩张量解

图 16a 为 1923 年（发生关东大地震那一年）1 月 1 日至 2010 年 6 月 30 日日本及其邻近海域震级 $M \geqslant 5.0$ 的地震震中分布图。由这幅图可以看到，日本及其邻近海域的地震活动非常强烈，特别是，在日本列岛的东面海域中，历史上一直是地震非常活跃的地方。图 16b 是从 1964 年 1 月 1 日至 2011 年 3 月 8 日（日本东北部大地震发生之前 3 天）日本及其邻近海域震级 $M \geqslant 5.0$ 的地震震中分布图，显示出在日本东北部及其邻近海域地震非常活跃，但地震的震中主要分布在日本列岛的外海。

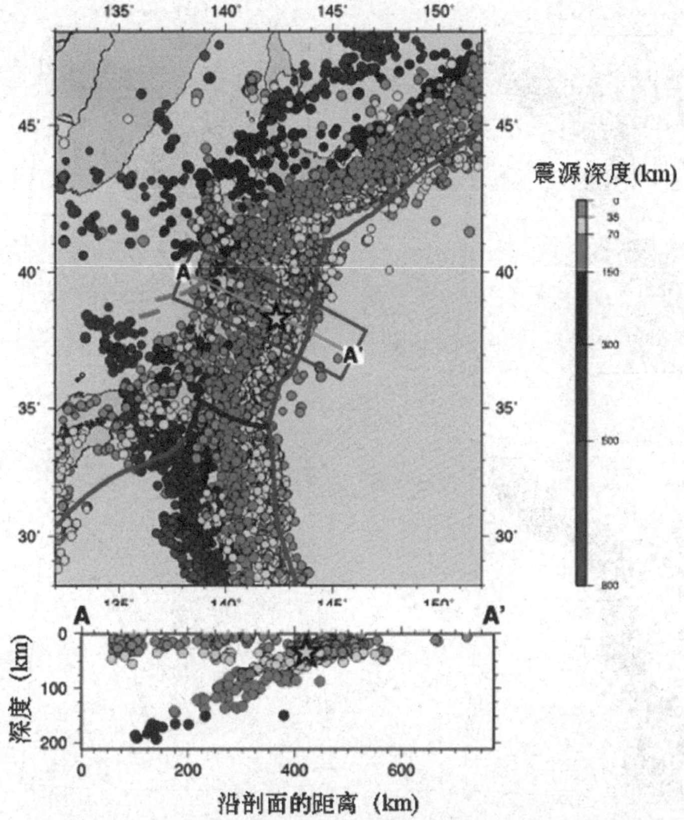

图 15　2011 年 3 月 11 日日本东北部大地震及其所在区域的地震震源分布图（文后附彩图）

在 2011 年 3 月 11 日日本东北部 $M_W9.0$ 地震之后，在它的震源区域发生了大量的余震，余震区大约 500 千米长，跟我们从地震的资料反演得到的这次地震发生在一个长达 500 千米左右的断层面的结果完全一致（图 16c，图 16d）。日本东北部大地震不但有余震，而且还有前震。主震发生在 3 月 11 日，事后来看，在 3 月 9 日至 10 日在未来地震震源区内就已经发生了很多的前震，最大的前震居然达到了 $M7.2$。

我们根据全球的数字地震台网的资料，在地震之后几个小时反演得到了这次地震的破裂过程（图 17）。这次地震的破裂过程很快，从震源所在处开始，然后同时向地面、向北面、向南面扩展（图 17d），一共进行了 160 秒（图 17c）。这次地震有一个独特的特点——规模很大，但是在地震发生初十几秒内，涉及的破裂规模却很小、进展很缓慢，只是在发震后

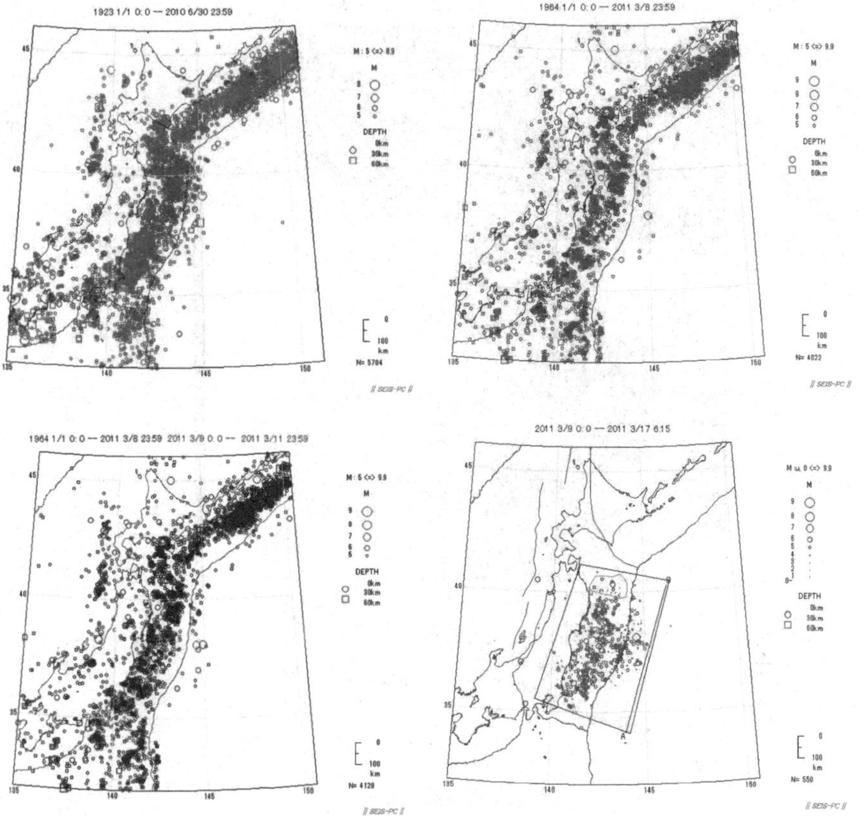

图 16　日本及其邻近海域震级 $M \geqslant 5.0$ 的地震震中分布图（文后附彩图）

(a) 1923. 1. 1 0h0m 至 2010. 6. 30 23h59m;

(b) 1964. 1. 1 0h0m 至 2011. 3. 8 23h59m;

(c) 兰色符号：1964. 1. 1 0h0m 至 2011. 3. 8 23h59m，红色符号：2011. 3. 9 0h0m 至 2011. 3. 11 23h59m;

(d) 2011. 3. 9 0h0m 至 2011. 3. 17 6h15m

资料来源：石川有三，2011

50～90秒期间才很快扩展到整个的断层面上，最后到了 160 秒才结束（图 17c）。图 18 是表示按照反演得到的这次地震的破裂过程计算的“理论地震图”（红线）与实际观测得到的地震图（“观测地震图”，绿线）的符合情况的图。由这幅图可以看出，理论计算结果（红线）与观测结果（绿线）是非常符合的，大多数台站的理论地震图与观测地震图的相关系数都达到了 0.9 以上。

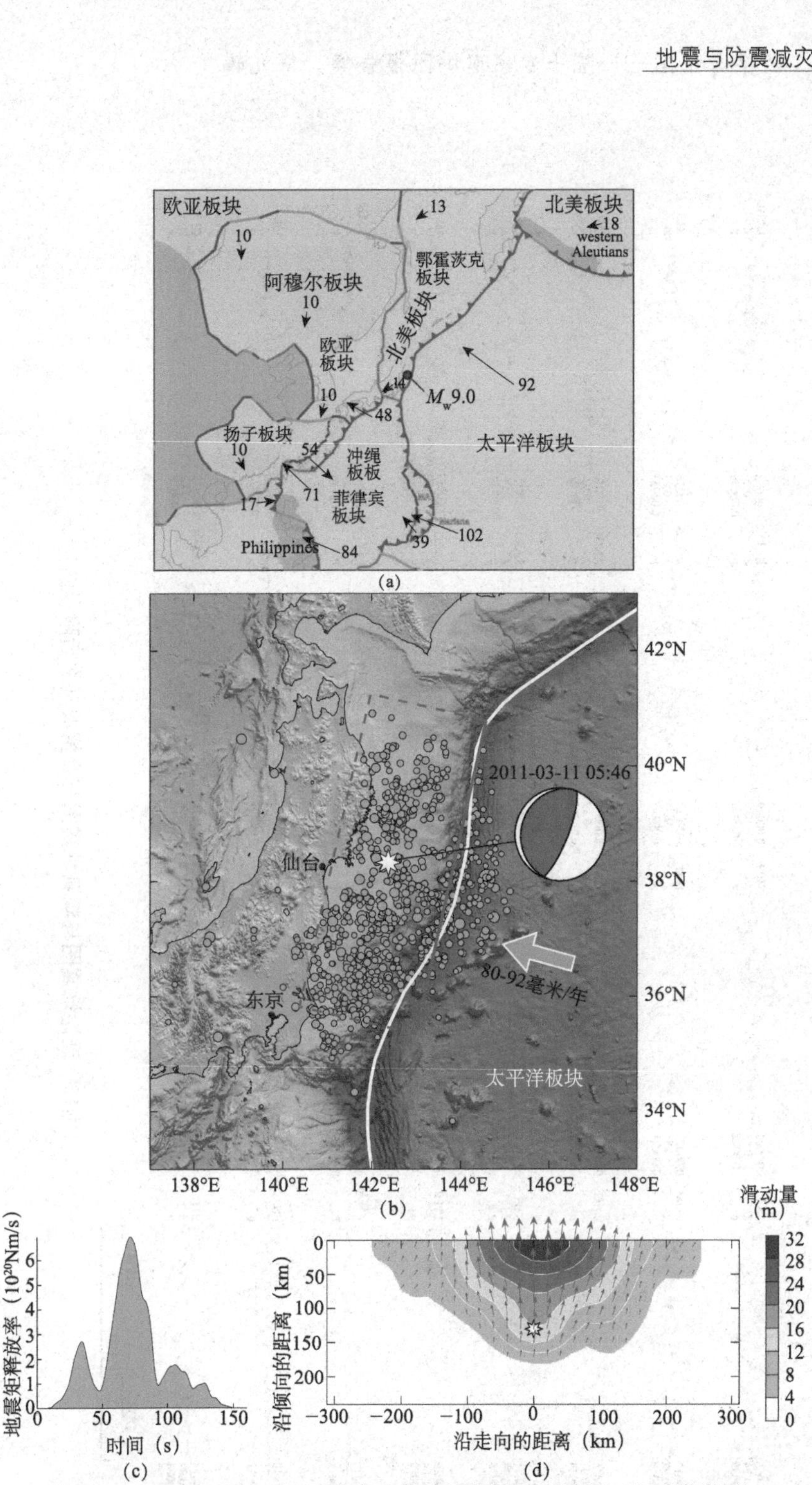

图 17　2011 年 3 月 11 日日本东北部大地震的破裂过程（文后附彩图）

（a）板块构造运动；（b）主震震源机制及余震的震中；（c）地震矩释放率；（d）断层面上的滑动量分布

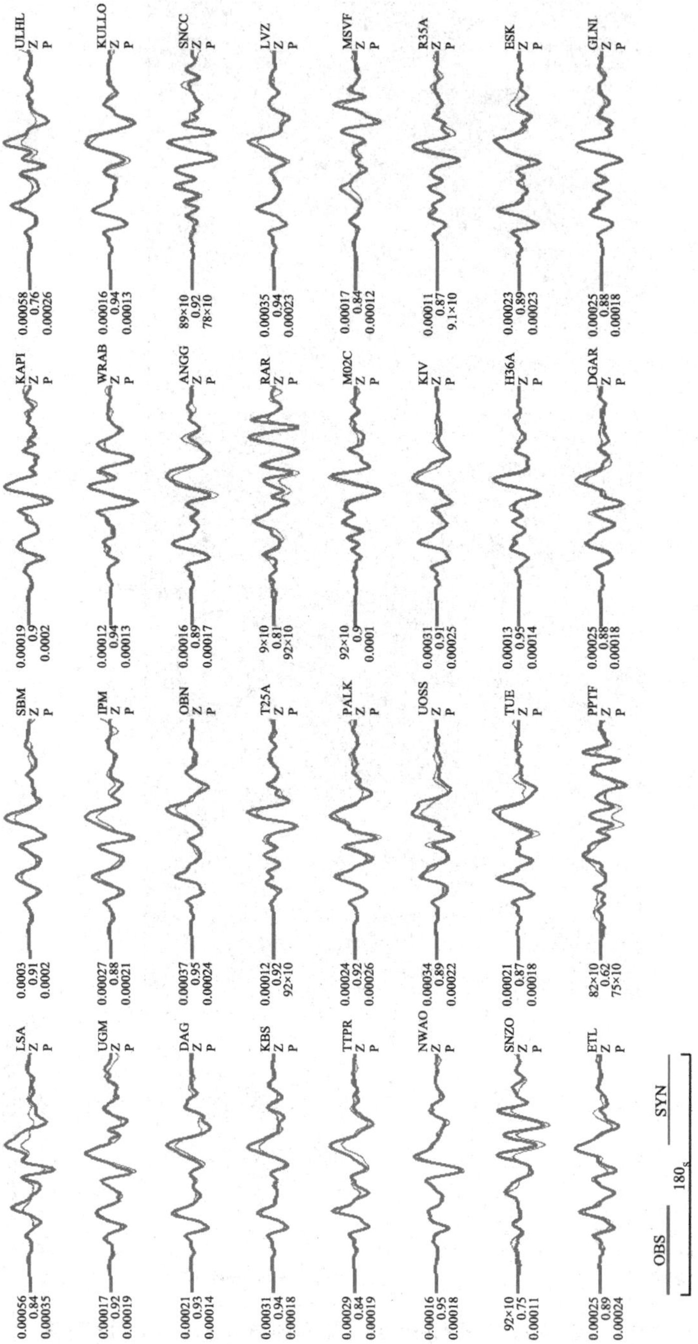

图18　理论地震图与观测地震图符合情况（文后附彩图）

四、为什么会发生海啸？海啸是如何发生的？

前面讲了地震，讲了日本 2011 年 3 月 11 日的大地震不但震级特大，而且还引发了特大的海啸。那么为什么会发生海啸，海啸是怎么发生的？下面我们就来讲海啸这个问题。

海啸是什么呢？日本人民对于海啸是非常熟悉的。这里有一幅画，画的标题是《富嶽三十六景》之一“神奈川冲浪裹”（图 19）。这幅画是日本江户时代著名的浮世绘画家葛飾北齋（Katsushika Hokusai，1760～1849）的名作。富嶽就是富士山。画家葛飾北齋把海啸作为富士山三十六景中的一景，可见海啸对于日本人民来说，自古以来就是很熟悉的一件事情。的确，这是在日本流传很广的一幅画，到了日本可以看见满街上都是这幅画。但这幅画流传很广却不全是因为 2011 年 3 月 11 日这次东北大地震-海啸。即使在东北大地震之前，在日本旅游观光地点随处可见许多工艺品上都有这幅画。可以说，和地震一样，海啸对于日本来说，是家喻户晓的一种自然现象。

图 19　《富嶽三十六景》之一“神奈川冲浪裹”

那么海啸到底是怎么一回事呢？海啸是一种巨大的海浪，在海底发生大规模、突然的上下运动，包括海底火山喷发，海底或海岸的滑坡、崩塌、滑塌、陨星或者彗星的撞击以及海底地震都会激发海啸。但是在激发海啸的诸多原因中，最主要的原因还是海底的地震，特别是以沿断层面上、下错动为其特征的“倾滑型”断层的地震，即“正断层”的或者“逆断层”的地震。

图 20 是最一般的地震断层“斜滑断层”的示意图。所谓地震断层指的是地下岩石破裂面两边岩石的相对滑动，我们管这个破裂面或者滑动面叫做“断层面”。断层面一般是倾斜的。在倾斜的断层面上方的岩体，我们称它为“上盘”，断层面下方的岩体，我们称它为“下盘”。断层是地下岩石的相对滑动，断层滑动的情况可以用“滑动矢量”（图 20 中的矢量 ***e***）即表示上盘相对于下盘滑动的大小与方向的矢量来描述。

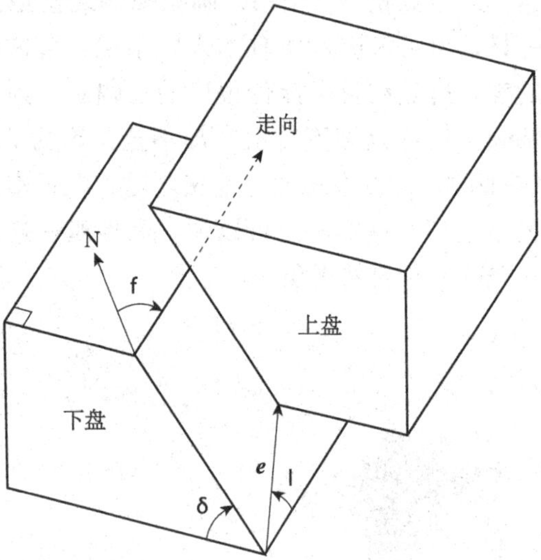

图 20 最一般的地震断层“斜滑断层”示意图

ϕ 表示断层面的走向，δ 表示倾向，*e* 表示滑动矢量，λ 表示滑动角。

什么样的地震断层最容易激发海啸呢？所谓“倾滑型”的地震断层最容易激发海啸。“倾滑型”地震断层包括“逆断层”与“正断层”两种类型。逆断层即上盘相对于下盘向上滑动的断层；正断层则是上盘相对于下盘向下滑动的断层。地震断层还有另外一种类型——“走滑断层”。“走滑型”断层是断层面的两盘沿着水平方向错动的断层。一般而言，以沿着断层面上下突然错动为其特征的“倾滑型”地震最容易激发海啸。

引起 2011 年 3 月 11 日的大地震的断层正是上述“倾滑型”地震断层。日本处在一个海洋板块（太平洋板块）和大陆板块（从北美板块进一步细分出来的鄂霍茨克板块）汇聚的地方。如果海洋板块跟大陆板块汇聚，因为海洋板块密度比较大，它在汇聚碰撞的过程当中很容易被撞沉到海洋板块下方去。我们管这叫做海洋板块俯冲到大陆板块下方。俯冲带动大陆板块发生变形，凹下去的部分形成海沟，拱起的部分就是岛弧（如日本列岛）。因为两个板块互相碰撞，在岩石层下方的软流层中炽热的、熔融的物质顺着裂隙上升，到了上方在一些薄弱的地方喷发出来，这就是火山（图 21）。

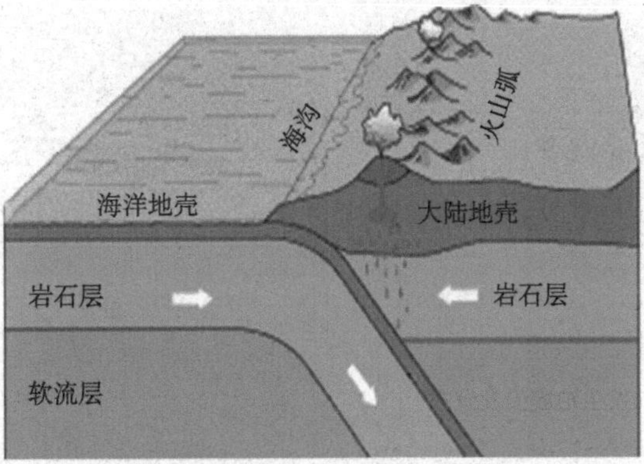

图 21　海洋-大陆汇聚边界

所以，海沟、岛弧，还有火山弧（或者称火山链），三者在地面上的迹线大体上是互相平行的，因为它们都源自海洋板块跟大陆板块发生碰撞。两个板块的汇聚碰撞不但造成了海沟、形成了岛弧、产生了火山，而且也产生了地震。当两个板块相互碰撞时，如果在某个地方卡住了，它们之间的相对运动没有能够得到及时的调整，那么到了一定程度便会突然爆发出来，这就是地震，而且通常是大地震。一旦发生地震，海底岩石会产生大规模的突然的上下运动，使得海底上方的大范围的海水从海面一直到海底都受到扰动，这个扰动以波动的形式向四面八方传播，就是海啸。

图 22 所表示的是地震和海啸发生的示意图。当海洋板块俯冲到大陆板块下方，如果在某个地方被卡住了（图 22a），那么这个地方跟它周围的应力和应变就会逐渐积累起来。当这两个板块相互碰撞的时候，有的地方会陷下去，形成海沟；有的地方会上升，形成岛屿；而在被卡住的地方，则会逐渐地酝酿一个大的地震。经过一段时间，原先在图 22a 中的实线及图 22b 中的虚线所表示的覆盖在上面的板块（上覆板块），就要变形到一个新的位置（图 22b 中的实线）。当俯冲板块继续向下俯冲，不但有的地方下

凹形成海沟，有的地方上升形成岛屿，而且因为缓慢的形变，应变能逐渐地在卡住的地带积累起来，到了岩石再也承受不了的程度便突然发生地震（图 22c）。覆盖在上方的板块就要从图 22c 虚线（图 22b 中的实线）所示位置回跳到图 22c 的实线（也是图 22a 的实线）所示位置，即反弹或回跳到原来的位置（图 22a 的实线）。这一反弹或回跳，不但产生地震，而且把覆盖在它上面的水体向上托起，引发海啸向着四面八方传播（图 22d）。

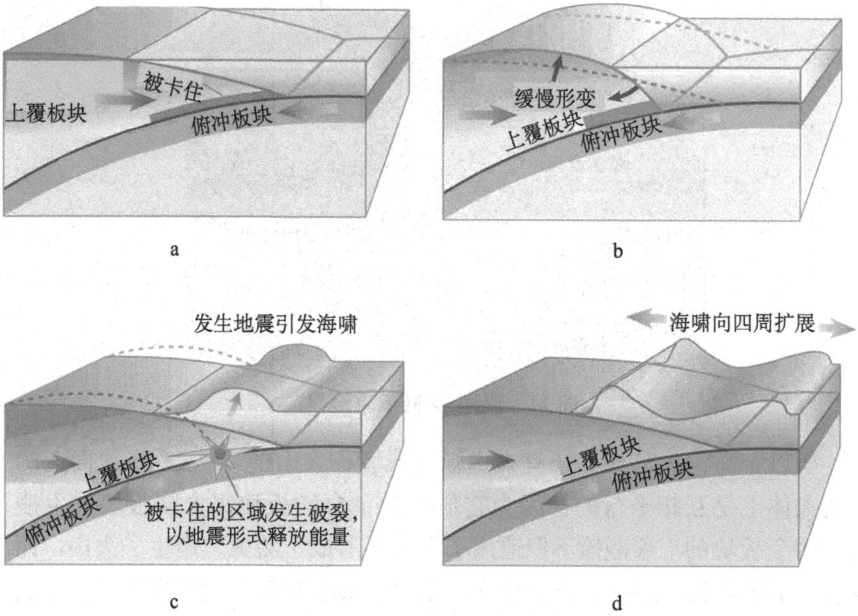

图 22 地震和海啸发生示意图

(a) 在板块汇聚带，一个板块（俯冲板块）俯冲到另一个板块（上覆板块）下方。(b) 当俯冲板块的运动受阻、在某处被卡住时，应力便逐渐在岩石中积累起来，并且伴随着地面的缓慢形变（上升与下降）。(c) 当在岩石中积累起来应力增高到岩石再也承受不了的程度时被卡住的区域便发生破裂，以地震形式释放能量。地震时，破裂面两边的岩石回跳（反弹）回平衡位置；海底大规模的、突然的上下变动引发海啸。(d) 海啸向四面八方传播。

海啸向着四面八方传播，可以越过大洋，传到南美洲、北美洲沿岸，也可以就近传到日本列岛。所以我们说，这次日本的大地震、大海啸就是因为两个板块之间的相对运动，一个板块被另外一个板块压到它底下，最后反弹的结果。那么，具体情况是怎么样的呢？具体情况是（图 17a），在日本列岛东北部的东面的海沟是板块的一个边界，它的东面是太平洋板块，西面是北美板块。北美板块不等于北美洲。北美板块大部分是在太平洋板块的东面，包括了在图上没有画出来的北美洲。但是，它不但包括了北美洲陆地，还包括了大范围的海域，一直延伸到库页岛，延伸到太平洋板块的西面，延伸到日本列岛的东北部，包括北海道以及本州的很大一部分。最近这些年，地球科学家对板块的研究比过去更为深入细致，他们从北美板块分出来一块小板块，以这个小板块所在鄂霍茨克海来命名，称为“鄂霍茨克板块”。

2011 年 3 月 11 日日本东北部大地震的发生，就是因为太平洋板块相对于北美板块以 8.0～9.2 厘米/年的速率向北西方向俯冲运动的结果，图 17a 中箭镞为黑色、箭身为红色的箭头与图 17b 中的灰色箭头代表了太平洋板块相对于北美板块（或者说是鄂霍茨克板块）朝北西方向的俯冲运动。所以对于 2011 年日本东北部大地震的发生，可以有两种本质上一样的说法，一种说法是太平洋板块以 8.0～9.2 厘米/年的速率朝着北西方向，朝着北美板块俯冲；另一种说法是，朝着鄂霍茨克板块俯冲。鄂霍茨克板块往西再远一点才是欧亚板块，所以这一次地震并不是太平洋板块直接向欧亚板块俯冲造成的，而是向北美板块俯冲、向鄂霍茨克板块俯冲造成的。

顺便提一提有关板块进一步细分的结果。最近这些年地球科学家还从欧亚板块分出一个小板块，称为阿穆尔（Amur）板块。阿穆尔板块是以其所在的阿穆尔河（在我国境内称为黑龙江）流域命名的。阿穆尔板块包括朝鲜半岛和中国东北的很大一片地域。从原先的欧亚板块不但分出了阿穆尔板块，还分出了扬子板块，等等（图 17a）。这些都是较新的一种分法。

再重复一下，2011 年 3 月 11 日日本东北部大地震，是太平洋板块向北美板块或者说向鄂霍茨克板块俯冲的结果。太平洋板块向北美板块（或者说向鄂霍茨克板块）俯冲运动和它激发的海啸（图 17a 与图 17b），跟地震和海啸发生的示意图（图 22）所表示的情景是很一致的。太平洋板块向鄂霍茨克板块下方俯冲，然后发生地震，上覆板块——鄂霍茨克板块突然反弹激发海啸，海啸向东面越洋传播到南美和北美西海岸，向西面则传播到了日本东北部沿海岩手县、宫城县、福岛县、仙台等地。图 23a 是海啸登陆时汹涌澎湃的可怕情景，海啸的力量很大，能够把船只都冲到岸上（图 23b 与图 23c），沿海地区遭到海啸袭击之后一片狼藉（图 23b 与图 23c）。

不过如果我们仔细看的话（图 23b 与图 23c），可以看到尽管地震非常大、海啸非常猛，但是很多房子并没有倒。所以我们从中可以得到一个很深的印象，就是在这次大地震-大海啸中，日本的建筑大多数抗震性能还是很好的，都经受了大地震的考验。如果不是引发了大海啸，那么损失决不会这么大。

图 23　2011 年 3 月 11 日日本东北部大地震引发的大海啸破坏情景

海啸在大洋当中传播的时候，速度非常快。快到什么程度呢？快到相当于喷气式飞机的速度。海啸的速度是 200～250 米/秒，也就是 720～

900 千米/小时，这个速度与喷气式飞机的速度是相当的。在大洋中，海啸的波浪不高，浪高通常是几十厘米到一米左右，比海洋上风暴潮的浪高（通常大约是 7～8 米）要小得多。

既然海啸的浪高只有几十厘米或者一米左右，为什么它靠近海岸的时候会一下子“蹦”到了 7～8 米、十来米甚至几十米高，从而造成那么大的灾难？我在后面要特别加以解释。在解释之前我们先介绍有关海啸的一些知识。

五、海啸的特点

海啸有些什么样的特点？它和我们通常说的海洋上的风暴潮有什么差别和相同的地方？它们的相同点是，从物理上来说，它们都是所谓的“重力波”，或者说得更具体一点，“重力（表）面波”。它们的不同在于产生海啸和通常的海浪、风暴潮原因不同，周期（波长）不同，传播速度不同，激发的难易程度也不同。

首先，海啸和海浪、风暴潮产生的原因不同。海浪风暴潮是以海面上的刮风或者风暴引起的，而海啸大多数是由海底的突然上下变动引起的。

其次，它们的周期（波长）不同。海啸的周期很长，可以长到200～2000 秒，而风暴潮只有 6～10 秒。它们的波长不同。海啸的波长很长，可以长到 10～100 千米，而海浪、风暴潮波长数量级只有大约 100 米。海啸的波长远远大于海水的水深，因为海水的水深也就是几千米。长达 10～100 千米的海啸波长大大超过了水的深度；而风暴潮的波长只有～100 米，这个波长远远小于水深。用波长和海水的深度来做比较，海啸在大洋中传播的时候，对于它来说，大洋就像一池浅水一样，所以我们管海啸波叫做“浅水波”；而当风暴潮在大洋中传播的时候，因为它的波长很短，比水的深度要小得多，的确就是在深深的海洋里传播，所以我们管它叫做“深水波”。

海啸与风暴潮都同属“重力（表）面波”，即海水质点运动的振幅随深度衰减的重力波。对于风暴潮来说，振幅随深度衰减很快，大约经过一个波长即约 100 米后，就衰减殆尽。可是对于海啸来说，振幅随深度衰减很慢，慢到几乎没有衰减一样。海啸与风暴潮在传播的时候，海水的质点围绕着它的平衡位置运动。对于风暴潮来说，海水质点运动的轨迹几乎是一个圆，而且是一个前进的圆形，就好像汽车向前行驶，车轮旋转那样。而对于海啸来说，海水质点运动的轨迹则是一个前进的椭圆形。但是，是一个非常非常扁的椭圆形，扁到几乎成为一条直线，扁到海水质点好像是沿着水平方向在做来回往复的运动。海啸波传播的时候，波长长达10～100千米，而且海水质点运动的幅度很大，可以大到几米。海啸和风暴潮两者都同属“重力（表）面波”，因此可以用同一个理论——海洋重力（表）面波理论来描述它们。但是它们又有不同，风暴潮是短波，海啸则是长波。对于风暴潮来说，适合于用海洋重力（表）面波理论的短波部分来描述它；而对于海啸来讲，则适合于用海洋重力（表）面波理论的长波部分来描述它。

根据以上分析，不难想像当海啸在深海大洋中传播的时候跟风暴潮不一样。风暴潮海水质点的运动只涉及在距深海大洋的表面数量级约100米的深度范围，海啸则是涉及从海面直至海底数千米深整个海洋水体的质点，同步地沿水平方向作幅度可达数米的往复运动。可以想象，海啸波在深海大洋中传播的时候携带着多大的能量。

海啸与风暴潮另外一个不同点是，它们的传播速度不同。海啸传播速度几乎跟喷气式飞机一样，它是普通风暴潮传播速度的大约15倍。海啸高达200～250米/秒的传播速度以及海啸波的振幅随深度几乎没有什么衰减，说明了为什么海啸具有异乎寻常的破坏力。

为什么海啸传到了陆地的时候，会突然变得那么可怕？原因是海啸的传播速度和海水的深度有关，水越深，速度越大；随着海水变浅，速度逐渐变小。当海水水深是4千米的时候，海啸波的传播速度是713千米/时，波长是213千米。当海啸靠近海岸的时候，海水的深度变浅，例如变到55米深的时候，海啸波的传播速度就变成只有75千米/时。海水的深度再浅一点，例如变到只有10米深的时候，海啸波的传播速度就更小了，小到只有36千米/时。当海啸在深海大洋中传播的时候，它的速度很快；当它逼近海岸的时候，速度越来越小。好像大队人马在往前行进，走在前面的速度放慢，走在后面速度仍很快，这就很容易发生踩踏事件。海啸波传播到陆地的时候情况与此类似。走在后面的，因为水深速度快，走在前面的因为水浅速度慢，因此当海啸逼近海岸的时候，它的波浪的高度（“浪高”）就突然地增高，可以从原来只有几十厘米，一下子“蹦”到几米甚而几十米。这是海啸的一个很重要的特点，是海啸致灾的主要原因。

因此，海啸对深海大洋中航行的船只不会构成什么危险，但是当它逼近海岸的时候，因为它的传播速度随海水的深度变浅而变小，就会造成波浪幅度突然增高、像一堵高大的水墙一样冲向岸上，所向披靡，将海岸扫荡一空的惨象。我们看到，在照相机尚未问世的时代，画家根据目击者报告或本人亲历画出来的画（图 19）或制作的铜版画［例如 1755 年 11 月 1 日葡萄牙里斯本大地震引发的海啸席卷北塔古斯河（North Tagus River）河岸］中的海啸（图 24）有多么的恐怖，难免怀疑艺术作品是否有些夸张。随着科学技术的发展，我们前面提到的海啸的这些特点及其原因的理论都得到了大量观测资料的有力证明，实际情况实在是有过之而无不及。

图 24　1755 年 11 月 1 日葡萄牙里斯本大地震引发的海啸席卷北塔古斯河（North Tagus River）河岸（铜版画）

2004 年苏门答腊-安达曼大地震海啸之前与之后，不断有人造卫星越过印度洋，人造卫星每一趟飞越印度洋时，都要记录下印度洋海水水面的高度。震前好几次记录下来的海水水面的高度曲线虽然都有一些小的波动，但是可以看到震前几次记录的海水水面总体上一致的。当苏门答腊-安达曼大地震发生之后引发的印度洋大海啸在印度洋中传播时候，正好跟卫星相遇，卫星记录下了这次大海啸在印度洋中传播时候的浪高。这个海啸的波浪有多高呢？最高点 0.8 米，最低点 0.4 米，也就是浪高的“双振幅”为 1.2 米！但是当它传到海岸的时候因为海水的深度变浅，速度变小，后浪推前浪，一下子就激起了滔天巨浪。我们从实拍的相片中可以看到（图 25），当海啸传播到了海岸的时候，海水回落，但很多人不知道大难临头，觉得海水一下子撤退了，海滩都露出来了，很好玩，都跑到海滩上去散步，捡贝壳（图 25a）。然而，海啸已经悄悄地来了，在远处闪耀著白色的浪花，但是人们还不知道海啸很快就来了（图 25b）。海啸接近海岸的时候（图 25c），急剧地增高，形成滔天巨浪（图 25d），冲上海岸，最后造成了巨大的人员伤亡（图 25e）。我们再一次看到，海啸在深海大洋传播的时候，浪高是很小的，即使在这么大的地震、这么大的海啸，也就是 1.2 米的双振幅，但是当它逼近海岸的时候，由于近海的海底变浅，海水浅了，海啸传播速度变小了，后浪推前浪，导致了浪高急剧增高，造成了灾难性的后果。

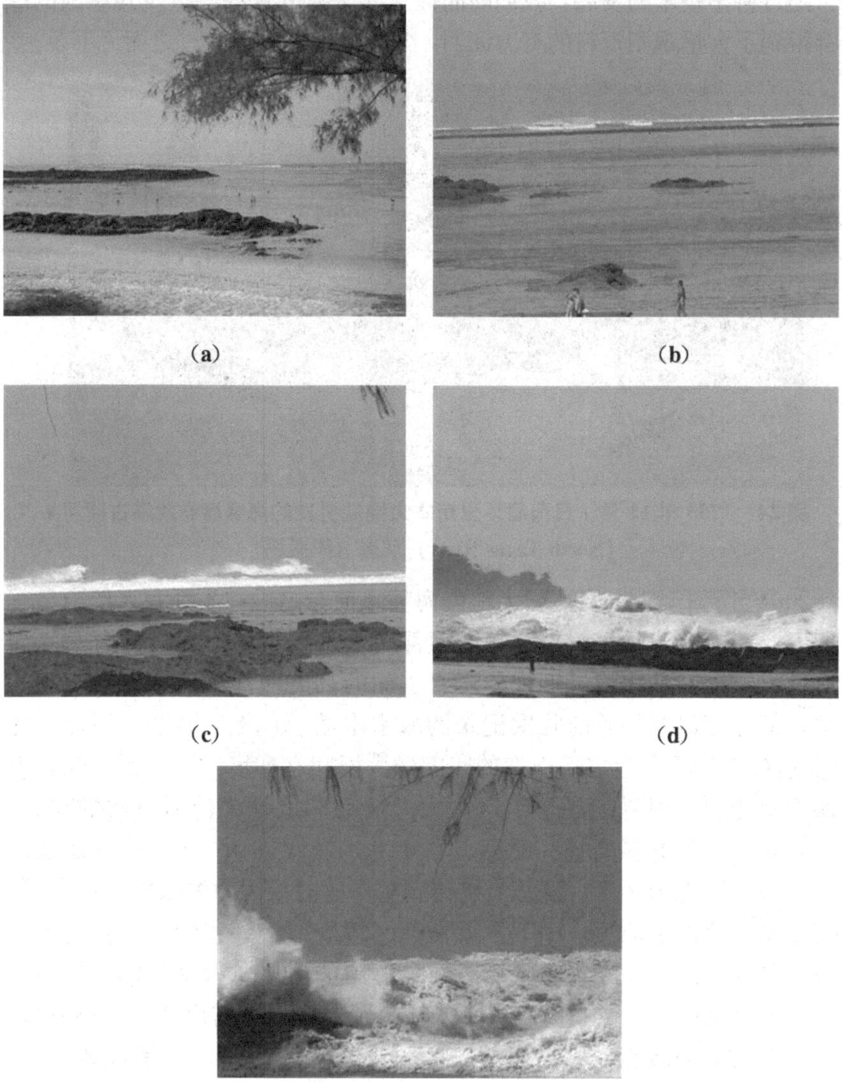

图 25 海啸袭击泰国拉克山（Khao Lak）海滩的情景

(a) 海水回落；(b) 远处形成白色海浪，海啸已悄然出现在远方；(c) 远处白色海浪越来越大，海啸悄然而至；(d) 海浪迅猛增高，冲向海滩；(e) 巨浪卷起了泥沙，冲上海滩海啸和平常的海浪风暴潮还有另外一个不同点就是，它们激发的难易程度不同。地震激发海啸是很困难的，只有特别大的地震、周期特别长、在极其有利的条件下才能激发起灾害性的海啸。长期统计表明，全球震级 $M_W \geqslant 8.0$ 的大地震 3 年才有 2 个，也就是一年 0.7 个；而一般情况下，10 次 $M_W \geqslant 8.0$ 的大地震当中只有 1 次才有可能激发起海啸。这是因为海啸涉及海底下的地震引起的海底岩体上下的运动，岩体上下的运动要与海水的运动耦合，本身就并不容易，所以激发海啸也是很不容易的。相对于稀有的特别大的地震来说，海啸更是一种稀有的事件。尽管它很稀有，很罕见，可一旦发生了，赶上了，造成的灾难可能会是很严重的。

那么是什么因素影响海啸的激发呢？简单地说，一是地震的大小。地震越大，在别的条件一样的情况下，激发出来的海啸越大。二是地震的机制。如前已述，逆断层和正断层比较容易激发海啸。三是震源的深度。因为海啸涉及海底的地震引起的海底岩体上下的突然运动，所以如果震源越深对地面的影响越小，震源越浅对地面的影响越大。四是地震的破裂过程。因为地震破裂不是一瞬间在几百千米的地方同时发生的，而是需要一定的时间来完成的，例如这次日本东北部大地震是经过了大约 160 秒才完成全部破裂过程。这样一个破裂过程，它究竟是朝南扩展还是朝北扩展，究竟具体如何扩展，对于它造成的影响有很大差别。所以地震震源破裂过程对于海啸的激发和它的影响也是非常重要的。

六、预防和减轻地震灾害

既然海啸和地震都是会给人类带来很大影响的事件，我们如何预防和减轻地震和海啸的灾害呢？下面我要谈一谈如何预防和减轻地震和海啸灾害问题。首先我要谈一谈日本东北部大地震及其引发的大海啸在预防和减轻地震和海啸灾害方面给我们带来哪些经验教训。

第一点，我认为最重要的一点是要继续加强地震预测研究工作。日本这次大地震，发生在日本东北部靠近海岸的海底中。这次地震的规模很大，断层面错动量大的范围达到 500 千米，沿着断层的倾斜方向可以延伸到地底下 150～200 千米，这是地震破裂范围很大的一次地震。

日本地震学家对这次地震到底有没有预先觉察到呢？大家很关心。因为日本是国际上公认的地震频繁发生的国家，也是对地震研究工作做得非常好的国家，在日本对于地震有很长期的、可靠的、悠久的历史记载。另外，在日本，地震监测台网以及地震预警系统都被认为是国际第一流的，日本的地震学家人才济济，总体水平之高，也是国际公认的。那么这次日本发生这么大的地震、海啸灾难，他们预测到了或者估计到了没有？这中间到底有什么经验教训呢？

根据我所知道的，日本的地震学家预测到了或者估计到了日本东北部会发生大地震，但他们估计是会发生 M 8.0 大地震。认为会发生 M 8.0 地震，M 8.0 就已经不小了，却没有料到会发生 M 9.0 的大地震！M 8.0 与M 9.0，差别可大了！具体地说，在 2002 年的时候，日本地震调查研究推进本部正式公布过对日本东北部俯冲带发生地震可能性的估计，他们说在未来的 30 年里，日本的东北部可能发生一次 M 7.7～8.2 大地震，平均来说就是M 8.0地震，发震概率还很高，为 80%～90%。他们没有想到，会发生这么一次破裂范围长达 400～500 千米的 M 9.0 大地震，这是万万没有想到的事情。

所以我们可以得到一个看法，包括日本地震学家在内，地震学家对于地震的研究，虽然不可否认在过去半个世纪进步很大，有很多很好的研究成果，对地震也有很多新的认识，但是对于地震发生的基本规律的认识现在看来仍然是十分有限的。

那么是不是日本没有任何一个人预先知道或者是看到日本东北部可能发生 M9.0 大地震呢？也不是。现在回过头来看，在 2006 年的时候，日本地质调查局有一位地震学家曾经发表文章说，公元 869 年的时候在日本曾经发生过一次大地震，叫做贞观（Jogan）地震［这个“贞观”只是汉字跟中国唐朝的贞观纪年（公元 627～649 年）的年号一样，但时间上比中国唐朝的贞观纪年要晚 200 多年］。公元 869 年那次贞观地震的规模堪与 2011 年 3 月 11 日大地震相比，因为它引发的海啸淹没了整个仙台地区。他的这个研究结果是 2006 年发表的，固然在 2002 年的评估报告中不可能予以考虑，但是从该文发表的 2006 年直到地震发生的 2011 年，在对日本地震危险性的评估中竟未能及时吸纳 2006 年发表的新研究成果，对该评估报告进行适当的修订。

还有一点需要特别要提到的是，回过头来看，很遗憾的是日本地震学家对于不同观测资料存在的明显的差异，没有能予以深究。在过去 10 年里，因为新技术的发展，全球定位系统（GPS）在地震观测与研究中得到了广泛的应用。研究结果表明，沿着日本海沟的板块边界处于完全闭锁、没有滑动的状态。通过另外一些资料研究发现，日本海沟大地震断层的滑动量是很大的，但这个滑动量跟板块相对运动的滑动量之比（“地震耦合系数”）只有 30%。也就是说，由于板块相对运动长期积累起来的滑动量只有 30％通过现在看到的、已经发生的地震得到释放，那么，还有 70％的板块相对运动的滑动量到什么地方去了？它是被调节掉了还是积累起来了？对此没有给予深究！日本地震学家已经知道到了这一差别，但总体上来说，他们对于这一差别的潜在的危险性，70％的“账”，没有予以深究，没有特别关注它可能产生灾难性的后果。

当然也不是一个人都没有特别关注这一差异。2001 年，京都大学的川崎一郎（Ichiro Kawasaki）教授提出，很大一部分的板块相对运动的滑动量被“震后滑动”和日本海沟北部的其它“无震断裂”所调节掉了；遗憾的是，在日本海沟南部，也就是这次 2011 年日本东北地震的主要震源区，这一滑动量“亏空”、即不同观测资料之间的明显差异未能得到重视，其原因未能予以深究。

日本有密集的地震监测系统——地震，地应变，地应力，全球定位系统（GPS），卫星孔径雷达干涉测量术（InSAR），等等。1996 年东京大学的池田安隆（Yasutake Ikeda）教授根据地质学与大地测量学在地壳形变速率之间的差异已注意到了日本东北地震的“滑动量亏空”区；2000 年与 2004 年时根据 GPS 网络的测量结果就已发现日本东北地震的“滑动量亏空”区。但是，该“滑动量亏空”区、即这次地震的破裂区位于距离海岸线 200km 外的海域，受海域观测条件的限制，震前未能加强邻近海域的地震、海啸的监测预警工作。

通过日本的大地震大海啸的灾难，我们可以得到这样一些教训，即应当继续加强地震预测的研究工作，为什么呢？因为日本是按照抗 $M8.0$ 地震在东北部盖房子搞建设的，尽管地震是 $M9.0$，大大超过预计的水平，但他们的抗震工作应该说做得很好，有很多按照 $M8.0$ 地震设防的建筑物，在 $M9.0$ 地震中居然没有倒塌。地震预测研究工作仍然是防震减灾工作的瓶颈。

另外，要最大限度地运用所有可以利用的信息。比如说，2002 年对日本地震危险性评估已经公布了日本东北部可能发生 $M8.0$ 地震。到了 2006 年，由新的研究结果得知，这个地方曾经发生过相当于 $M9.0$ 的地震，这是一个很重要的研究结果。但是这个研究结果没有及时加以运用。还有一条就是我们前面提的，对不同的资料得出的结果的不一致，没有很好地整合。所以说，通过日本的大地震大海啸灾难，我们要从中汲取教训，在地震危险性评估中要全面地分析研究地震、大地测量、地貌、地质等资料，不应当遗漏或忽视任何有用的信息，对其中出现的任何一点不一致的地方、有矛盾的地方都要深究到底，努力去解决它。

第二点，要改进地震预测的模型。日本地震学家一直在关注日本东海地区，他们从20世纪70年代初就开始关注所谓的日本“东海大地震”（图26）。在日本南海海沟，历史上曾经非常有规律地发生过一些大的地震，从1498年到1605年、1707年、1854年，沿着南海海沟发生的地震事件都非常有规律，每两次大地震依次间隔107、102、147年，平均约为120年，也就是说，在南海海沟每隔～120年，都要有规律地发生一系列大地震，“填满”南海海沟。但是他们注意到了，从1854年以来，只有1944～1946年间在南海海沟这个地段发生过释放该处应力的地震，而在东海则一直没有发生破裂，没有发生地震。因此，日本地震学家估计，在1854年的120年以后、也就是大约在1974年，在东海这个地方将要发生一次M8.0左右的大地震。这就是日本地震学家预测的“东海大地震”。

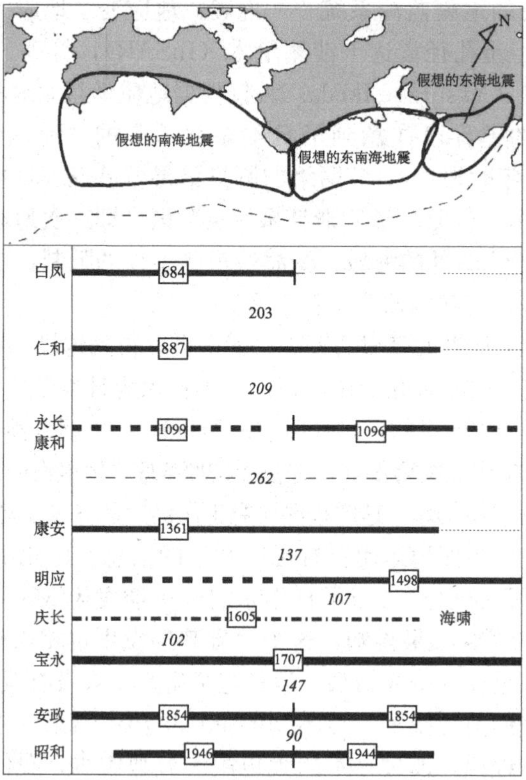

图26　日本地震学家预报中的“东海大地震”

沿着日本西南海岸的南海海槽——相模海槽（在骏河海槽东北面，图中未绘出）在过去的500多年间重复发生过的震级M～8的浅源大地震的破裂区。沿着骏河海槽的东海地区即是日本地震学家预报中的“东海大地震”空区日本地震学家从 20 世纪 70 年代初就开始专注于加强东海地区的监测，守候着“东海大地震”。但是从 1974 年到今天已经过了 40 年，这个地震始终没有发生。这给日本地震学家造成非常大的压力，一代一代的地震学家都盯着这个地方，但直到今天地震并没有发生。

美国地震学家预报在 1988 年在美国加州一个叫做帕克菲尔德（Parkfield）的小镇将会发生一次 $M6.0$ 左右的地震（图 27a）。1988 年我去帕克菲尔德考察的时候，帕克菲尔德小镇村口的一个牌子显示这个小镇人口只有 37 人，海拔是 1530 米（图 27b）。美国地震学家的地震预报使人口仅 37 人的帕克菲尔德小镇闻名遐迩。

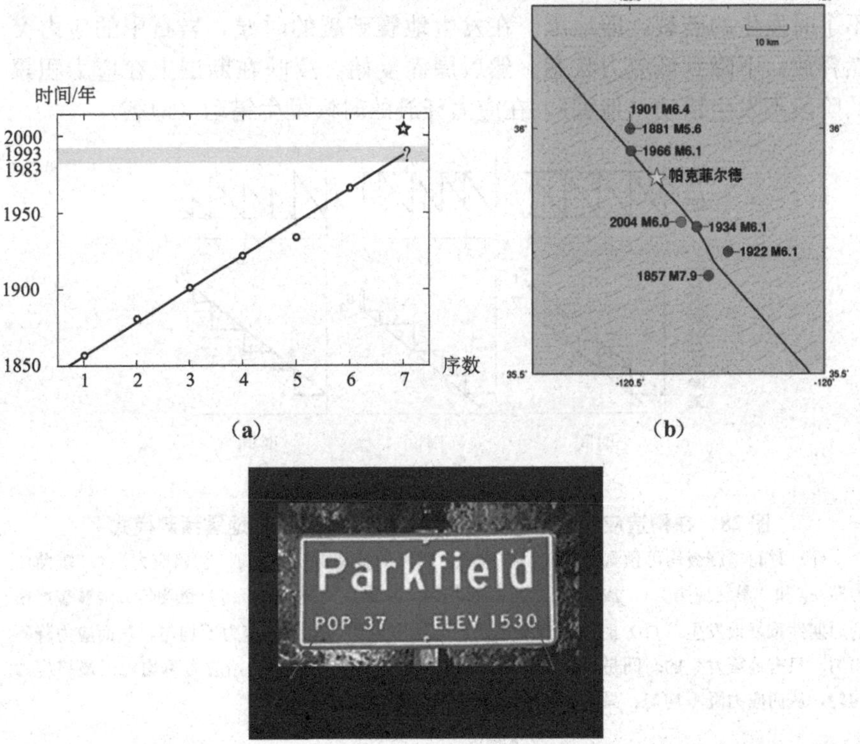

(a) (b)

(c)

图 27 帕克菲尔德地震的预测

(a) 序数 1～6 的圆圈表示历史上发生的 6 次帕克菲尔德地震，问号表示所预测的帕克菲尔德地震，灰色条带表示预报帕克菲尔德发生的时间窗（1983～1993）。帕克菲尔德 $M_W6.0$ 地震（五角星）迟至 2004 年 9 月 28 日才发生，比预报的时间晚了至少 11 年。(c) 人口仅 37 人的帕克菲尔德镇因帕克菲尔德地震预测闻名遐迩。此为小镇村口的牌子

1988 年，美国地震学家预报帕克菲尔德将会发生一次 $M_W6.0$ 左右的地震，理由是在帕克菲尔德，从 1857 年到 1966 年每隔大约 22 年就会很有规律地发生一次 $M_W6.0$ 左右的地震。因此很自然地，美国地质调查局的地震学家就预报（1988±4.3）年（即最晚在 1993 年 1 月之前）会在帕克菲尔德这个地方发生一次 $M_W6.0$ 左右的地震。可是，这个地震过了很多年都不来，拖了 11 年（正好是“地震重复时间”的一半），从 1993 年 1 月的预报的最后期限，一直到 2004 年 9 月 28 日才发生。为什么美国地震学家能够做出这个预报呢？因为他们认为在一些断层上，会准周期性地发生一定大小的地震（图 28）。地震是地下岩石因为构造运动，其中的应力从低应力状态升到高到高应力状态，直到岩石再也承受不了时发生的破裂，即地震。在发生地震破裂的时候，岩石中的应力突然释放，下降到低应力状态。然后周而复始。反映在断层上在应力积累的阶段不发生错动（地震），在应力释放的时候发生错动（地震）。

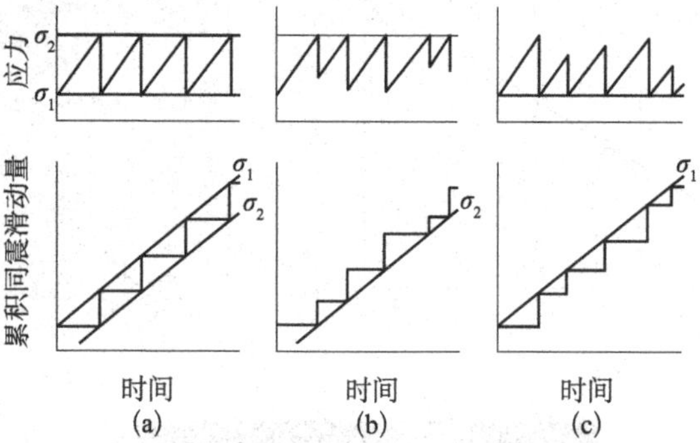

图 28　在构造应力积累的速率保持恒定的情况下的地震预测模式

（a）时间与震级均可预测的模式：构造应力积累的速率保持恒定、“初始应力”（“震前应力”）σ_2 和“最终应力”（“震后应力”）σ_1 都均匀，从而应力降（$\sigma_2-\sigma_1$）也均匀、地震按严格的周期性重复地发生。（b）时间可预测模式：初始应力均匀但最终应力不均匀，从而应力降不均匀、只有地震发生的时间是可以预测的。（c）震级可预测模式：初始应力不均匀但最终应力均匀，从而应力降不均匀、只有地震的震级是可以预测的

这样一个概念，是从“地震空区”、“特征地震”的概念来的，但是并非没有问题。问题在于如果实际情况很简单，像所假设的那样，地震之前的应力“震前应力”（“初始应力”σ_2）是恒定的，地震之后的应力“震后应力”（“最终应力”σ_1）也是恒定的，那么地震的发生必定是很有规律的，如同图 28a 所表示的那样，根据以前的情况就能够预测地震要发生的时间和地震的大小。但是实际上，地下的情况是很复杂的，不但

地震之前应力是不均匀的，地震之后应力也是不均匀的。如果地震之前的应力是均匀的，地震之后的应力不均匀，就会发现地震发生的时间还是可以预测的，但是地震的大小，是预测不准或者是预测不出的。如果地震之前的应力不均匀，地震之后的应力是均匀的，就会发现地震的震级的大小是可以预测出来的，但是它什么时候发生，根据这样一个简单的模式是预测不出来的。

所以我们在很多地方看到的（例如在日本、美国）用来做地震预测的模式，如果不是不对的话，至少它里面涉及的基本假设，如地震之前的应力是均匀的，地震之后的应力是均匀的，等等，需要根据实际情况很好地加以修订改进。

另外一个方面，现在的中长期预测地震，是根据过去的资料来推测未来的情况。我们知道，人类有比较详细记录的地震，即使在中国也是最近500年的资料比较可靠翔实，日本也差不多。欲用几百年的资料来对复发时间千年乃至几千年的大地震做统计预报，即使这500年的资料很完整可靠翔实，实际上是有很大的局限性的。对于这一点应当有一个清醒的认识。

如果我们还是承认地震的过程是地下岩石中的应力逐渐积累和快速释放的过程，那么，我们为什么不加强应力测量，比如说钻孔绝对应力测量，研究断层面上的摩擦情况，研究区域性应力场，研究断层接近破裂的程度，等等，以更直接地估计某一个地方发生地震的危险性呢？

另外，要加强对迄今没有发生过地震的地区、对所谓滑动量亏空的地区分辨率更高的观测和研究。对迄今没有发生过地震的地区即滑动量亏空区一直有很多说法，这些说法可能是对的，但是需要加以检验或者加以修订改进。

最后，从日本东北部地震中我们可以看到，要加强对海域地震海啸的监测工作，要提高地震与海啸的监测、预报、预警的水平。日本东北部地震造成的灾难实在太大了，以致日本地震学家包括海啸专家在这个方面取得的成就可能有的地方会被巨大的灾难所掩盖了。实际上，在日本，对于地震与海啸的预警做了很多卓有成效的工作。在日本东北部地震中，日本的地震预警取得了很好的效果。日本对这次地震的余震发出预警30多次，主震的预警也发了。但是实际上因为地震与地震不一样，特别是这一次地震，它刚开始的时候破裂范围非常小，而且破裂相当缓慢（参见图17c与图17d），单从破裂刚开始阶段（例如开头几秒）的情况根本看不出来它在160秒全部破裂完成后会是一个很大的地震。所以对于地震破裂复杂性，无论在理论上，还是在应用上都应该加强研究，使地震海啸预警提高到更高的、真正能取得减灾实效的水平。

日本的地震预警系统，还有海啸预警系统在这次地震一海啸中表现也是很好的。不过，从更高的要求来看，还是应当加强对地震与海啸预警系统的研究工作。比如说，这次日本地震之后，因为发出预警信号，有27辆高速列车紧急刹车避免了出轨等严重事故。另外，3分钟以后，就向岩手、福岛、宫城几个县发出了大海啸的预警，尽管海啸离海岸很近，也是在发震之后约15～20分钟才到达最近的海岸，只是因为日本地震学家低估了日本东北部的地震-海啸危险性，防波堤按预防$M8.0$地震引发的海啸设防，造的是7米高，不可谓不高。可是这次地震是$M9.0$，海啸平均的浪高是7米，很多地方实际上超过7米，到达了30米，甚而如有的报告说超过40米，而且海水侵入陆地5千米，从而造成巨大的破坏。尽管如此，客观地说，日本海啸预警系统、地震预警系统表现是很好的，在这次的地震中是立下了大功的，有27辆列车及时得到预警的信息，没有出轨。当然前面说了，也有要改进的地方。所以有一些地震学家通过这次事件，对于地震学老前辈里克特（Charles F. Richter，1900～1985）说的很著名的一句话，“地震并不致人死命，致人死命的是建筑物”特别补充说，“地震并不致人死命，致人死命的是建筑物，还有海啸。”

日本东北部大地震就是个例子，它让我们认识到，对于地震灾害来说，海啸灾害是地震灾害的一种“次生灾害”，但并非是次要的灾害！即使这次日本东北部地震这么大，如果单纯是地震的话，损失都不会这么大。

地震海啸预警工作很值得重视。但要注意地震海啸预警目前只是对于“越洋海啸”比较有效，对于“局地海啸”就不那么有效了。日本东北部发生地震，激发海啸，海啸传到北美海岸或者南美海岸要十几、二十个小时，这些地方有充分的时间做准备。但是如果它向西面传播，只要15～20分钟就可到日本东海岸。要在15～20分钟之内，对于刚发生的地震和海啸的情况做出比较正确的分析判断，发出真正能达到减灾实效的预警，还是需要进一步做好工作，加强对局地海啸预警的研究。

从2011年3月11日日本东北部大地震及其引发的大海啸中还可以汲取很多经验教训。从更广泛的意义上来说，要预防和减轻地震-海啸灾害，还是要从以下几个方面着手：一是要依靠科学技术；二是要学会

“与灾相处”。要认识到，人类是生活在不断运动变化而且是很活跃的生机勃勃的地球上的。地球是人类共同的家园，它不但提供人类赖以生存的资源、能源和环境，也会不时地兴风作浪、给人类带来灾害。面对自然灾害，我们要努力地去研究它，认识它，寻找避免和减轻灾害的办法，也就是说要学会“与灾相处”。要预防和减轻地震灾害，从思想上要确立“预防比救助更为人道”的文化理念。我国地震灾害也是非常严重的，历史上也有过海啸灾害，地震-海啸灾害对国家的经济建设和社会发展有很大的影响，减轻地震海啸灾害的工作形势是很严峻的，任重道远。要预防和减轻地震灾害，要确立以人为本，以科学发展观为指导，确立“预防比救助更为人道文化”理念外，还要增强全社会防震减灾的意识。先进科学技术的应用固然很重要，但是单靠科学技术的应用是不能达到最大限度减轻自然灾害这个目标的。要达到这个目标，还需要全社会对于自然灾害有清醒认识，要增强全社会防震减灾的意识。

日本有一位著名的地球物理学家、地震学家名字叫做寺田寅彦（Torahiko Terada，1878～1935），日本学士院院士。他同时也是一位著名的诗人、散文作家。在文学和英语上，寺田寅彦师从日本著名文学家夏目漱石（Natsume Sōseki，1867～1916）。他在日本有一首家喻户晓、现在国际上也广为流传的徘句发人深思：

“天灾总是在人们将其淡忘时来临。”

这首富有哲理的徘句告诫我们：对地震灾害等“天灾”，要时时提高警惕，警钟长鸣，切不可疏忽大意，要增强提高全社会的防震减灾意识。

最后，要预防和减轻地震灾害还应当发挥政府的主导作用，要依靠法制、依靠科技、依靠群众，发挥政府的主导作用，包括制定法规来加强包括地震灾害在内的各种重大突发灾害发生时应急能力的建设。作为发挥政府的主导作用、让公众参加防震减灾的一项努力，我国在1997年颁布了《中华人民共和国防震减灾法》，2008年12月27日颁布了该《中华人民共和国防震减灾法》的修订版，2009年5月1日生效。据此，政府还发布了《地震预报管理条例》，以规范地震预测预报、特别是临震预测的评估和发布规程，强化专家的作用，减少非科学地震预测可能引起的社会代价。通过这些努力，包括地震灾害在内的各种重大突发灾害发生时应急能力的建设得到了加强。

结　语

以上以近年来全球发生的地震、海啸为例，简要的介绍了地震和海啸成因与机制，以及如何预防和减轻地震-海啸灾害等问题。在结束这个报告时，我想再一次强调：

(1) 作为一种**自然现象**，**地震**的发生是不可避免的。

(2) 作为一种**“自然”灾害**，**地震灾害**不但应当、而且可以通过努力予以避免或减轻的。

(3) 面对地震灾害，地震科学家要勇于迎接挑战，知难而进。

(4) 为预防和最大限度地减轻地震灾害所造成的经济损失和社会影响，保证经济社会的可持续发展，要以科学发展观为指导，确立“以人为本”、“预防比救助更为人道”的文化理念，切实贯彻“预防为主、预防与救助相结合”的方针。

(5) 要依靠科学技术，加强对地震发生规律及其致灾机理的研究，提高地震监测预报预警水平。

(6) 要发挥政府的主导作用，增强全社会的防震减灾意识，增强防御与减轻地震灾害的能力。

我的报告就讲到这里。谢谢大家！

（参考文献略。文中一些图片下载自 http：//earthquake. usgs. gov/earthquakes/等相关网站，特些致谢！）

清洁发电与智能电网

周孝信

中国科学院院士，电力系统专家。汉族。1940 年 4 月 7 日出生于山东省蓬莱县。1965 年毕业于清华大学。1979～1980年赴加拿大魁北克省水电局研究所进修。历任水利电力部电力科学研究院电力系统研究所技术员、工程师、副所长、所长，电力工业部电力科学研究院总工程师，现任中国电力科学研究院名誉院长，中国电机工程学会常务理事，IEEE Fellow，高级工程师，博士生导师。

Zhou Xiaoxin

周孝信

今天，我给大家讲讲三个方面的内容，第一个是讲一下什么叫电力系统，接下来第二和第三方面讲咱们的主题——清洁发电和智能电网。

一、电力系统

电在各方面都有很多的应用，可以分成强电和弱电两类。那弱电是什么呢，就是现在咱们的电子、通信、计算机，那里边都用电，用电来控制信号的传递。弱电的电压很低，电流很小，它只传输信号，基本不传输能量。那么什么是强电呢？强电就是和能源有关系，它给千家万户、给工业、给商业、社会各个方面提供能源，叫作电力，英文叫 electric power。

什么是电力系统呢？电力系统是一个大系统，它包括发电厂、输配电网络和电力用户。电从哪儿来的呢？是发电厂发的，这个大家都知道。另外，怎么把电送到千家万户呢？要有一个网络，通过输电的网络送到千家万户。当然我们还有分布在全世界各个地方、全国各个地方的电力用户。我们每家每户，都是电力用户，这样的话就形成了一个大系统。20 世纪最伟大的工程科技成就是什么呢？美国人做了调查统计，他们说，排在第一位的就是电气化的实现。电气化就要通过电力系统来完成这样一个使命。电力系统涵盖的范围很大，城市、乡村，千家万户。可以说，电力系统是 20 世纪人类所创造的最大的工程系统之一。

有的时候，我们把电力系统叫电网。狭义的电网指的是输配电网络，由输电线、变电所组成的网，现在把这个概念扩大了，电力系统也可以叫作电网。当我们说到电网的时候，比如说华北电网，除了指输配电网络以外，还包括发电厂，包括用户组成的一个大系统。中国电网的情况是怎样的呢？下面这张图给大家一个概念。这张图比较老了，是 2000 年的时候发电厂和输电网分布的一个图（图 1）。图上有一些线条和一些点，那些点代表发电厂，不同颜色代表不同类型的发电厂，不同的颜色的线表示不同电压等级的线路。因为输电线要传送电能，需要电压和电流，咱们学物理都学过，功率等于电压乘以电流，并要通过输电线路来传输。根据额定电压的高低，分为不同的等级。因而就有不同的电压等级的输电线路。

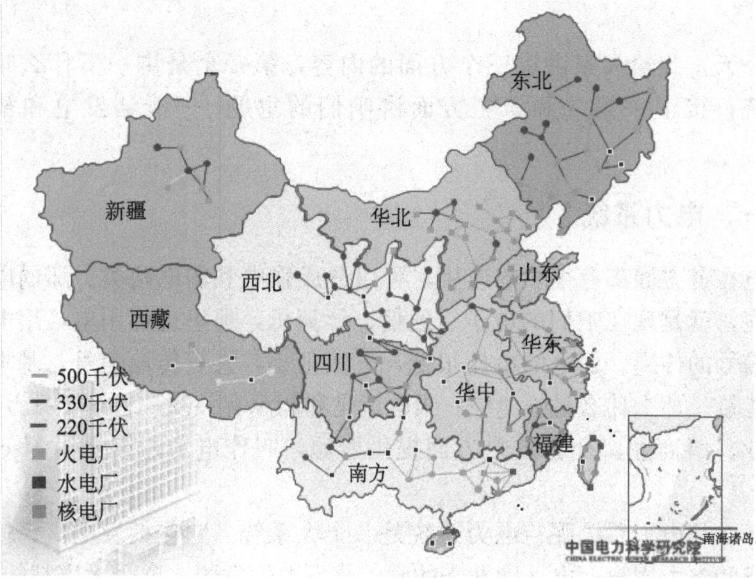

图 1　我国电力系统示意图（2000 年电厂和输电网）

图 2 是比较近期的了，是 2010 年的全国的大电网图，红线表示我们国家当时最高的电压等级是 500 千伏，就是 50 万伏，那些红线密密麻麻的，都是 500 千伏的线路。图中还有一些黑线，是规划的线路，规划的更高的电压等级，翻一番，不是 50 万伏了，是 100 万伏的电压。为什么要把电压提得越来越高呢？我们知道，因为输电线在输送能量的时候它有损耗，这个损耗和电流的平方成正比，和线路的电阻成正比，假定电阻是一定的，那么这个电流大小就很关键了。我们要尽量地减小电流，使线路输送的功率又大，损耗又小。

当谈到电网、电力系统的时候，不能不涉及能源问题，看看电力在能源中占什么位置。2011 年全国一次能源生产总量达到 31.8 亿吨标煤。

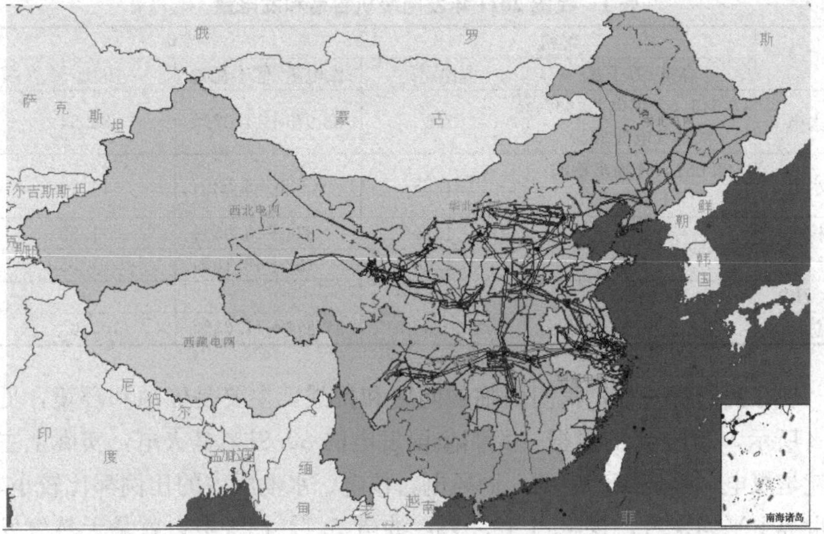

图 2　我国电力系统示意图（2010 年的 330 千伏电压及以上输电网）

标煤大家有没有这个概念？什么叫标煤？就是标准煤。把所有的能源，比如说天然气、我们的热力发电所含的能量，都可以把它折算成标准煤，按照煤的发热量来计算。所谓的标准煤就是每千克含 7000 千卡热量的煤，我们就定义为标准煤。其他能源形式，都可以换成标准煤，折算下来，全国当年各种能源共产生了 31.8 亿吨标煤。2011 年全年我国消费了多少标准煤呢？一共是 34.8 亿吨，多了 3 亿吨，那 3 亿吨哪来的？我们现在进口能源，进口什么呢？进口石油，进口天然气，甚至还进口煤。2011 年全国发电量是 47 000 亿千瓦时。平均每个人 3500 千瓦时，其中主要是工业用电的消耗，居民用电只占百分之十几，12%～13%的样子。我们的发电量里边，47 000 千瓦时的发电量中 81.39%是火电厂发的。火电厂用什么做燃料呢？主要是煤，95%以上是煤，还有一点点是油或者天然气，现在煤的比例非常高，水电占 15%左右。核电，我们搞了这么多年核电，它才占 1.85%，很有限。还有一个值得关注的是装机容量。比如，一台发电机，它的容量是 100 万千瓦，那就是它的单机容量，全国发电机加起来是 105 576 万千瓦，被全国 13 亿人口一除，人均不到 1 千瓦。我们的总量很大，很快就能超过美国，但人均量还是很小的（表 1）。

表 1 我国 2011 年发电装机容量和发电量

	装机		发电	
	容量/万千瓦	占比/%	发电量/亿千瓦时	占比/%
火电	76 546（含煤电 70 667，常规气电 3 265）	72.5	38 975+14.07%	82.54
水电	23 051（含抽水蓄能 1 836）	21.83	6 626−3.52%	14.03
核电	1 257	1.19	874+16.95%	1.85
风电	4 505	4.26	732+48.16%	1.55
太阳电	214	0.202		
总计	105 576+9.25%	100.0	47 217+11.68%	100.0

现在我们看一看，我们面临的问题和挑战，主要是能源和环境，见图 3 所示，2010 年的数据，我们全国发电的 80.81%是火电，实际上主要就是煤电，是烧煤产生的，而风电、核电、水电所占的比例都比较小。从世界上平均来看，煤电占 40.5%，油电 5.1%，气电，就是天然气发电，是 21.5%，核电 13.5%，水电 16.2%。我们只有水电和世界平均数差不多，核电就小得多，现在是 1.77%，人家是 13%。主要问题就是煤电太多了，我们的比例是世界平均数的一倍。实际上，我们的能源结构，是很不平衡、很不合理的，那么造成了什么问题呢？就是环境的问题。这个环境就是火力发电过程中，释放大量的温室气体二氧化碳，释放粉尘、二氧化硫、氮氧化物，如果不加处理，将对环境造成非常大的影响（图 4）。我们看这个污染的情况，刚才说了，我们发电主要是靠煤，那么我们用了多少煤？2010 年我们消耗的原煤是 17 亿吨，这个数占全国生产的煤的 54%，就是一半的煤都让发电厂给烧了，大家要有这么个概念，这个量是全球煤炭消耗的 1/4，也就是说全球 1/4 的煤炭都让我们发电厂给烧了。大家平常用电很方便，你们想一想这个电是哪来的？火力发电产生的二氧化碳的排放也是占全国二氧化碳排放总量的 54%，二氧化硫占 42%，烟尘占 19%，这些数都是非常巨大的，很不合理，对我们的环境确实是有很大的影响。

我们要大幅度提高能源的利用效率，降低电网的线路的损失，这是我们面临的很大的问题。我们希望提高三个指标，这三个指标很重要。第一个指标是电煤消费占煤炭产量的比重，刚才我们讲，我们国家是 54%，世界上平均是 65%。就是说，尽管我们烧煤烧的比例很大，但是我们还希望再提高。提高有什么好处呢？因为，现代化的燃煤电厂，在

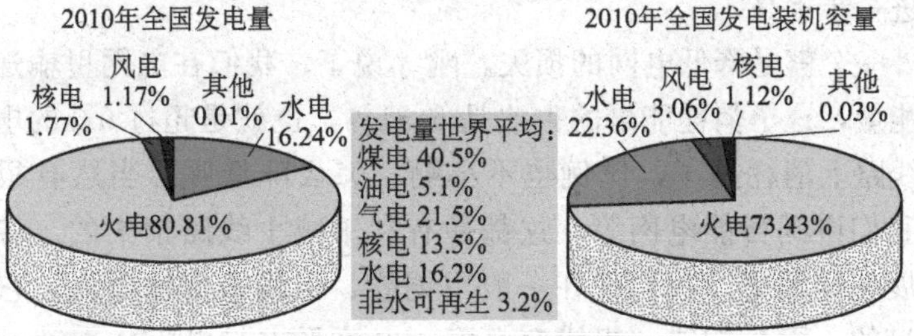

图 3　我国发电能源结构示意图

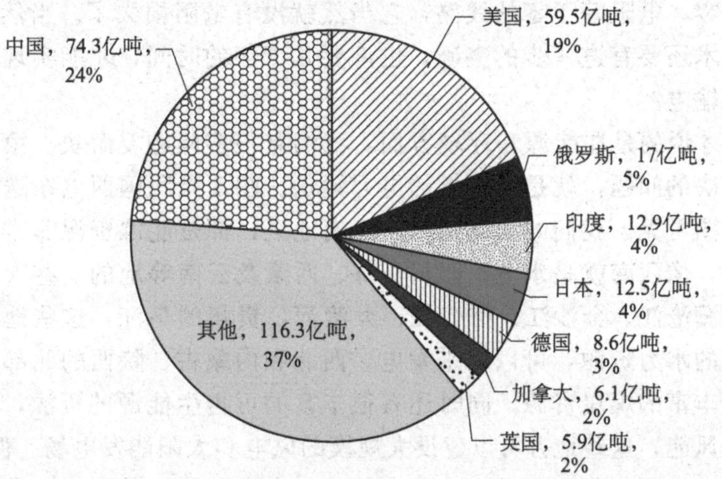

图 4　2009 年各国二氧化碳排放全球占比示意图

处理排放的问题上，它有很多先进的技术，它的处理水平比较高，我们希望能够提高这个比例。美国的比例就更高，90％的煤它都拿来发电了。第二个指标就是，发电用的能源占一次能源消耗的比重。这个比重 2011 年是 41％，2005 年是 38％，一直是逐步提高的，这个我们也希望能够进一步提高，这一指标也反映了我们的电气化的水平。还有一个很重要的指标，就是电能在终端能源消费中的比重。你们家里头做饭是用天然气吧，可能有的家庭还是用电的；还有家里的热水器，有人是用天然气的，有的是用电的，这个在北京就是这样的。现在北京市不是搞煤改电吗，城区过去家里烧煤球炉、蜂窝煤，现在都改成电了。改电的好处就是很干净，但是这个消费的环节干净了，发电厂的环节如果不加处理的话，也有很大的问题。当然我们现在确实有很好的技术，当然这个处理技术，还需要进一步提高。

另外一个就是降低电网的损失。刚才说了，我们在电网里输送电力要消耗能量，这个消耗能量的占比是6.31%，也就是超过6%的电能白白地在线路上消耗掉了，比例也不小啊。怎么降低呢？当然有很多的办法，我们讲到智能电网等，这都是有利于减少线路损失的。将来有可能发展超导输电。我们现在一般用铜线、铝线来传输电流，它是要消耗能量的，因为铜线、铝线有电阻，电流平方与电阻相乘就是电功率损失，再乘上时间就是电量的损失。超导材料在低温的状态下的电阻等于零，电阻等于零的线路，它当然就没有电阻损失了。当然，这样的技术还要有进一步的突破，也许要几十年的时间，才能实现这样的超导输电。

刚才说的是在能源和环境方面，我们有很多问题要解决。第二个需要解决的问题，就是大规模的电力输送。图5是我国西电东送示意图。由图可见，我们的西北地区、西南地区，都是能源资源非常丰富的地区，像西南就是水电，四川西部、西藏及云南等地的一些大江大河，如澜沧江、金沙江、雅砻江、大渡河，贵州的乌江，这些地方都有丰富的水力资源，可以用来发电。西北和内蒙古、陕西的北部这一带，有丰富的煤炭资源，同时还有很丰富的可再生能源的资源，如太阳能、风能，这些地方可以建设大规模的风电和太阳能发电场。但是，这些地区经济不是很发达、人口比较少、自然条件比较恶劣，也是自然环境比较脆弱的地区。这些地区虽然能源资源丰富，但是开发以后当地消费很少，所以要把电力送到东部来，华北、华中、华东，以及广东这些地方，这些地方是我们国家经济发达的地区，用电的消耗量是非常大的，所以电力要远距离、大容量地传输。怎样把这些电能够传过来，怎么样才能把这些地方的大规模的风电、太阳能发电分配到我国东部地区的千家万户，技术上有很大的难度，需要得到很好的解决。

刚才说的是全国，现在看一下北京的情况。大家看，这是一张北京市的发电厂分布图（图6）。事实上，北京现在用电，大部分是外来的，是从内蒙古、山西这些地方来的。北京外购电的比例2008年是66%，也就是说，北京用的66%的电是从外边送过来的。通过输电的网络把电送过来。

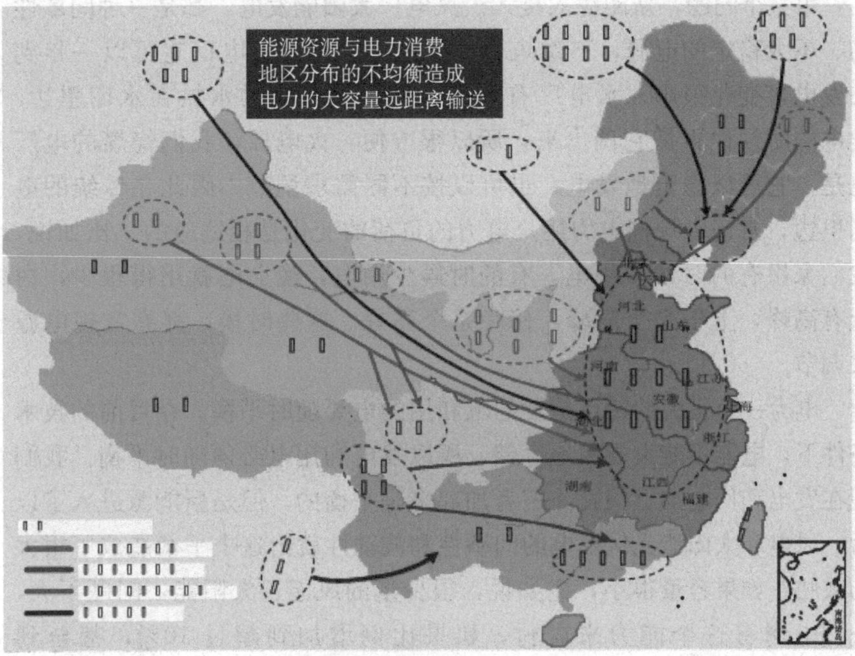

图 5　西电东送示意图

图 6　北京市的发电厂分布示意图

第三个问题，新能源的接入。风电、太阳能发电，都是一种间歇性的、不太稳定的电源，不像煤电、水电、核电。核电厂它可以一年到头发电，变化很小。水电厂有水库，你不发电它的水放在水库里边，发电的时候你再把它调出来，所以很方便。火电厂，我们烧煤的电厂也是，它可以稳定地发电，也可以按不同需求调节，因此在传统的电网里边，常规电源同电力用户电力的负荷的变化是相适应的。比如说，我们家里有的时候多用电，有的时候少用电，晚上电就用得很少，白天有高峰，上午是个高峰，傍晚是个高峰。这些时候，都靠常规电源来调节。

电力一个很大的特点是发的电和用的电要随时平衡。在目前的技术条件下，电能不能大规模地存储，所以发电和用电必须随时平衡。我们现在发电和用电加上损耗，三者加起来是平衡的。但是新能源进入了以后，风电和太阳能光伏发电的间歇性和波动性就给这个平衡造成了很大的威胁。如果容量很小，比如说，很少量的风能、太阳能，问题不大，我们电网有这个能力来应付，如果比例增加到超过 10%，甚至到 20%～30%，维持这样一个平衡就很困难了。这就是我们要解决的一个很大的问题。我们国家正在建设八大风电基地，每一个基地是，差不多都要有 1000 万千瓦的水平。1000 万千瓦是什么概念？我们三峡电站的装机容量是 2250 万千瓦，一个风电基地就有 1000 万千瓦，所以这个容量很大，而且它又是这样一个不稳定的特性。要采取有效的措施加以解决。

二、清洁发电

胡锦涛同志在 2010 年院士大会上做的讲话里提到，要积极发展可再生能源和新型、安全、清洁替代能源。这个很重要，我们讲清洁发电，就是清洁能源利用的很重要的组成部分，还谈到要构建覆盖城乡的，智能、高效、可靠的电网体系，那么这个电网体系我们就叫它智能电网。温家宝总理在 2010 年的两会政府工作报告里也提到，要积极发展新能源和可再生能源，加强智能电网建设。智能电网建设，这些都写入了我们的政府工作报告，是作为努力建设以低碳排放为特征的产业体系和消费模式的组成部分。从产业的角度来看，要大力发展新能源、新材料，节能环保等。这都和我们今天大家讨论的主题紧密相关，这是一个背景情况。下面我们就看看什么是清洁发电，它包括哪些种类，具体有哪些发电的形式，给大家做个简单的介绍。

清洁发电技术是一种提高能源利用效率、减少污染排放的新型发电技术。它大体上分成两类，一类是清洁型能源的发电技术，这里边就包括可再生能源，风电、光电、生物质发电、水电等。水能、生物质能、风能、光能，都是可再生的能源形式，用于发电当然非常好，环境的污染很小，是很环保的。还有两种虽然是不可再生的，但是它的发电还是很清洁的，一个是核电，另一个是天然气发电。

1. 核电

核电，2011 年日本福岛核电站发生了核泄漏事故以后，在世界上引起了很多的讨论和争论。我们国家也是一样，从安全的角度提出问题，但是我个人的观点，也是跟大家讨论了，就是从中国未来能源需求，以及我们国民经济的发展对能源的需求来看，必须发展核电。当然它的安全性，是一定要绝对地保证。

2. 天然气发电

还一个就是天然气发电。天然气和煤炭不一样，它的成分比较纯，主要是甲烷，有害成分比较少，燃料的燃烧效率比较高，它的排放也少，因此也是一种比较清洁的发电。

第二类是清洁煤发电技术，现在不是煤电占 80%吗，那么是不是把煤一棍子打死，我们就是要减少，不断地把它的比例降低，行不行呢？不断地降低是对的，我们希望未来几十年里边，把 80%的比例，逐步地降低到 60%～50%，甚至 40%，这是有可能的，但是要做大量的工作。而且前提是必须是清洁的，比较清洁的发电，清洁煤发电技术，现在国内做了很多的研究，各种实验已经做了很多，种类也很多了。其中，比如说 IGCC，比如说超临界、超超临界发电等，这些都是各种各样的正在实验的或者正在研究的，或者正在几个试点建设的清洁煤发电技术。那么将来，当我们还不得不较大比例地用煤发电时，我们希望，煤电能够做到比较清洁。

还有一个问题就是二氧化碳的排放问题。目前清洁煤发电的这些办法，只能通过提高能源利用效率来节省煤炭，使它排放减少。大家知道二氧化碳是温室气体，怎么办，现在有一个办法叫做CCS，就是碳的捕集和封存，有人叫做捕集，有人叫捕捉，封存又叫储存，反正都是相同的英文。现在国内，在发电厂里边也在做试验，做试验装置示范，一个是我们北京有个高碑店热电厂，有一个小型的每年能捕捉二氧化碳几千吨。它捕捉二氧化碳做什么呢？二氧化碳是很好的工业原料，咱们喝的汽水，里边不是有气吗，就是二氧化碳气体，据说这个气能卖得很好。在上海石洞口发电二厂，有一个更大的装置，每年能捕集二氧化碳10万吨，我去上海看过，在二氧化碳捕捉以后，也是在上海这些地区销售得非常好。现在所谓CCUS（carbon capture，utilization and storage），就是包括利用和封存在内的技术。那么封存怎么办呢？就是把二氧化碳封存到地下、岩石里头，这个难度很大。国内外都在做研究，这是一个很困难的课题，将来可能会有更好的办法解决。

3. 风力发电

风能是取之不尽，用之不竭的清洁无污染可再生能源。这个说得过分了，不是取之不尽，有一定的资源量，中国的资源量是多大呢？最新的数据表明，这当然是一个粗略的统计，或者说一个估算吧，基于气象数据和基于一些观测数据得出：陆地上50米高3级以上风资源，潜在开发量25亿千瓦。25亿千瓦是什么概念呢？刚才讲了，我们全国现在是10亿千瓦，所有的发电加起来，烧煤的、水力发电等，核电加起来的容量是10亿千瓦，那么它这个是25亿千瓦，量还是很大的，陆地上是23亿千瓦，海上是2亿。

4. 光伏发电

下面我们再看看光伏发电。太阳能发电有两种，一种叫光伏发电，一种叫太阳能热发电。什么是太阳能热发电？把太阳光聚集起来，温度很高，把水或者其他的工质烧热，变成蒸汽推动汽轮机发电，这和火电厂发电是一样的，是热发电。大家如果到八达岭去旅游，过八达岭后，往西几千米，就可以看到我们国家第一个太阳能热发电厂的实验工程，就是中国科学院电工研究所的试验装置，几十面大反光镜将太阳光聚集到一个塔上的锅炉，产生的蒸汽推动汽轮机发电。热发电的一套系统比较复杂，但都是常规技术，但控制比较复杂，太阳不是在天上转吗，地面的反射镜就跟着它转，自动地追踪，使它接收太阳的能量是最大的。

光伏发电就比较简单了，是光伏电池，摆在地面或建筑表面，太阳一照它就发电。它的原理就是半导体硅界面，在太阳光的照射下，就激发出光子产生空穴电子对，在电场的作用下产生电流了。光伏发电发出来的是直流电，要经过变换变成交流，再送到我们家里用。另外，太阳能电池晚上怎么办呢？没有太阳了，一定要有蓄电池，这种小容量的太阳能发电，是不联电网的，它一定要有蓄电池，白天用不了的电储存起来晚上再用。我们国家的太阳能资源十分丰富，如图7所示。单位是每年每平方米多少兆焦耳，一般平均大概是每年每平方米5000兆焦耳，全国2/3的国土面积，日照在2200小时以上，年太阳辐射量超过5000兆焦耳，每平方米这么个数。2/3的地区都有这样的资源，可惜主要都集中在西北部，我们东部经济很发达，资源反而就不是那么很丰富了。5000兆焦耳/（米^2·年），每年照在地面上的能量，相当于1386千瓦时的电量，相当于170千克标准煤的发热量。这个怎么算的呢？1瓦的功率，持续1秒钟时间的能量，就是1焦耳。那么太阳能辐射的热量怎么换算成焦耳呢？1卡等于4.2焦耳，1兆焦耳相当于1000×1000＝1000千瓦秒。如果用“度电”是“千瓦时”表示能量，那么1000千瓦秒除上3600秒就变成了千瓦时，就是1兆焦耳等于0.278千瓦时，或者说1千瓦时等于3.6兆焦耳，等于860千卡的热量。所以你们看，太阳光这1平方米小小的面积上，一年内能够提供这么多的能量。那么我们怎么利用这些能量呢？那么刚才说了这两种途径，一个是热发电，一个是光伏发电。当然还有别的用途，可以拿来制氢。氢气也是能量的一个载体，但是很遗憾，现在我们光伏发电和热发电的效率都比较低。现在光伏电池的效率能达到15％～20％，是商品化产品的效率。总量相当于1389千瓦时的电量。要乘上百分之十几的效率，实际发电量只有180到二三百千瓦时。热发电的效率也差不多，也不高，因为它受热力循环效率的限制。热力循环效率不可能提得再高，百分之三十几就很好了。怎么提高光伏发电和热发电的效率，这个确实是摆在我们面前的重大科学问题，包括物理学、材料学这些。未来几十年内如果能够把效率提高到50％～60％，那么我们中国的能源问题就解决啦。

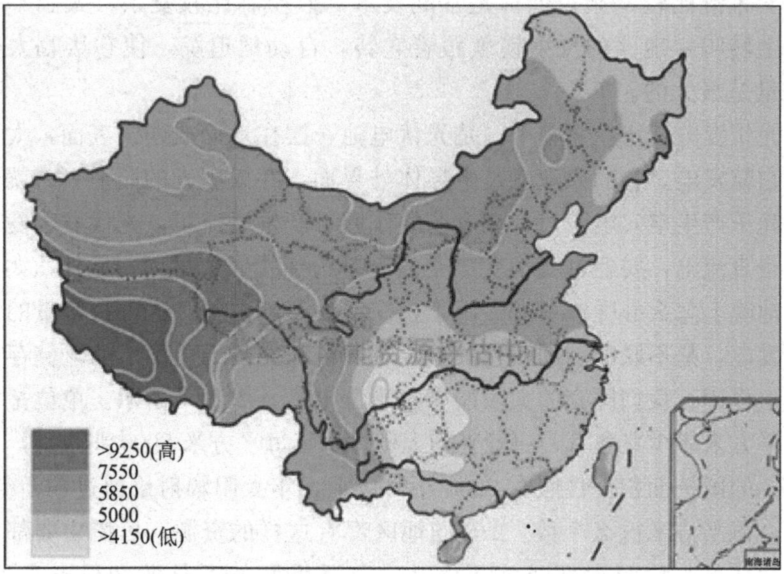

图 7 我国太阳能资源分布示意图［单位：兆焦耳/（米^2·年）］

北京市陆续建设了一批太阳能光伏发电工程，还有一个叫北京六大“金色阳光”工程，其中包含有屋顶的光伏发电，能上网的光能热水，从能源角度还有蔬菜大棚、用太阳能的校园、公路照明。我们大家到机场去，第三航站楼的路边上，每一个灯柱上都有一块板，那个是太阳能电池。国家还启动了“金太阳示范工程”，因为现在光伏发电确实是成本比较高，上网的电价大概要超过一块钱，而我们用煤发电的上网电价是 4 毛多钱，要贵一倍还多，因此就必须有补贴，怎么补贴？钱从哪儿来呢？实际上一个是国家财政上出钱，另一个大家都掏了钱了，这个钱体现在我们电费这边，电费里有一个附加费，就是新能源的一个附加。这个钱就拿来补贴，不补贴是不可以的，否则发展不起来，世界其他国家的太阳能发电，都是要有补贴的。

甘肃的太阳能也是很丰富的。如果去敦煌旅游你就可以看到，敦煌周围是巨大的太阳能电站。2005 年我被邀请到那儿去做讲座，我从嘉峪关乘坐汽车一直坐到敦煌，5 个小时，所见太阳热辣辣地照着，下面是一片荒漠，不是沙漠是荒漠，地势非常平坦，地面没有植物或者说很少的植物。当时我就说：你们这里将来极丰富的资源就是太阳能，这个火辣辣的太阳，将来要转化成电力。后来确实发展了太阳能光伏发电，当然不是因为我说的，是国家的支持，国家的政策给他们大力支持，所以现在发展起来了。

西藏现在已经搞了一些太阳能工程了，应该说它的资源的情况，是比别的地方都好，而且西藏是缺能的地区。过去都从山上砍树，很有限的那点儿植物拿来烧，是破坏环境吧？现在有了太阳能以后，那环境就好多了。大家知道宜家在全世界有许多大的商场，商场的屋顶都是平的，他们宜家总公司有一个计划，要在全世界所有的商场的屋顶上，都搞上太阳能光伏发电，现在光伏产品在中国给它做了。另外我们国家，刚才说的是西部，实际上东部也有很好的资源，这个资源就是建筑物的屋顶，特别东部一些工厂，工厂建筑物屋顶很平，东部还有很多加工厂，很多制造业的工厂，屋顶都很平的，稍加改造就能利用。当然现在的屋顶建筑的时候，没考虑这个，上面还装个太阳能电池板。所以结构上还不行，要加强点儿结构，上面就装上这个太阳能电池板，这个工程已经启动了，因为东部发展分布式光伏发电的潜力也很大。

5. 水电

下面讲水电。水电是常规的发电类型，这个大家都知道了，河流上建设大坝把水能储存起来，推动水轮机来发电，把电能输送出来。与可再生能源、风能、太阳能一样，水能资源也是分布在我国西南和西北地区。金沙江、澜沧江，澜沧江在云南，金沙江在云南、四川交界的地方；像雅砻江、大渡河都在四川；乌江在贵州。整个西南地区的水力资源，占全国水力资源的70%；另外还有12.5%在西北，西北是黄河，黄河上游，刘家峡以上有龙羊峡，龙羊峡之上有公伯峡，还有李家峡都已经开发了，上游还有一些没有开发，还正在开发。所以我国水电资源也是很丰富的。

水电分三种，一种是常规水电站，一种是抽水蓄能电站，还有一种是潮汐电站。常规水电站用来发电。有的水电站水坝很低，水库容量小，调节能力低，调节周期短，如一周、一个月、一个季度，最多到一年。径流式水电站，靠水的流动发电，来多少水发多少电，没有调节能力。还有一种水库很大，叫多年调节水库，就是一年不来水，也能正常发电，或者说一年不发电，水库也能容得下来水。因此性能是非常好的，像加拿大魁北克的几个水电站都是；我们国内像刘家峡水库，蓄水量大概是

57 亿立方米，这个水库是很大了。还有一种就是抽水蓄能电站，电网要调节电源，跟随电力用户需求来调节发电。怎么调？火电厂可以调，水电厂可以调，但是有的时候没有水电厂怎么办，就得建设抽水蓄能电站。抽水蓄能电站的条件是有山，有一个二三百米或者更高一点的山，在山上挖一个池子，下面再挖一个池子，电网电多的时候，就耗电抽水，把电能变成水的势能，电网用电多的时候，它就发电，所以一个机器既能抽水也能发电，是可逆的。我们到十三陵去旅游，那里就有一个当年在国内也算是很大的抽水蓄能电站，容量是 80 万千瓦。你们要去参观的时候非常有意思，汽车开到山上面，有一个水池，可以容纳下几个小时的抽水，这对北京电网运行很重要。

三峡水库的发电总容量为 2250 万千瓦，年发电量为 1000 亿千瓦时。大家算一算三峡水电站，如果用煤发电的话，要用多少万吨煤啊？恐怕得几千万吨煤，大概是这个数再乘上 2～3，就是那么多万吨的煤。

6. 核电

核电的核反应堆、压水堆，是利用核裂变之后，在热中子的作用下重核变成轻核，在这个过程中就有能量放出来（图 8）。爱因斯坦那个有名的公式，能量等于光速的平方乘上质量的变化，那么它这个质量的变化，就产生巨大的能量。核电是利用裂变能，不是聚变，聚变现在也正在研究。人造小太阳，那个就很长远了，可能要几十年上百年的时间。这个图表示是压水堆，压水堆分两个回路，一个是核反应堆，反应堆用水，有压力的水作为传递热量的工具，通过热交换，在二回路里边产生高压蒸汽来推动汽轮机发电。我们国家现在核电站主要是用压水堆，日本福岛那个叫沸水堆。沸水堆是什么？它不是两个回路，它就一个回路，所谓一个回路，就是这个左侧虚线的回路，直接去推动汽轮机发电，所以从安全性能——放射性的控制来说，它差一些，但是它的结构很简单。核电从能源角度看非常好，它的排放等都很少。图 9 是核电生产原理示意图。

核电分四代，第一代是原型堆电厂，苏联 1954 年搞了第一个当时叫原子能电厂，原型堆比较简单，具有示范的性质、以验证的可行性。

第二代核电就是商业化、标准化、系列化、批量化，提高它的经济

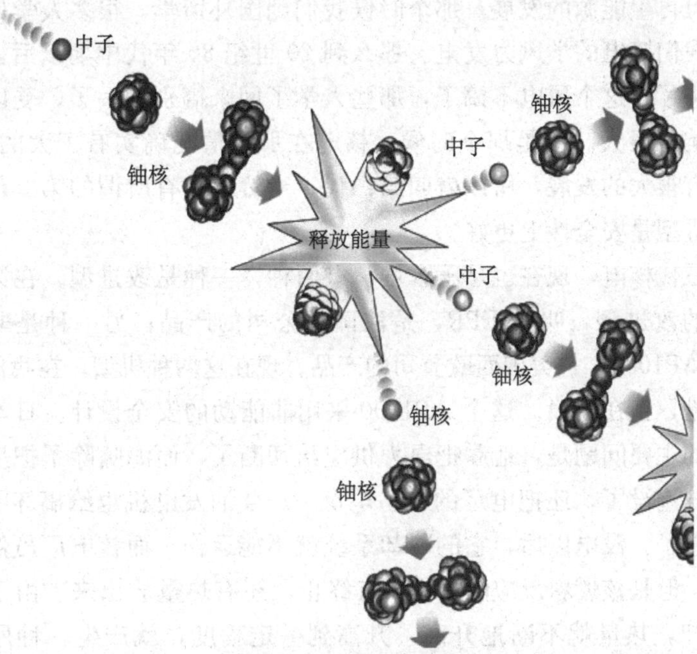

图 8　核裂变示意图

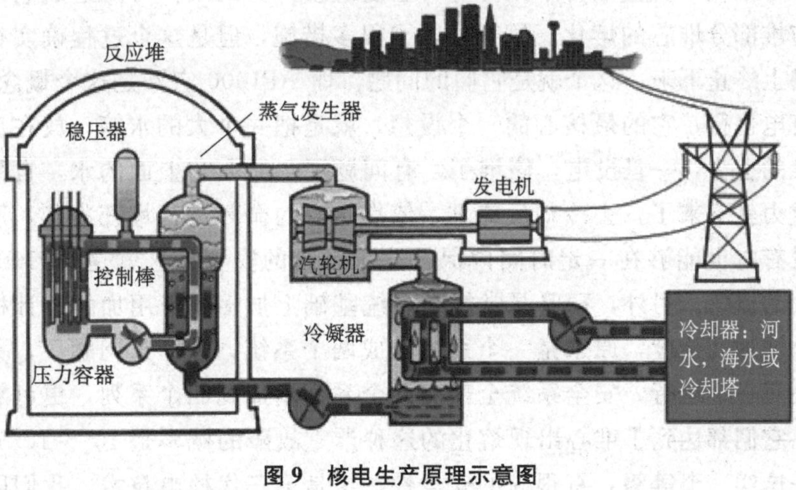

图 9　核电生产原理示意图

性。现在世界上 400 多台运行的核电站，大部分是在 20 世纪 70 年代石油危机以后建成的，压水堆、沸水堆机型，为什么那个时候发展很快呢？大家知道第一次石油危机，中东战争使当时油价大涨，推动了核电发展，推动了可再生能源的发展。那个时候我们到国外留学，很多人学风力发电，像我们搞电的学风力发电。那么到20世纪80年代中期以后，石油危机解决了，这个风电不搞了，那些人学了回来搞别的去了，受国际上这种影响也很大。但是那个时候，核电在那个情况确实有了大的发展，技术上有很大的发展，所以就叫第二代。当然现在有所谓的第二代改进型，改进型是安全性上更好。

第三代核电，现在也是压水堆，有两种，一种是改进型，在第二代基础上的改进型，叫做EPR，是法国的公司的产品；另一种是非能动型，叫AP1000，是美国西欧公司的产品。现在这两种机型，在我们国家都有引进，正在建设。这个AP1000采用非能动的安全设计。日本福岛核泄漏的主要问题是，地震把电力供应给切断了，而海啸除了把反应堆的一部分淹没了，还把电厂的自备电源——柴油发电机也给搞坏了，这样就没电了。没电以后，它的冷却系统就不能运作。而核电厂虽然是不发电了，但是核燃料反应的过程没有终止，还有热量放出来。由于不能得到冷却，热量就不断地升高，升高到一定程度，就产生一种所谓的锆水反应，所以产生了爆炸。爆炸以后整个厂房就破坏了，破坏了以后，如果底下反应堆得不到冷却，温度继续升高的话，可能造成它的反应堆部分堆芯的熔化。尽管采取了很多措施，但是这个过程确实很难马上终止下来，这个就是它们的问题。而AP1000它不是这个概念，没有电也行，它的最核心的一个设想，就是把一个大的水箱，放在反应堆的上头，一旦没电，停堆了，有问题了，那么它上面的水，自然靠重力就下来了，去冷却反应堆，依靠热力的循环进行堆蕊冷却，所以没有电也能够在一定时间内保持这个系统的安全。这就是AP1000系统的概念。另外，EPR是常规在系统基础上加倍，采用加的设计概念，增加冗余度，原来是一个系统变成两个系统，一个出问题了，另外还有一个运行，安全系统全部由两个系列增加到四个系列，更可靠了。它们都达到了堆心出现熔化的这种严重故障的概率是10^6～10^7分之一这样一个等级，有很高的安全性。这是第三代核电技术，我们国家在建设，美国也在建设，到现在为止，还没有一台正式商业运行，两三年以后运行。其中两个电厂，一个是在浙江的三门县，另一个是在山东的海阳，都是在海边上。

第四代核电，实际上主要就是快中子反应，它的安全性、经济性、可持续性，主要是燃料的利用率大幅度提高，废物很少。核扩散的风险很低，我们现在核力发电用的原料是铀矿。自然界存在的铀是一种天然铀矿，铀-235只占0.7%，比例很低，这个自然铀可以拿来核发电。现在我们有一种加拿大引进的核反应堆，叫做Candu，它是利用天然的铀矿，但是一般我们不是这样用，而是要经过浓缩，浓缩以后变成了3%～4%的含量。这个时候就拿来在热中子反应堆发电，经过慢化剂的控制，来取得它这个裂变能。但是90%以上的铀238不能被裂变，所以它就是浪费了。关于核废料的处理就是现在反应堆很大的问题，怎么办？第四代核电站就想办法，用一种快中子来撞击使铀-238，使铀-238在这个地方变成了铀-239，铀-239很快变成了钚-239，这个钚-239就和铀-235是一样的，它是可以裂变的，所以它的原料的使用率，也就大大地提高，提高了几十倍，这就是第四代核电。第四代核电有没有呢？有。法国在二三十年前就有一个实验堆，他们叫做凤凰堆。这是将来我们的一个很重要的发展方向。

7. 天然气发电

还有一个天然气发电，刚才讲天然气发电热效率高，它使用燃气-蒸汽联合循环。什么叫燃气-蒸汽联合循环？就是说，天然气在燃气轮机上燃烧带动发电机发电，它的排气，把预热的锅炉烧成蒸汽，蒸汽推动汽轮机带动发电机发电，这个叫联合循环。那么它的效率就不仅仅是一个蒸汽发电的效率，也不是单一燃气发电的效率，它的效率可以提高到50%～60%，这个也是很高了。还有它的排放，排放水平也比较低，占地面积又少，耗水量又少，装机容量投资也少。

8. 清洁煤发电

还有一个是IGCC，刚才讲清洁煤发电，煤怎么清洁呢？一种办法是把煤先变成气，通过汽化炉把煤变成一种气，这个气拿来脱硫，脱除一些有害的成分。处理完了以后的气体，送到燃气轮机和蒸汽轮机，实现联合循环发电。所以它也有很多的好处，它是高效、低排放，IGCC英文就是Integrated Gasification Combined Cycle，这个好处就不说了。国内也都在做，国内华能公司，在天津有一个工厂，这个工厂还没有投产，正在建设。还有一种，就是高参数的超超临界火电机组，提升它的热效率，提高效率就是少烧煤，同样发1度电，烧的煤就少了，比方说280克、290克，现在全国年均煤耗是320克、330克，那么这个数要降低二三十克，这就不得了，就省了很多煤。省了很多煤对环保、对能源都有好处。

三、智能电网

刚才清洁发电给大家一个概念，就是怎样发展这些清洁的发电电源，下面简单说说智能电网。关于什么叫智能电网，现在没有统一定义，实际上按我的理解，它就是现代的信息通信控制技术，加上物理的输配电的基础设施，所形成的一种高度集成的新型电网。智能电网的概念，首先是欧洲、美国提出来的，他们提出当然有其原因：第一，逐渐发展的可再生能源、新能源发电需要接到电网里去，传统电网很难；第二，全社会能源的消耗大，需要强化节能；第三，要使电网更安全，美国发生大停电事故，他们就认为是电网的构成不好、结构不好、控制不好，所以就造成了停电事故。另外，他们要利用他们的优势就是信息技术。信息技术的优势，怎么样渗透到传统的电力系统里来，来推动新兴产业的发展，来振兴他们的经济，这也是他们的一个初衷。那么对于我们来说，问题和他们不完全一样，但是也有我们的必要性。首先，我们电网要接纳大规模可再生能源，就是刚才讲的必须解决的一些问题；其次，我们要提高能源利用效率，能源利用效率包括终端的能源，能源综合高效利用，这个电网也要结合的；再次，要提高供电的可靠性；最后，我们希望，通过和信息系统的结合来实现覆盖城乡的电力信息综合服务体系，通过我们这个电网，来提供更加广泛的服务。这也是我们做这个事情的初衷。

传统电网分发电、输电、配电、用电几个环节，新的电网——智能电网，除了有大型的集中发电厂以外，还有分布式新能源发电，以及储能装置，新型的热能的利用，热电联产系统等，都是接进用户的，通过信息系统加以控制，包括用户的一些控制系统，组成一个新型的系统，和老百姓的生活是很紧密相关的，如一个住宅里，有各种各样的电器，还有电动汽车充电设施，太阳能电池板等，需要把它们控制起来。这里边谈几个和老百姓密切相关的几个问题。一个是智能电表，和我们关系比较密切，一个是我们国家要实行阶梯电价，一个是要实行分时电价，还一个是智能交互终端，智能小区、电力光纤到户、电动汽车、分布式发电系统，这都是我们近期或者说五到十年之内要实现的一些功能，和老百姓生活相关的功能。当然其他大电网里边，那些智能化的控制，那是另外的事，我今天这里就不涉及。现在推行的一种智能电表，即智能电能表，可以实现分时电价、阶梯电价，和网上交费等功能，还可以自动采集你的数据，你的用电的情况，做到这个精细化管理。进一步使你家里边各种电器的管理，都可以通过智能终端实现。

现在大家关心阶梯电价，阶梯电价报纸上登了，2012 年上半年要进行了，过去做了一些试点，据说是第一级多少度电，是不加价的，第二级，你用电稍多一点儿的那部分，一度要加五分钱，再更多那部分，增加那部分两毛钱，大概是这样。那么到底怎么个计数，是多少度算第一级，多少度以上算第二级，这个要开听证会的。不知道北京是怎么样，外地是有这个试点，好处在什么地方，就是公平和节能。

什么是公平呢，因为现在居民用的电是有补贴的，按照成本来说，价格要比现在的电价高，现在用的电是很便宜的，所以有的地方不用燃气，用电做饭、用电烧水反而便宜。实际上这个便宜是哪来的，一部分是补贴来的，那么用得越多受的补贴越多，不公平吧。

另外一个就是节能，怎么节能呢，我家的超了，这个月超了，这怎么办呢？我得想办法把它降下来，我不希望多拿两毛钱一度电的电费，以前是 4 毛 8，现在再加上 2 毛变 7 毛，这个就觉得比较贵了，那么想办法把用电量降下来，这是有用的，所以说对节电有好处。还有一个分时电价，就是一天分几个时段，电网用电低谷的时候，所谓低谷，电力用得比较少的，后半夜，鼓励你用电，电费便宜；白天高峰时段，比方说 10 点到 15 点、18 点到 21 点，这个时段就贵，让你少用。家里洗衣服、家里烧热水器，你最好晚上烧，白天就不要烧了，这个有很多好处。对于咱们用户是节约了，省钱了；对于发电厂来说，就不要老去调峰了，峰给削掉了；对于电网来说，它就不要应付那个高峰，要架一条什么线，那么它的成本就降低了；对于社会来说，等于延缓投资了，你可以把用电给它降下来，就延缓投资嘛，延缓一年就少付一年利息，所以它有很多好处。这个分时电价现在工业部门在用，很多地方都在用了，但是在居民家庭，现在只是在上海、浙江等地推广，智能电表里边都有，都能够记录这个数，据说很有好处，老百姓很欢迎。当然北京还没有实现，但是将来会实现，搞分时电价以后，你就可以通过智能终端了解到我洗衣机用电是不是用多了，是不是能够给调整调整，我的热水器用电时间合不合适，是不是能给它调整调整。因为智能终端里边，它有很多的功能，有统计，它可以看，你过去一个月、过去一周，用了什么样的电，什么设备用什么电，它都可以告诉你，你哪个电用多了，我想办法把它降下来，所以它有很多的好处。分时电价，将来我认为是要推广的，而且分时电价和阶梯电价，可以结合起来进行，可以结合起来搞，不矛盾的。我们现在智能电表的功能，既支持阶梯电价，也支持分时电价。

还有智能交互终端，什么是智能交互终端，就是有一个像一个小的平板电脑的东西，管理你家里边的所有的电器设备，通过我们这个网络，包括冰箱、洗衣机、照明、温控设备、空调，甚至你要是有太阳能光伏的话，你也能都控制起来。好处就是，帮你节能、帮你了解、帮你控制，比如说，我在外地，也可以控制家里的各路终端。还有智能小区，智能小区和我们的电力的部分，能结合起来形成一个网络。还有电力光纤到户，什么叫电力光纤，就是过去电线拉到屋里来，就是铜线，我现在在铜线里边加一根光纤，制造的时候就把它加在里头的，当你新建的楼房，我只要布这个线，光纤和电力线一起都送到屋子里来了。光纤很便宜，加了这么一点儿光纤以后，成本也提高不了多少。现在正在推广这个事，希望能够为三网融合提供介质，提供可能性。现在已经在做试点，像北京、重庆、河北、上海，覆盖了23个城市，但这里边确实牵涉到了很多体制性的一些问题，需要国家统一解决。还有电动汽车充电桩，这些设施现在国家电网正在做这个，当然这个里边也有国家怎么协调的问题。

图10展示了将来我们能干哪些事，智能电能表、电力光纤到户、电动汽车、分布式电源、智能家居/家电、家庭安防、社区服务，以及水、气表自动抄收等，这些都可以做到的。希望五到十年之内，大家家里边都有这么一套系统，小的平板电脑，甚至可以用智能手机来代替，智能手机都可以有这些功能。

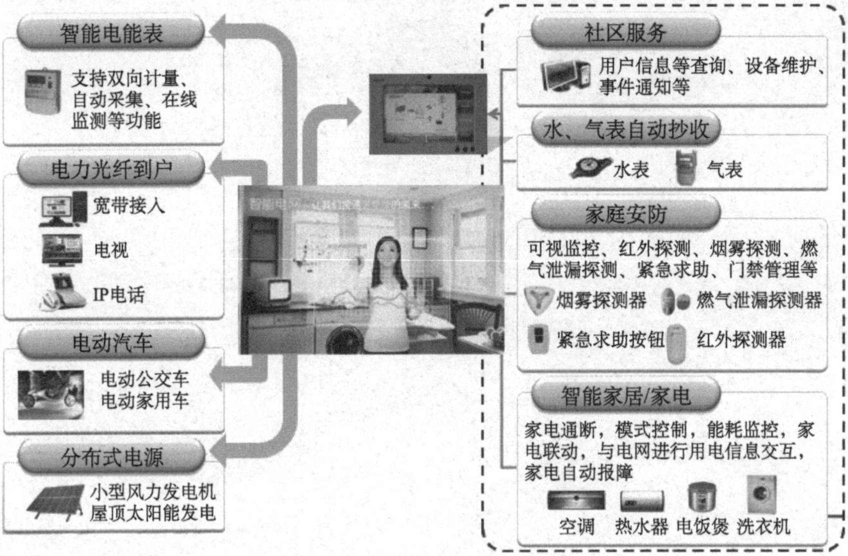

图 10　未来展望

四、结束语

我国经济社会发展对能源、电力的强劲需求推动了我国电力系统的快速发展，2011 年的发电量已超过美国居世界首位。然而我国以煤为主的发电结构所带来的能源环境问题，以及风能、太阳能等间歇性电力的入网困难等，都必须得到有效的解决，以保证我国能源电力的高效可靠供应和国家节能降耗目标的实现。

大力发展清洁发电和智能电网是国家能源发展的重要方针，也是解决能源环境问题的重要举措。清洁发电的大规模发展将逐步改变我国不合理的电源结构，智能电网采用先进的信息通信技术，实现与用户的互动，关系到千家万户。清洁发电和智能电网目标的实现，对于实现我国政府的庄严承诺，推动全社会的节能节电、提高供电可靠性、方便新能源和分布式电力入网、为用户提供优质服务等都具有重要的意义。

游戏中的力学

高云峰

1967年6月24日出生，博士，硕士研究生导师，清华大学航天航空学院教授，力学专家，中国力学学会理事，青少年科普教育专家。多次担任全国科技竞赛评委、命题人，是“纸船载大象”、“手机吊冰箱”等活动的原创人。从2000年开始，先后与《走进科学》、《我爱发明》等栏目合作，策划设计了数百个力学科普实验或活动，观众累计超过4亿人次。2002年获军队科技进步奖一等奖，2009年获中国力学学会全国徐芝纶力学优秀教师奖，等等。出版著作8部。

Gao Yunfeng

高云峰

下面，我就要介绍这个讲座叫“游戏中的力学”，我们通过玩一个很简单的游戏，把很多玄妙的道理让大家明白，特别是很多小朋友，即使没有学过很多数学，没有学过什么物理，没有学过什么力学知识。但是呢，我希望讲完了之后，你会明白很多的道理，是不是这样呢？等会儿讲完之后，你可以给我一个反馈。那么同时我的讲座副标题是“观察、思考与实践”。

我列了几张照片，这是我女儿的照片，她当时在观察一只小天牛(图 1)。她小时候第一次抓住那只天牛，她在看着它，这个就是观察。思考就是想问题。实践，她自己做实验。那么这几个观察、思考与实践是什么意思呢？我觉得，对我们来说，发现问题、分析问题和解决问题是一个途径，因此，我希望小朋友们未来在处理各种问题的时候，都有这样一个过程，首先你观察到什么现象，然后再进行分析，进行改造，然后来创造什么东西。所以，我希望小朋友们听完了这个讲座之后，对这几句话稍微有个印象，观察、思考与实践。

图 1　观察小天牛

今天，我会从一个很简单的现象——扎气球现象说起。我们看看这个“巧扎气球”，这是一个游戏，这个游戏里面就有很多现象以及很多原理，我给大家看一下。这个活动正好是在科技馆做的，是今年的春节的时候做的。

要求是把外面的气球扎完之后它不爆破，但是里面的气球爆破，我不知道大家是不是相信这个结果。

这个活动以前我们在中国科学院力学研究所开放日里边举办过，很受大家的欢迎，我们看看，很小的小朋友他妈妈让他去扎，有一般中小学生，还有老奶奶在扎（图 2），这个活动可以不受年龄限制，让大家都去体验一下里面的科学道理。

图 2 巧扎气球（一）

它到底是什么原理呢？有的小朋友说里面有一些秘诀，我们来看看是什么原理，我的习惯是我们不用任何复杂的公式，让从小到大的任何人都能明白。怎么讲呢？我们给大家讲这样一个道理，比如说，在北方冬天河流会结冰，而且很厚，可能就会有人溜冰。有的时候甚至有人在冰面上挖一个洞钓鱼，这个在北方都是允许的。再往北的话，冰面上甚至都可以走坦克。所以当冰很厚的情况下，在上面滑冰没问题，挖一个洞钓鱼也没问题。但是在南方呢，南方一般不怎么结冰，如果偶尔结冰，也特别薄。我们有一个成语叫做什么呢？叫如履薄冰，没有人敢在南方那么薄的冰上面行走，这个大家可能很容易理解，是不是？因为它特别薄，上去就怕碎掉了，人就沉下去了（图 3）。

如果这两个现象你认为可以接受的话，我们马上可以把思维稍微扩展一下。如果我们把气球的表面看作是冰面，就可以猜测一些现象：因为冰

图 3　“如履薄冰”

很厚的时候，挖一个洞没问题，因此在这个气球薄膜比较厚的地方，扎几针可能也没什么问题，而气球吹完了之后比较薄，扎一下可能就会爆破，这是一个很自然的联想。在这个地方大家要注意，我们怎么样把生活中的一些现象跟我们想处理的问题建立起联系，这是一种联想（图 4）。

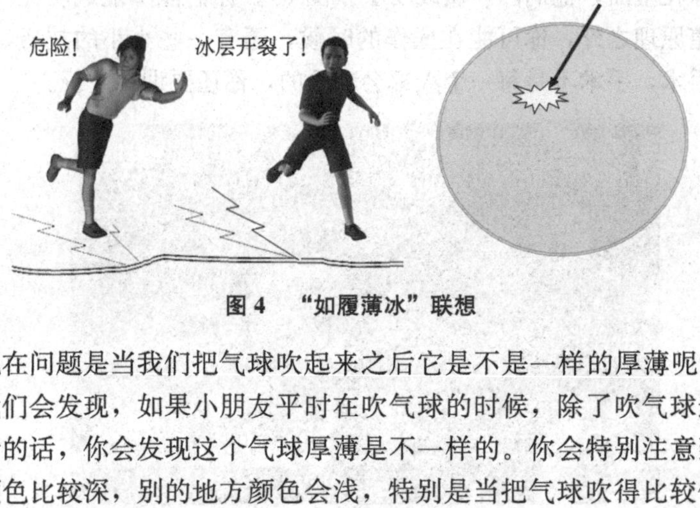

图 4　“如履薄冰”联想

现在问题是当我们把气球吹起来之后它是不是一样的厚薄呢？注意观察我们会发现，如果小朋友平时在吹气球的时候，除了吹气球还注意看一看的话，你会发现这个气球厚薄是不一样的。你会特别注意到这个地方颜色比较深，别的地方颜色会浅，特别是当把气球吹得比较饱满的时候会有这个现象。这个现象和气球制造工艺有关系，气球的生产方式导致它顶部会比较厚，吹起来之后顶部的颜色就比较深，或者是底部会比较厚，也就是说一头一尾会比较厚（图 5）。

刚才从大家对冰的联想，发现气球的确是有地方厚有地方薄，那么我们就可以猜测了，如果我们把针在那个厚的地方扎进去有可能会不爆的，当然这个是猜测了，还需要你体验一下。

我们现在把针在外面气球的厚的地方扎进去，让针接触里面气球稍微薄的地方，是否就有可能实现什么呢？里面气球爆掉了，而外面气球

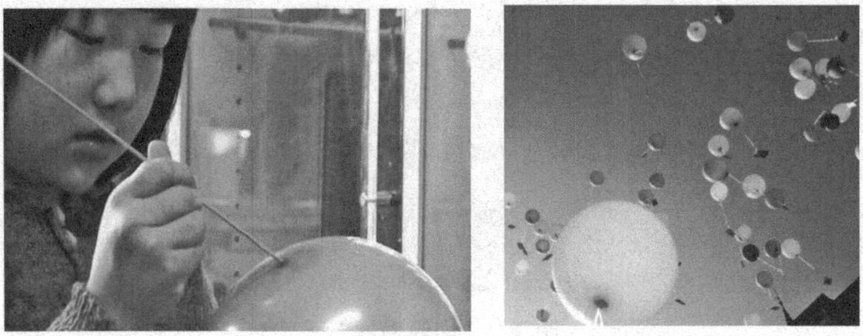

图 5 巧扎气球（二）

还是一个完好的气球。

我们再看另外一个例子，这个例子是红的蓝的套在一起，更明显。当然他需要尝试一下，左敲右敲的，这个气球很明显，红色气球在外面，蓝色气球在里面，他们已经做成功了（图 6）。你们能不能成功呢？除了我们知道原理之外，你可能在操作的时候，还有一些小小的技巧，好像医生做手术，手术不是每一个人都会动手的，你还要训练才行。

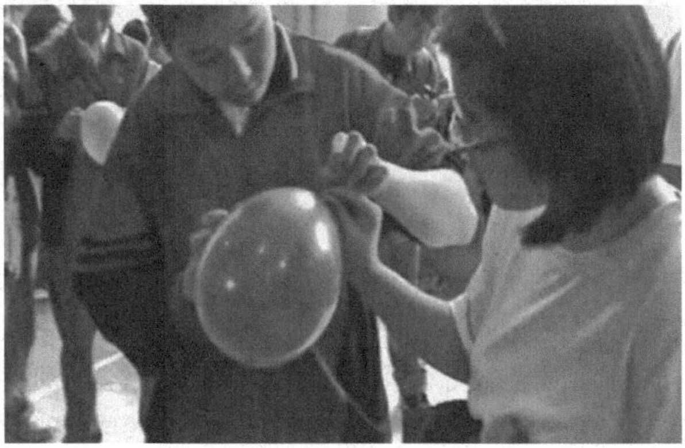

图 6 巧扎气球（三）

刚才我们是做一个小游戏，我们从游戏里面可以引申出很多很多道理，也就是说，我们不是为了玩游戏而玩游戏，我们从游戏中学到很多道理。这些道理可以引申出不同层次的东西。比如说，我们从这个里面引出一个话题——关于裂纹的问题。我们以前做节目，在扎气球的时候，可以让选手自己去选工具，是选大头针，是选钉子，还是选铁丝，让他们自己选，这个时候就面临选择了，前面的尖端是尖一点好呢，还是钝一点好，就这个问题，它带来的疑团是什么呢？它刺的时候，那个裂纹的形状可能是不一样的。我这里画了几个示意图，虽然我们没有现场做实验，但是大家可以理解，如果这个纸条悬挂一个重物，在纸条上面扎一个孔，这个孔比较圆的话，这个重物还不会掉下来，但是这个孔比较尖锐的话，这个纸条就很容易断掉（图 7）。

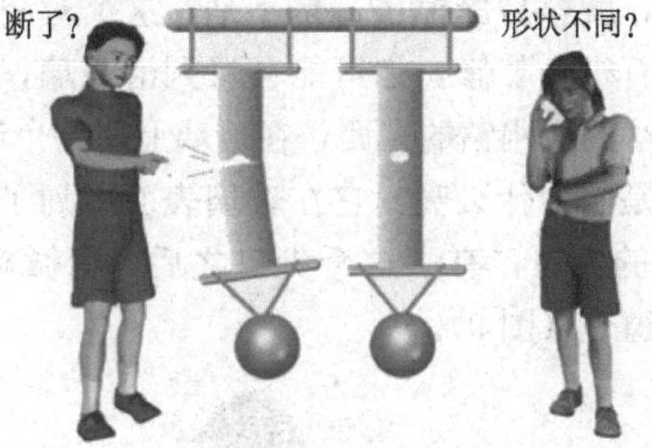

图 7　裂纹的影响（一）

当时我们在做节目的时候，曾经让选手们上台做过这个实验，在这儿我就画了图，这是在纸条比较薄的情况下，它的孔形状对它有很大的影响。但是如果这个纸条比较厚，比较宽，你再扎孔的话，不管是扎圆孔还是尖孔对它的影响就不是太大了，这是我们可以通过实验得到的一个现象。

关于这个我们还可以来引申出另外一个话题。比如说，有时候我们没有做饭，想吃方便面了，我自己吃方便面的时候，就发现有的方便面撕起来不好撕，撕半天才撕开，有的方便面一撕就撕开了，这是什么原因呢？实际上关键在什么地方呢，就是它撕的口，我就画了示意图。比如说，如果这个口是很尖的一个口，你一撕就撕开了。如果这个口做得不好，有点儿圆，撕的时候就比较费劲了（图 8）。

图 8　裂纹的影响（二）

刚才的纸条实验是这样的，挂一个同样的重物，开孔是圆的，它就不容易断；开孔是尖的，就很容易断。那么对我们也有一个启发，扎气球的时候，如果我们已经选好了一个针，去扎的时候，这个针的形状已经定好了，那么我们可以怎么考虑呢？我们扎外面气球的时候稍微正一点，垂直地扎它，扎到里面之后，针可以稍微斜一点，拨它一下，划一下让它有一个裂纹，就容易爆掉了，是不是？这个对我们都是有一些启发的。如果你们家有机会装修，你可能会看到滑玻璃，工人师傅用一个前面有一个很小很小的金刚钻的东西，在玻璃上划一个细线，轻轻一敲，玻璃就断掉了，那是因为什么呢？它在玻璃表面上划了很细的凹痕，类似于这样一个很小的尖口，有了这个尖口之后，稍微碰一下它就断了，所以这是相同一个道理（图 9）。

图 9 裂纹的影响（三）

同时，我们在生活中或者是生产实践中，如果有时候出现了裂纹是我们不想要的，那怎么办呢？有一个办法，有经验的工人他是可以这样处理的；他可以拿锉刀把有裂纹的地方稍微锉掉它，锉一点点，比如说，这个地方有一个小的裂纹，这个小男孩说，拿剪刀把这个裂纹整个剪下来，而且让边缘稍微圆滑一点，这样效果就好了。所以有的地方如果机器出了小裂纹，但是他不想换它，怎么办？就用锉刀把这个裂纹锉掉它，它的寿命就延长了（图 10）。

如果不加控制的话，这个裂纹很容易裂开，这个材料就坏了或者这个机器就坏掉了，但是把这个稍微处理一下，用剪刀剪了；如果是铁的，用锉刀锉了，锉成圆弧状，它寿命就延长了。从这个意义上说，裂纹就是材料的“害群之马”。就是说它虽然只是很小的一点点，有时候甚至眼

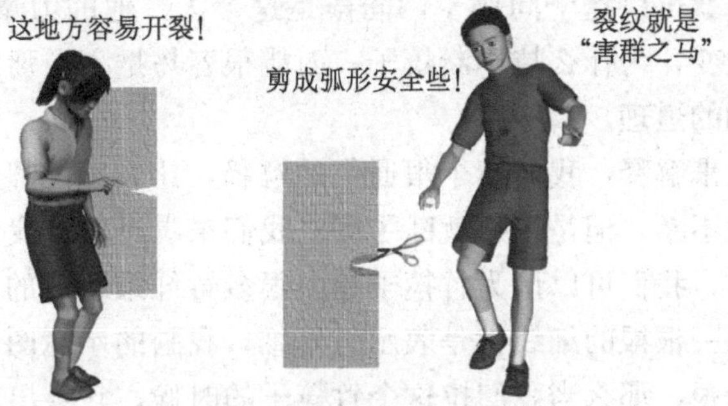

图 10　裂纹的影响（四）

睛看不见，但是在它受力的情况下，它就很容易使这个材料破坏掉，所以我们要把这个很小的地方去掉它，把这个“害群之马”隔离掉，或者把它去掉，整个大群的马就能够听我们的话，为我们服务了。当然这是个比喻，但是通过这个比喻，我想你很容易理解，就是把一些不好的东西去掉它，就能够得到很好的效果，虽然材料减少了，但是效率更高了。关于这一点，大家可以自己做一个实验，一张纸剪一个很尖的孔，你挂一个重物看看，然后再用同样的纸再剪一个，剪完之后，你画一个圆圈再剪，再挂重物看看什么时候会断，你会发现把它变成圆弧状的话，它的承受力大为提高。

下面我们还可以引申出一个关于材料强度的问题。在我们日常生活中有的时候会接触到，但是，我们是不是意识到这个问题了呢？我们来看一下。比如说，我们如果拿筷子，假如是木头筷子，我们一般来说拉不断它，就算很强壮，你一般来说拉不断这个筷子，但是你很容易把这个筷子掰断，即使很小的小朋友，你也可以把这个筷子掰断它，一根筷子（图 11）。

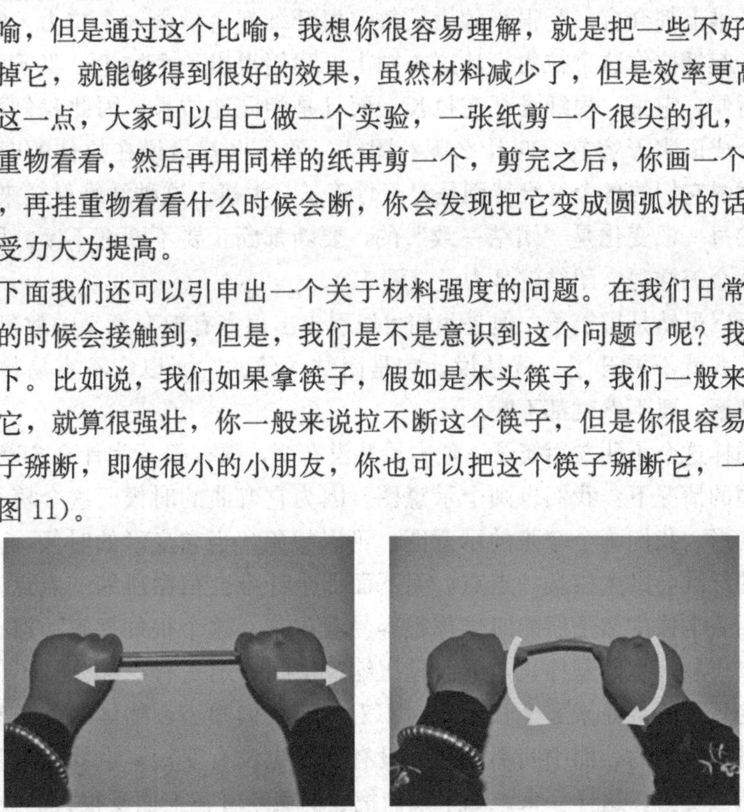

图 11　材料的强度（一）

那么我们就可以提个问题了，同样是这个人，他的力量是一样的，并没有明显改变，为什么拉不断筷子，而能很容易把筷子掰断呢？这里面就有很深刻的道理。

这个怎么来解释，我们给个很通俗的解释，让大家能够明白，为什么东西一拉拉不断，但是一掰就断了呢？我们来看一看。我们假设用竹筷子来做比方，我们可以认为竹筷子是由很多竹纤维组成的，我们这里画的示意图，一根根的细线就是表示竹纤维，我画的示意图，没有画很多，就画了几根，那么当我们拉这个竹筷子的时候，它会出现什么现象呢？它会微微地变长一点点，不太容易发现，但是如果把筷子用一个橡皮代替的话，就发现变长比较明显了，我们说，它会变形只是我们看不出来，但是我们可以画个示意图，可以稍微变长一点点。同时我们假设，把这个竹筷子截断它，我们可以看出来，左边有一个总的拉力，右边在每根纤维上都会有一个很小的力，每一根纤维都会承受一个拉力，它们合在一起抵抗你这个拉力。从这个图上，我们得出一个结论，当筷子拉伸的时候，它每一根纤维都在拉长，而且是相同地拉长，因此我们可以用一个成语来形容它，叫什么呢？团结一致。也就是说在拉伸的时候，这个材料它们的各个纤维特别是对于竹筷子、木筷子这种纤维材料来说，它们的每一根变化是“团结一致”的，要断都断，要不断都不断。团结一致就会怎样呢？团结就是力量（图 12）。

所以虽然是拉筷子，但是我们可以引申出很多有教育意义的故事来，在这儿我就不展开了。就是说，它是团结一致的，所以它不容易拉断，要断都断，要不然就都不断。

同样这个小朋友掰筷子，他力量并没有变，那么筷子为什么会断呢？在弯曲的情况下，我们也画个示意图。因为它弯曲的时候，这个筷子慢慢会变形。我们画个夸张的示意图，可以想象，当它变形的时候，上面筷子的纤维会微微拉长一点点，而下面那个纤维会稍微压缩一点点。如果你用一个橡皮擦子掰的时候你很容易看出来，这个很好理解。那么我们可以想象，上面是伸长，下面是压缩，中间一定是有一部分是不伸长也不变短，还是原来那个长度，对不对？而我们知道，物体的伸长和和压缩需要受力的，而中间那个部分没有变长也没有变短，也就是说基本上不怎么受力。这样一来，如果我们把它们截断看，上面受很大的拉力，下面受压力，中间这个部分受力比较小，甚至是不受力（图 13）。

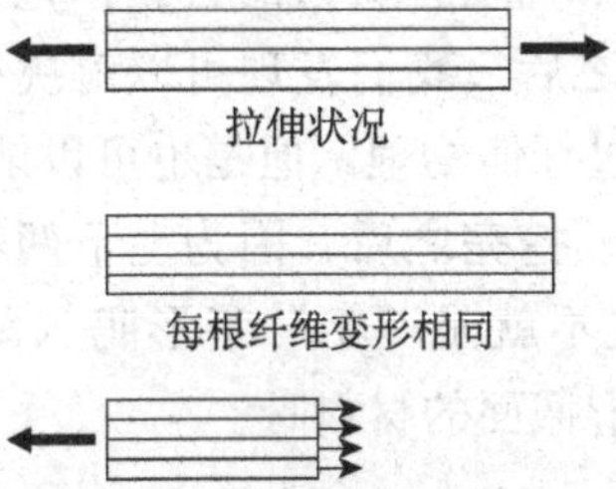

图 12　材料的强度（二）

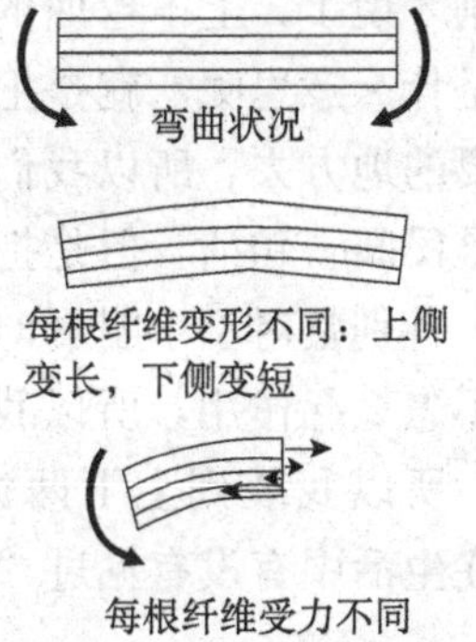

图 13　材料的强度（三）

我们再用一个成语说明它们是什么呢？它们就是“各自为战”的，不协调了，你往这边走，我往那边走，不是一致的。刚才我们说拉伸的时候，它们是协调一致的，是团结一致的。现在，弯曲的时候受力不一样了，中间那个部分基本上不怎么受力。那么你想一想看，在掰筷子的时候，尤其是中间部分不受力，上面受力最大，那当然上面先断掉了，当上面断完之后，它就不受力，下面开始断，一层一层断下来，所以，筷子是怎么断的呢？掰筷子的时候，是上面先断，接着第二层断，第三层断……所以你用力的话，是全部断掉了。我们从这个现象当中学到，这里面有很多很多力学的问题，但是我们可以用很通俗的道理把它讲清楚。因此，我们需要采用某些方法去解决物体很容易抵抗拉力，但是不容易抵抗弯曲这样一个现象。我们怎么解决呢？

我们知道材料拉伸不容易坏，但是一掰容易坏，这个时候想什么办法能够解决这个东西呢？实际上，我们可以从生活当中得到启发，从一些成语中得到一些启发，你可以从任何地方得到启发，然后解决这个问题。有一句话，是民间的俗语，民间的智慧说“好钢用在刀刃上”，这个话可能很多人都听过，什么意思呢？就是说，可能以前钢比较贵，铁比较便宜，他就用钢来做刀的刀刃。这句话很简单，但是它有某种智慧，我们把这个智慧稍微引申一下。我们可以怎么做呢？刚才这个材料，比如说，弯曲的时候，这样截开之后，截面是一个方形，刚才我们说了，中间的材料基本上不怎么受力，既然不受力，干脆挖了它，只留一点点。留这个干吗呢？起着支撑作用。但是你挖了它之后，你拉伸可能受影响，因为截面积减少了嘛。怎么办呢？我把它挖完之后的部分，移到上下去，因为我们刚才说了，上下弯曲的时候，受力比较大了，中间不怎么受力了。这个是什么意思呢？就是把我们不需要的地方的材料挖掉它，放在我们最需要的地方去，所以我们要掌握一种融会贯通的智慧，把某一句话，可能是民间一句话，但是把它用了之后，我们发现可以解决很多很多的现象，特别是对于小朋友，没有学过任何物理，但是也可以解决它。因为中间不怎么起作用，所以我挖掉它，挖完之后，因为上下两边要承担很大力，所以我装到上下两边去，这不就是“工”字形吗（图 14）？大家平时在生活中有没有见过“工”字形截面的材料呀？

图 14　材料的强度（四）

对，铁轨，我们发现，铁轨的截面面积就是“工”字形，它符合我们刚才说的道理，反正中间不怎么承受载荷了，所以上下要有两横，中间的话，从某种意义来说，它是起着支撑作用的。好了，我们思维跳跃了一步。但是我们还要再跳跃一步，我们在工地上一般见到的脚手架不是“工”字形的，那是什么形状的呢？空心圆形的，那么空心圆形跟它有什么关系？我们来进一步解释，就是我们没有学过物理，我们也要能解释它（图 15）。

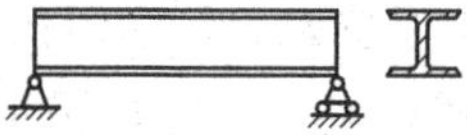

“工”字形构件因此而产生，如铁轨

圆形截面的管材也是常见的。这种形状更容易加工产生。

其核心要点是：弯曲时中间部分的材料不受力，干脆全部移到外面！

图 15　材料的强度（五）

我们现在知道铁轨是这样的，因为火车从上面开过来，载荷是固定的，但是如果我们做脚手架的时候，假设也用这个“工”字形，如果你这样用力，可能做“工”字形行，但是这样侧面反过来用力的话，“工”字形就不好了。但是我们的思想很重要，我们刚才说的什么思想呢，中间部分受力小，我干脆把中间部分全部挖掉它，全部挖掉它，放在哪儿呢？全部放在边上去，就是这个思想。这句话就是说在弯曲的时候，中间部分材料基本上不受力，不受力，我全部不要了，所以把中间全部挖空，挖空之后全部放到外面去，这就变成一根管子。如果你有这样的思想的话，那么你的思维就跳跃了，就是说，你从一个开始的材料截面是一个方形，然后变成“工”字形，现在变成一个圆形。当然刚才小朋友说三角形，三角形是这个的特例，但是这个一半就是三角形。我们要学会思维跳跃，当你明白某一个核心道理的时候，你很容易跳跃。这个核心道理是什么？当材料在弯曲的时候，中间部分的材料它因为变形很小，所以基本不受力，因为不受力，所以我们会全部挖掉它，挖完之后放哪儿去呢？放在边上去，因为边上受力最大。那么做成圆管是什么意思呢？因为我不知道力从哪边来，有的时候这边推，有的时候那边推，所以我做成圆的，不管从哪边推都是一样的。如果我已经明确知道是从这边来的，比如说火车总是从上面压下去的，我做成“工”字形的，明白这个道理了吧？

刚才我已经说了，我们知道火车是从上面压下来的，所以“工”字形是这么放的。我们要掌握它的核心思想。大家注意核心思想，大多很简单，但是它可以指导我们很多的东西，虽然说大学的时候学习很多东西，但是那些东西，一般是具体分析、具体计算的，核心思想在小学的时候就可以掌握。

我们再看看下面这个小实验，比如说，这个女孩，她拿一张纸或者两张纸，两边垫一块木块或者是书本，中间放个苹果，我们可以很容易想象，它就会凹下去，承受不了一个苹果的重量。但是这个男孩他稍微改进一下，把纸叠成瓦楞形的，就有可能支撑住了（图 16）。你们回去自己试试看看。这个怎么解释呢？同样是一张纸，平着的话一放重物就凹下去了，但是稍微折一下之后的话，就会出现这种效果。所以你们有没有注意到，买东西的时候，有些大型的包装盒它是夹层的，里面就会有这种形状。

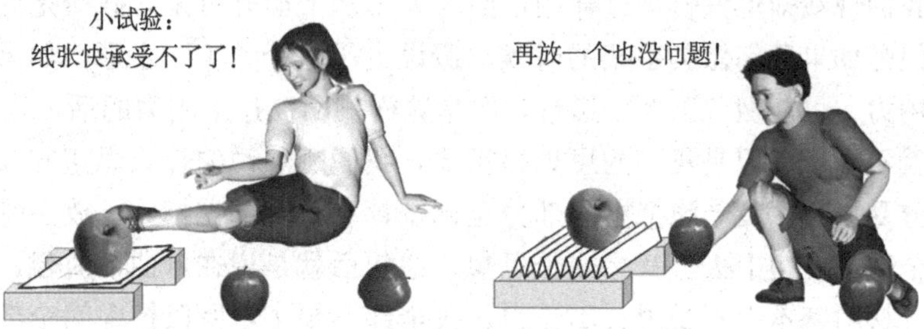

图 16 材料的强度（六）

我再提一个问题留给你们的思考，我看到很多小朋友手上拿着饮料瓶，我们发现饮料瓶上面有很多的凹槽、凸起什么的，它为什么要搞这么多凹槽和凸起呢，这个和我们刚才讲的有什么关系？它是有某种关系的。特别是小朋友们，你们自己琢磨琢磨，回去给你们的父母解释解释，看看你们的父母能不能接受你们的解释。这些瓶上面的很多凹槽，它是有道理的。

同时，这个气球里面还可以引申一个问题，就是关于那个压强的影响。这是我女儿在扎气球，她当时找了一个自行车的辐条，前面没有磨尖，是比较平的，发现这个气球被扎了之后凹进去很多，但是都不会爆破。这是为什么呢？这个就是物理中一个叫做压强的概念。就是说，同样的力，但是作用在不同面积上面，它的压强是不一样的（图 17）。

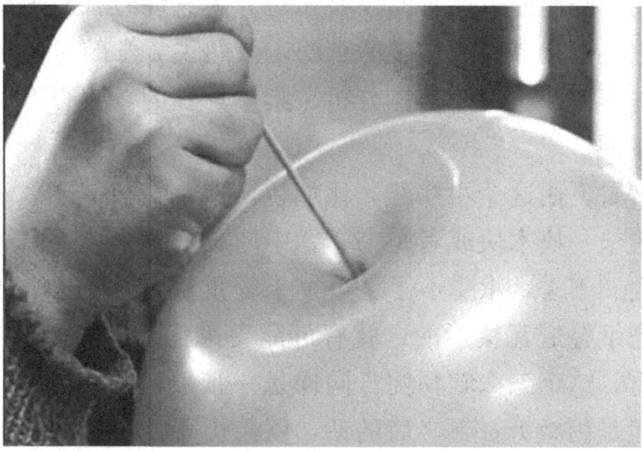

图 17 压强的影响（一）

我给大家看两个图片，大家就很容易理解压强是什么概念了。比如说，我们按图钉的时候，我们都是这样按的，把尖的地方朝下，大拇指按着它。如果这个小女孩分心了，这是我特意画的一个小漫画，她分心了，她把圆头朝下面，尖头朝上面，一用力，手就出血了，这个大家很容易理解了。这个力都是这么大，但是颠倒一下次序的话，就不一样了，为什么呢？一个是大面积，一个是小面积，所以，这个就是压强导致的不同差别，就是说，我力都这么大，但是面积小可以刺进去。因为它的力一样大，面积小，所以它压强大。同时我们还可以知道，比如，有的时候汽车到了泥泞地里面，不好开了，陷进去了，但是坦克还可以通过。坦克比车重，但是它是履带式的，它接触的面积大了，所以它不容易陷进去，比较容易开过沼泽地带，而汽车很容易陷进去。这是我画的示意图（图 18）。那么关于这个压强，我们还可以说一个题外话，假设有一天你遇到了一种情况，有一个人掉到冰里去了，你要救人，如果万不得已要救人，这时候怎么办呢？你不能站着过去救他，你要卧倒过去救他。因为他掉进去了，说明这个冰面比较薄了，这个时候你卧倒的话，面积比较大，爬在冰上去救。

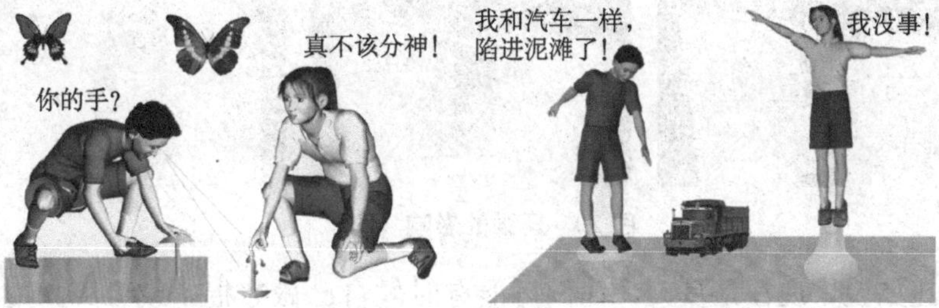

图 18　压强的影响（二）

然后还有一个很有意思的现象，这个可能大家平时不太容易见到，就是复冰现象。这个现象是什么意思？就是当冰有很大的压强的时候，它会融化，当你把这个力撤了之后，它就会重新结冰，什么意思呢？比如说，这是冰块，用钢丝吊个重物到这，过一会儿钢丝就会跑到冰里面去，同时上面又复原了。当然如果做这个实验，要稍微耐心等时间长一点，等上半小时左右，过一会儿钢丝跑到里面了，同时上面又复原了。大家要注意，不像是锯子，锯完之后留了裂缝，它不是，由于这个地方很细的钢丝会有很大的压强，这个地方冰开始融化，融化后开始往下沉，当沉下去之后，上面那个冰水由于没有压力了，它就会重新结冰，所以慢慢地这个钢丝就会下去了，整个地落下去（图 19）。

图 19 压强的影响（三）

这是以前他们做的实验，有很大的一块冰柱，25 千克的铁球挂在这边，过一会儿，能够看见痕迹，再过一会儿到这儿，上面又复原了，但是由于它重新结冰的时候有少量空气在里面，所以这个结冰的时候微微有一些小气泡，能够看到有发白的地方，再过一会儿铁球就落地了，这就是复冰现象（图 20）。这个现象我们可以用来解释一些东西。

图 20 压强的影响（四）

比如说，现在是夏天，你们可能有时候自己做冰棍，或者买冰棍放在家里。你们可以做一个实验，把两个冰棍放在一起，过一会儿，它就挨在一起，就是粘在一起了，这是什么原因呢？挨在一起之后，由于相互的挤压，重力的挤压，那个地方可能会融化一点点，融化一点点之后变成水，水不受压力又结冰了，所以就把它冻住了。

还有一个，我们北方经常滑冰，以后如果你们有机会滑冰的话，你们可以专门仔细地看一下，那个冰刀在冰上走的时候，你们会看到那些会滑冰的人滑得很流畅，他为什么很流畅呢？就是冰刀在冰上的时候，由于人的重量，冰受到那个冰刀挤压的话有很大的压强，那个冰会融化一点点会变成水。所以在某种意义上说，这个冰刀在冰上滑的话，实际上是在很薄很薄的水上滑。但是它有什么特点呢？当他滑走之后，那个水马上又结冰了。但是我们可以想象，如果这个地方不融化，滑起来就会比较干涩，不那么流畅了，正是由于这个现象，冰刀会把底下的冰变融化，所以滑起来很流畅。

这是有一次我们在长春比赛，当时要做这个实验，因为我们刚才说了，它融化的时候跟压强有关系，所以你直接挂个铁丝的话重量不够，于是我当时把三脚架挂在上面，很快十分钟铁丝就跑在这个里面来了，然后我就可以把它提起来，你们有兴趣的话，可以回家自己做个实验看看。

解密 “2012 世界末日”

李　竞

中国科学院国家天文台的研究员，博士生导师，中国科学院老科学家演讲团教授，国际天文学联合会会员。曾担任过中国科学院研究生院、北京大学、北京师范大学教授，北京天文学会副理事长，中国天文学会理事，中国科技史学会理事，中国天文学会天文学名词审定委员会主任，《中国大百科全书天文学卷》第一版分支学科主编、第二版副主编，《天体物理学报》《天文学进展》《中国国家天文》《天文爱好者》《中国科技术语》《自然科学史研究》编委。曾获得中国科学院科普先进个人奖、全国科普先进个人奖。

Li Jing

李竞

我今天讲的这个宇宙之谜，从一部影片开始。我们来看图 1 里的照片，这是 2009 年 11 月下旬上映的美国好莱坞灾难片《2012》，注意这部电影叫灾难片，不是科教片，也没有说是科幻片。如果是科教片的话，要认真严肃对待，如果是科幻片的话，你也可以一笑置之，但这是一部灾难片。对于灾难片来说，你越感觉这个灾难片拍摄得好，越投入，越对它感兴趣的话，那么制作商收入越多。至于社会效应如何，他们是没有法律的约束。

(a)

(b)

(c)

图 1　电影《2012》片段

我为什么要讲这个电影画面呢？当然，因为这个电影的传播媒体非常广泛，接受的公众也非常之多，但是还不仅如此，就是这个电影认为发生天崩地裂的原因，是完全由天文因素引起的，这个可就是跟近代天文学叫板了。既然是天文因素，咱们就要较较真，看一看电影中所说这个天文因素是真还是假，如果是真的话，哪个方面会引起灾难；如果是假的话，那么我们要揭穿。所以我今天这个讲题叫解密“2012 世界末日”。

大家要注意了，我这里的世界末日加了引号，为什么呢？因为“世界末日”这四个字是由英文翻译成中文的，是翻译的名词，这是一个非常古老的名词，在《圣经》中出现。大家来看图 2，这个是绘图《圣经》中的一个画面，是一堆逃亡者牵着牛羊，这就是《圣经》中描绘的世界末日。再来看图 3，这是某一个教堂中的彩色窗户上来描述世界末日的图画，它叫《天罚之日》或《天谴之日》。世界怎么会变成末日呢？末日是“没有次日”的意思，那么受老天爷的惩罚就是“天谴”或者“天罚”。听完了这些说法，“世界末日”还不是一个古老的名词吗？

图 2 描绘《圣经》故事索多玛城毁灭的版画

图 3 油画《天罚之日》

那么为什么会说2012年是世界末日呢？这个来源于一个传说、一个预言，这个预言是什么呢？是一个消失了的民族的预言。这个消失的民族叫玛雅族，在13世纪的时候已经从地球上消失了。民族的消失意味着什么呢？就是这个民族的语言没有了，文字没有了，风俗没有了，习惯没有了，建筑物也几乎没有了，这个就是民族的消失。因为不是这方面的专家，所以我不知道玛雅民族是怎样从地球上消失的，但是他们的后裔还存在，就是印第安人、墨西哥人、秘鲁人，以及他们的后裔，但是他们的语言文字都失传了。图4是一个出土的文物，玛雅民族消失在13世纪，而这个出土文物，经过地质学家把它当做样本弄到实验室研究后，得出的结论就是这个石柱的断代时间大约是公元8世纪。8世纪对我们中华民族来说不算太古老，相当于开元盛世，也就是盛唐时期，所以还不算太古老。石柱上的文字已经被近代科学家完全破译了。大家来看图5，这就是石柱上文字的近景。再来看图6，图中是一些已经破译的文字，上面一行是失传的文字，中间是它的印度安语的发音，下面是对应的英文，从这组文字中，你可以找到山、太阳、天空、精神、书、美洲虎等。

图4　出土的玛雅石柱

从出土的玛雅石柱中，我们了解了玛雅人失传的文字，并且知道了这个石柱讲的是立法。如图7所示，我们可以看到，在玛雅人的立法中，一年不是12个月，而是18个月。一年有18个月，一个月是20天。20天，18个月，一共360天。而在回归年，是365天，多5天，所以它还有一个符号叫做“忌日”，这个代表5天，所以我们知道了玛雅人信奉的历法就是太阳历。

图 5　玛雅铭文

图 6　玛雅文字

既然是太阳历，我们就给这个石柱起了一个专门的名字，叫做玛雅纪年柱。我刚才已经说了，它属于 8 世纪，出土地点是现在的危地马拉。科学家给它断代是 8 世纪，讲的是天文历。我看到这些信息后，马上有一个问题，不知道你们是不是也有这样的想法，就是类似这样的文物石柱一共出土过多少块？因为我不是这个方面的专家，知道得非常少，我曾经到图书馆略微查了一下，但由于不得要领，也没有查出结果来。后来，我找到了捷径，中国社会科学院有一个拉丁美洲研究所，我拜访了一位这方面的专家，专家的回答是出土的玛雅纪年柱只此一个，没有第二个。所以，所有关于玛雅立法的知识都来源于此，其他的都是传说或者故事，真正的文物就只有这一个，咱们就得凭这个文物说话，其他的

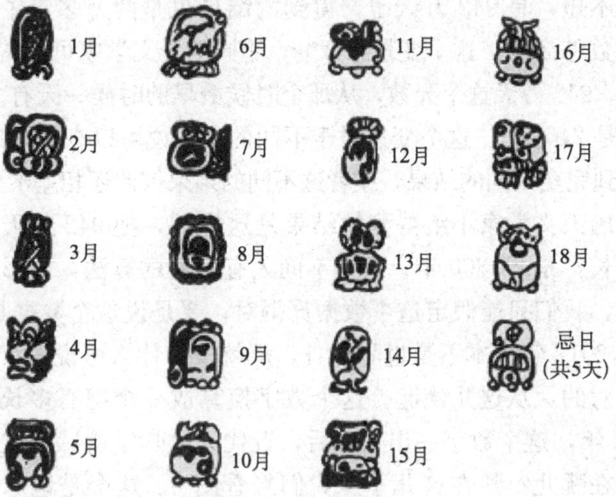

图7 太阳历文字符号

东西都是非正式的，没有证据。

根据这个玛雅纪年柱，我们都知道了哪些事情呢？我们得知玛雅人也跟我们有类似之处，他们有多重时间周期。什么叫多重周期？比如说，一天一天又一天，一年一年又一年，这个是周期。玛雅人也跟我们一样，有日、有年，我们还有十年、百年、千年，我们把十年也叫做“年代”，如20世纪80年代；百年，大家都知道叫做“世纪”；而千年叫做“千禧年”。我们熟悉的时间段，最长的也就是千年，再长的没有了。咱们现在是第三个“千禧年”，但是玛雅人有一个非常长的这样的一个时间段，这个时间段翻译成中文叫作“纪”，这个时间段有多长呢？大概942万天，这个太长了，一下子就看晕了，咱们把它换算成为年。怎么换算呢？有人说了，就拿942万天除以365，得出的结果就是一共多少年了，这么算对吧？问题可没那么简单，不同的人得到的结果是完全不一样的，我这里说的“不同的人”指的是天文学家，他们算出来的结果可能会差上三天、五天、十天、八天、一年、两年，怎么会这样呢？我来告诉你们，所有的时间段都是个变量，现在我们的一个太阳年是多长呢？是365.2422天，小数点后面有四位数字；而在恐龙时代就不是这个数字，恐龙时代的一年肯定不是365.2422天，是400多天；汉朝的时候是365.2425天。日是变的，年也在变，所以这个数字在变。

现在我们重新做刚才那个算术题，这个时间段没有像上亿年那么长了，但是也不短，是942万天了，得到的结果也是两万多年了。两万多年的这个参数怎么取，这个变量怎么变，不同的天文学家可能得出的结论完全不一样。942万天这个天数，从那个时候最早的时候一天有多少小时，然后到现在是24小时，这个变量对于不同的人来说可以有不同的选取法，然后就会得到完全不同的结果，或者这不同的结果彼此还相差不少。

一个英国天文学家小组得到的结果是这样的，把942万天换算成为一个纪有多长？是25 800年，这个不同人有不同的算法，电影脚本中用了这个数据，我们只能假定这个数据算得对；要是说这个数据是不对的，最后的结果2012年根本不是世界末日，那就没有什么可说的了。所以我们假定它是对的，从这儿谈起。这个数字换算成一个纪有多长呢？一个纪是25 800年，这个数字一出来以后，近代天文学家就感觉这个数字太熟悉了，熟在哪儿？熟在这儿了。我们来看图8，这个是地球自转与公转的示意图。我们知道地球自西向东自转，现在差不多是24小时转一周，但不是整数，地球还因为太阳的引力自西向东围绕着太阳公转，算一算，现在的数字是365.2422天转一圈。我们还知道，这个地球还有其他的空间宇宙。现在我们来说说第三种空间运动，第三种空间运动就像陀螺一样，大家玩陀螺的时候，就看到它上面有个轴，陀螺转的时候，这个轴在摆动，在打转，而我们地球的自转轴在自西向东自转的同时也在摆动，这个摆动时间的周期是多久呢？是25 800年。这个是到了近代，天文学家才知道的。到近代，天文学家才知道我们的地球是球体，而且知道地球自转的时候还有摆动，玛雅人那个时候肯定不知道，但是他们怎么“蒙”出这么一个25 800年的数字来的呢？显然玛雅人太神了，不得不令人敬畏，太神了。

讲到这里，我想告诉各位对于天文的知识不够那么专业的朋友们，我们不要认为玛雅人知道有这么一个天文时长的数据就惊讶不已，我们中国的老前辈们知道得比他们还早，这可不是妄自尊大。这个石柱是什么时候的？我说是相当于我们唐朝的开元盛世。我国南北朝时期有一个伟大的科学家叫祖冲之，是河北人，住在离北京市南边不远的一个叫涞水的地方。祖冲之当时受命于皇家，就是接到了皇家给他的一个任务，什么任务呢？从西汉到南北朝，特别是东汉之后的动乱，两晋也不算是太平，到了南北朝时期，经过了这么几百年，历法跟天象已经不完全吻合了，当然，不吻合的程度还没有到了“冬天变成夏天，夏天变成冬天”

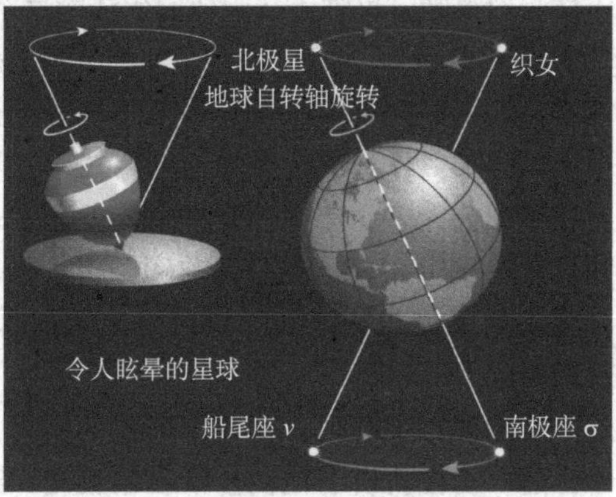

图 8　地球公转与自转示意图

这么严重，但是到什么地步了呢？比如说，夏至那天影子应该最短；冬至的时候应该是影子最长；日食的时候，一定是出现在初一，朔；而月食的时候一定会出现在满月。这些都是大家的常识，可是在当时，所用的历法与这些常识完全脱节，日食和月食已经算得不准了，二十四节气也不准，这时候就一定要修订历法。于是皇家就任命了祖冲之承担改历的任务。祖冲之当然不知道地球有自转，也不知道地球的自转轴还在动，但是他在观察天象的时候，看到了恒星的位置都在变化，所以他就得出一个结论：一定要加上一个改正量。这个变化是怎么来的呢？现在我们知道了是由于自转轴在那里变，变的结果就是我们的北极星时刻都在变，宋朝的北极星就不是今天的北极星，再过一万年之后，咱们的北极星就是现在的织女星，这些都是一直在那儿变化的。就在我刚才讲的一刻钟之前，那个时候正北指的那个地方到现在已经变了，什么时候再回到一刻钟之前的指向？再过 25 800 年。就是这个在那儿变，一直在那儿变，这个变化祖冲之已经发现了，所以他就在他的历法中，加上一个改正量，这个改正量非常小，但是你如果不加的话，时间一长以后，这个天象跟历法就脱节了，他给这个改正量起了一个名字叫做“岁差”。这个天文学专用语一直从祖冲之那个时代延续到了今天，现在天文学还把这个现象，这个改正量叫做“岁差”，而且祖冲之已经知道了这个岁差的轮回周期是 25 800 年。南北朝比开元盛世早了好几百年，所以玛雅人在祖冲之之后的几百年才知道了有这么一个时间段并不奇怪，他们也是根据观察天上星星的位置来得出结论的，知道有这么一个量。

根据玛雅纪年柱我们得知，玛雅人认为他们生活的这个纪是第五纪，那么他们究竟生活在第五纪的哪个时间段呢？近代天文学家给它断代，这个断代工程也不容易，不同天文学家也会得到不同的结论。简单来说说“断代”这两个字，比如，你看书，会知道光绪二十三年发生了什么事，光绪二十三年相当于公元多少年，你翻翻书，就会发现有人已经给你对好了。又比如，武王伐纣究竟是在公元前哪一年，你去查查表，没有这个数字，不知道。如果你能够把武王伐纣是公元前哪一年定好了，这样的对照，这就叫断代。

天文学家给这个石柱进行了断代，得到了断代的结果。他们是生活在第五纪的哪一年？这个石柱就讲了他们生活在第五纪，第五纪的最后一天是第五纪的第 25 800 年。那么你把他们刻石柱时的那个年定好了以后，就能推算出最后一年是落在公元哪一年。英国天文学家小组断代的结果，这个第五纪的最后一天就是 2012 年的 12 月 21 日。这么一来，我们也假定他的断代对，咱们再继续讲；如果认为他断代有问题，那么咱们的讲座也就到此结束了，就不用讲了，整个都不对。我断代的结果，第五纪的最后一天根本不是 2012 年，早过了，是 2001 年就到最后一天了；而另外一个人说了，还早着呢，我断代的结果是 2024 年。不同的人有不同的结果，咱们刚才说的电影脚本中，认为第五纪的最后一天是 2012 年 12 月 21 日。最后一天是不是就等于末日？家家都有月历，一年 12 篇，2012 年的第一篇是 1 月，最后一篇第 12 篇，是 2012 年 12 月，你看最后这一页，12 月最后一天是 31 号，这就是 2012 年的末日，但是呢，我可并没有说“没有次日”，我也没有说“有次日”，只凭这个年历，你能不能说它没有次日，没有 2013 年 1 月 1 日，你当然不能说；但是你也不能说它肯定有，因为你手里还没有买到 2013 年的日历，玛雅人的情况跟这个完全一样，玛雅人说最后一天是落在哪天，他没有说“没有次日”，他也没有说“有次日”，如果你认为他说了“没有次日”，那拿出证据来，你肯定没有，因为石柱就那么一个。再说玛雅人很可能跟咱们中华文明有一个相似的概念，没有末日观念。他们是轮回，咱们是“万岁万岁万万岁”，至少玛雅人传说是这样的。他们从第一纪开始，到了第二纪，到了第三纪，到了第四纪，然后现在他们活在第五纪，传说中并没有讲第五纪是最后一纪，然后就没有次日了，如果有的话，也不可信，为什么呢？因为它是传说，所以真凭实据只有那个石柱，那个石柱并没有说"没有次日"。

西方文明主要是基督教文明，在基督教文明中"世界末日"的概念可深了，因为《圣经》中就有，所以电影脚本的制作者采用了英国天文学家的计算结果。基督教文明中的"世界末日"概念虽然不能说是根深蒂固，但是相当普及，普及到什么程度呢？在1999年曾经有一个世界末日，人们当时已经是惶惶不可终日了，认为1999年是世界末日，那么当时为什么会说1999年是世界末日呢？近代天文学家得知，1999年太阳系的九大行星将在天上排成大十字，那个时候冥王星还没有被排除出太阳系的行星大家庭，所以太阳系还是九大行星。大十字对基督教文明是一个不祥之兆，行星排成大十字意味着要天地诛灭，要到世界末日，但是到最后的平安夜什么事也没有发生。为什么没有发生呢？是因为行星在太阳系中无论如何也排不成大十字，而且它们本身就不可能排出大十字，这是一个伪科学。所以当时的天文学家对这个事不屑一顾，应该说没有什么不对，但是也不应该这样不屑一顾，你应该把你的天文知识讲述给大家，传播给大家，告诉大家太阳系的九大行星在天空中为什么排不成大十字。由于世界末日的概念在西方是相当普及的，而且太多的人觉得这个是天经地义，因为《圣经》中写了，所以就会有世界末日。

下面我再来举个例子，这是美联社曾经报道过的，在纽约有一个小的宗教团体，实际上是邪教，这个教主宣布5月的某一天将是世界末日，于是他的信徒们就惶惶不可终日，虽然还没有听说有自杀的，但是有不少人把银行的存款取了出来，胡造一通。到了那天平安无事，人们就去找这个教主了，但是教主却不见了。后来教主又出来道歉，说对不起，他算错了，这个世界末日不应该在5月，而是推迟到10月了，这次是准确的。然后到了10月，又平安无事，再去找这个教主，他又不见了，反正他也不负责任，但是有太多的人容易上当受骗。我不知道2012年的世界末日对我们有多大影响，但是大家都知道这件事情，可信还是不可信呢？如果可信的话，该怎么防备呢？

根据玛雅纪年柱，科学家们把断代结果断成了第五纪的最后一天是2012年12月21日，这个是有原因的，由于12月21日是冬至，而2012年有一个特殊的天象，这个天象是真的，不是科幻的。咱们来讲一讲这个特殊的天象，很多人都被它吓唬住了。这个天象就要来临，至于会不会引起天崩地裂的后果呢？咱们来看一看。

先来说说2012年的冬至日是怎么回事。我们知道冬至是二十四节气之一，而二十四节气是怎么定的呢？咱们讲一点儿常识，我国古人从夏朝起就知道了一年有四时，这四时就是春分、夏至、秋分、冬至。四时是怎么定出来的呢？古人在院子里立一个杆子，到了正午的时候，量这个杆子影子的长度就会发现，从春天起这个影子的长度在逐渐变小，到了有一天影子就非常之短，于是他们就把这一天叫做夏至；然后过了夏至，影子逐渐变长，到了有一天影子最长，他们就把那一天叫做冬至；冬至跟夏至均分两点，一个叫春分，一个叫秋分。四时就是这样定出来的。然后他们又根据四时划成了二十四等分，这就有了二十四节气。二十四节气就是这么定的，先定夏至跟冬至，而把哪个节气作为起点呢？我们把春分那一时刻定为二十四节气的开始，怎么定的呢？就是把地球上画上了南北经线，经度是南北线，当太阳落在地球春分那天，我们就把那一条经线叫做0°，然后90°的时候就是夏至，180°的时候就是秋分，270°的时候是冬至。所以当太阳落在到了经线270°那个时刻时候，CCTV准会告诉你，今天是我们传统历法中二十四节气的冬至，而它发生在什么时刻呢？发生在北京时间19点12分。这个时间能准确到分是为什么呢？因为太阳中心正好落在经线上，所以报到分一点不奇怪，对于天文学家来说可以精确到秒。好，这就是2012年冬至时刻太阳正好落到了经线上那个270°，那么落在270°，太阳中心背后一点落在地球上，太阳背后一点是一个特殊天象。

我们来看看图9，在这个示意图里，中间是太阳，这一圈是地球围绕太阳公转的轨道，地球在转动的时候，我们看见太阳投影在双鱼座，当地球走到这儿的时候，看到太阳的背面是金牛座；当地球走到那的时候，看见太阳是双子座；当地球走到冬至附近的时候，太阳的背面是人马座，所以冬至附近是人马座。而2012年冬至时刻是落在人马座的一个特殊点，在20世纪90年代，天文学家得知了那一点上可能有一个黑洞，但是黑洞的质量有多大呢？当时地面的望远镜测不出来，就把这个任务交给了哈勃空间望远镜，哈勃空间望远镜在2002年，也就是10年前，花了一点儿时间来探测，它找到了这个黑洞，通过一个间接的方法来探测，因为黑洞是看不见的，所以只能用间接的方法来探测。哈勃空间望远镜通过探测得知，我们银河系的中心真的有一个黑洞，这个黑洞的质量比我们熟悉的几个太阳质量的黑洞可要大多了，这个黑洞质量是多少

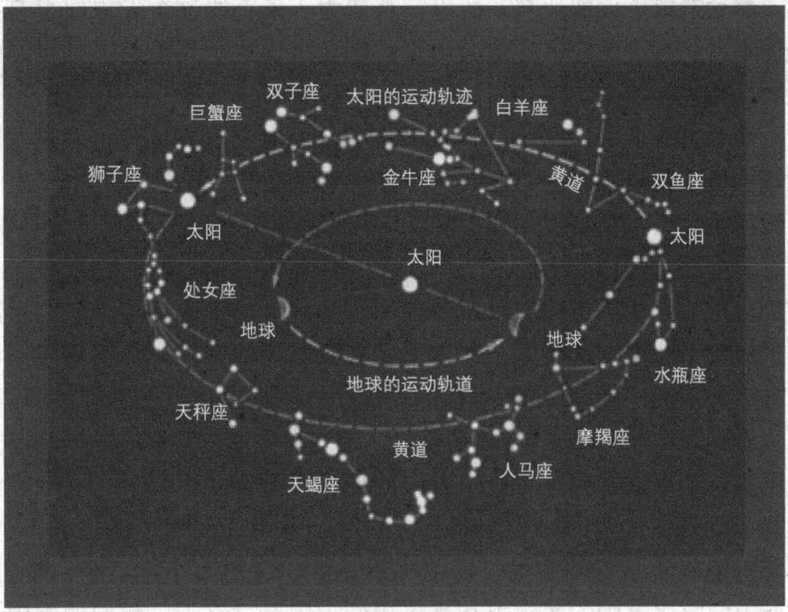

图9 太阳系示意图

呢？是400万个太阳的质量。我们有些同志一下子被这个结果吓唬住了，说在2012年冬至的那一时刻，也就是2012年12月21日19点12分那一时刻，地球、太阳，还有那个400万个太阳质量的黑洞，三点成为一条直线，电影中也提到了这条直线，说那个黑洞是要发威的，发什么威呢？黑洞当然是看不见的，它也没有辐射，辐射也不出来，但是它有引力，它的引力能激发太阳，使得太阳能产生比平常更大规模的爆发，注意在这里我们没有用“爆炸”这个词，电影里要用“爆炸”这两个字就会揭穿这件事情，为什么呢？一般的公众甚至连很多小朋友都知道，太阳从生到死将要活100亿年，但是并不具备爆炸的资格，什么叫做爆炸呢？就是在发生之前和发生之后变成了完全不同的东西，比如我们拿一个小鞭炮，点燃炸完了以后就剩下一堆纸，跟原来不一样。但是我们太阳会爆发，产生更多的黑子，产生更多的耀斑，时时刻刻发生日珥，还有带电粒子，这都是爆发的，所以电影里也就这么说了。后边的黑洞引力促使着太阳产生比以往规模更大的爆发，爆发的结果是产生了一种粒子叫中微子，这又是一个名词。中微子是什么？一般公众一听先晕头了，中微子是什么样的？中微子射到了地球，地球受不了了，地球的内部会发热，然后造成了天崩地裂。所以三点成为一条直线这个天象使得有些人惶惶不可终日，这件事肯定会出现，那么出现这个天象是不是黑洞的引力要发威呢？

下面要讲的就是2012年12月21日会出现什么样的天象。就是太阳在天球上位于银河系的中心方向，即与银河系的中心重叠。

银河是什么？在晴夜，到了夏天，你用肉眼会看见天上有许多星座，北边有织女座，南边有牛郎座。到了秋天你还看它们，然后到了冬天还看它们。用数码相机把你肉眼所看到的这些逐日拍下来，拍下来之后用电脑拼成一个图像，这就是一年四季用肉眼看到的银河。那银河跟银河系有什么关系呢？图10是银河系的俯视图。我们可以看到太阳在哪里，也可以看到2012年12月21日冬至时，地球在哪里，它背后的人马座方向在哪里，还可以看到正对这个方向的那一点上有一个黑洞，这个黑洞虽然是400万个太阳的质量，但是它的大小你用任何望远镜也看不到，当然望远镜确实是看不到的，即便你看见它，它的大小也只是一个点。而实际上它有多大呢？实际上相当于我们太阳系这么大。我们的太阳系有多大呢？有多少千米？这个数字你也记不住，我也记不住，没有多大意义，但是我可以告诉你我们太阳系有多大。太阳发出光来，射到最外头一个行星海王星要用5个小时，这个半径就是5个小时。太阳系的海王星的轨道的直径，我们把它叫做太阳系大小，就是光线走10小时，而在光线走10个小时这样一个空间范围之内，塞进去400万个太阳的质量，就是那个黑洞。但是为什么我们用望远镜看它只是一个点呢？因为它离我们非常远，这一点电影就是不告诉你，要是一告诉你，这个问题就揭穿了。我现在告诉你们，我们的银河系多大呢？光线从一端走到另一端，要用10万光年，所以它的大小是10万光年。那么从我们的太阳到黑洞有多远呢？光线要走26 000年，所以那个黑洞离太阳的距离是26 000光年，因此太阳、地球、黑洞三点成为一条直线是一个视觉效应，并不是真实存在的。为什么不存在呢？因为那个时刻你看见的太阳是8分19秒前的太阳。你看见的那个遥远的那一点上的黑洞是26 000年前的，那个时刻是三者是成为一条直线，但实际上是26 000年前，所以三者成为一条直线这件事情，你是被电影给忽悠了。整个宇宙都是在动的，而且都有距离，特别是光线跟引力一样的，都是速度有限的，没有超光速这回事。既然光速是有限的，所以那个引力传达到我们也要用

26 000年。

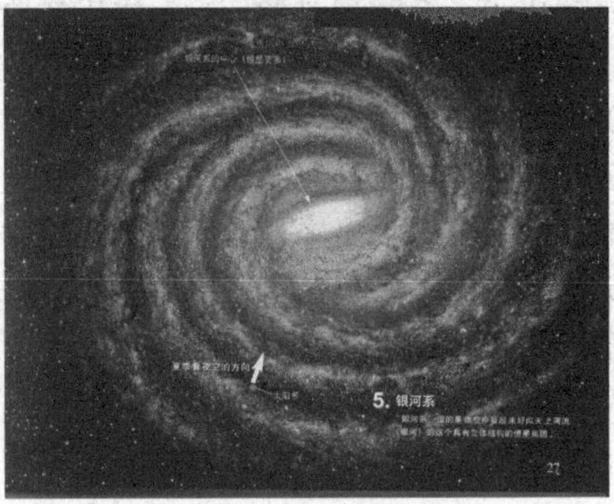

图 10　银河系俯视图

三者成为一条直线是一个似是而非的事，银河、黑洞和太阳的引力叠加将产生灾难性后果之说，也是似是而非的，因为根本就没有三者成为一条直线这件事情。那么听众可能要问了，难道说 26 000 年前它就对我们不发生影响吗？我告诉你们，电影误导了大家一件事，就是引力跟光线是一样的，太阳不是一条射线，太阳是四面八方全部都有光，不能说我对着太阳，我能感受到太阳光，我离开了一点儿，太阳光就弱一点了，没有这种事，它是一个场。引力也是一样的，引力不是激光，引力是四面八方的，所以我们地球、太阳系一直受到银河系中心引力的影响，引力影响的结果是什么？所有的恒星都是受中间的那个大质量集团的影响，围绕银河系的中心运转，就跟地球围绕太阳运转一样，这个运转每 200 亿年围绕着银心转一圈，所以那个黑洞一直影响着我们，从有地球那天开始它就影响我们，所以并不是说到三者成为一条直线那个时候才发威，没有这回事。

下面我们讲一讲这个电影中忽悠人的另一件事，就是中微子。什么叫做中微子？中微子是在 1930 年理论物理学家预言中出现的，他们认为宇宙中应该还有这样一种基本粒子，它是中性的，质量非常之轻，轻到什么地步呢？不知道，但就是有这么一种粒子。过了三年之后，经过更多理论物理学家的深入探讨觉得它确实是在宇宙当中存在着，于是将它正式命名为 neutrino，翻译成中文就是中微子。中微子这个预言需要验证，但是它有一个特征就是几乎不跟任何物质发生反应。这个可要命了，你做化学实验它不起反应，你做物理实验，仪表也不反应它，所以你没法验证它，于是就成了一个物理难题——怎样用实验的方法来确认中微子的存在。这个时候很多物理学家纷纷想办法，20 世纪 40 年代的时候，有一位在美国的年轻物理学家，他提出来一个方法，也是间接的方法，能够验证中微子的存在，他提出这个方法并且在文献当中发表了，但是当时的科技手段做不出来。然后这个年轻物理学家就回国了，回国以后参加了我们的“两弹一星”工程，最后成为“两弹一星”的功臣，现在这个物理学家已经去世了，他叫王淦昌。1956 年，美国物理学家阿伦（J. S. Allen）用王淦昌的方法验证出中微子确实是存在的，所以“两弹一星”中有伟大贡献的物理学家，也为中微子时代做过奠基工作。

中微子是怎么产生的呢？太阳是恒星之一，太阳不仅发光，而且我们离太阳近了会发热，为什么所有的恒星都会发光发热呢？恒星之所以发光，包括太阳在内，是因为上面的压力其内部产生了高温和高压，恒星在内部高温、高压情况下就启动了核反应，这个核反应就是核聚变，核聚变是四个氢变成一个氦。太阳跟所有的恒星的物质结构一样，都是 90%是氢，10%是氦，其他的元素金银铜铁、氧气、氮气不到 1%，所以宇宙的成分就是这样的，有点奇怪，却是事实。既然有这么多氢，恒星内部包括太阳内部在这样高温、高压的情况下就启动了核聚变，核聚变是四个氢变成一个氦，同时放射出能量，放射出来能量的同时还产生了一种粒子叫做中微子，而这个产生出来的能量对于太阳来说最后变成了光跟热，我们就接收到了。后来我们利用核聚变的原理制造出了氢弹，氢弹就是核聚变，是不可控的核聚变，一下子就炸掉了。拿我们太阳来说，其实所有的恒星都一样，核聚变的过程中，每秒钟有很多的中微子，但是中微子有一个特征是跟任何物质都不发生反应，所以我们感受不到它的存在。我在一个地方站一小时，头上到脚下已经有若干个中微子穿过了，你们也一样，中微子从你们头上穿过去，然后钻到地下，从地心又过去了，然后从美国那边去了宇宙太空，但是大家都感觉不出来，因为它不和任何物质发生反应。电影中说中微子使得地球内部发热，这个完全是违反科学的。据说电影上映之后，这个说法也引起了美国社会的不安定，因此，美国重要的科学机构美国国家航空航天局的发言人在电视台当中做了一个声明，就是告诉大家不要相信电影中关于中微子会造成地球内部发热这件事，因为中微子不会使地球内部发热。这件事发展到不得不做一个科学声明的地步，说明美国人也是一样的，也被中微子唬住了。所以，结论就是2012年银心黑洞引发太阳中微子之说是错误的，地球不会因为太阳中微子而爆炸毁灭。

电影中还说了一件事，不过没有太多的表现，就是说中微子引起地球内部的发热，同时还产生了另一个效果，使得地球南极变北极，北极变南极。黑洞完了以后是中微子，中微子完了以后又出现地球的磁场南极变北极，北极变南极，就是这个极性反转。而我们地球会不会南极变北极，北极变南极呢？告诉大家，会，不仅会，过去已经变过了，今后还会变。讲到这里，你可能要问了，你怎么知道过去变过呢？因为古代岩石会记录地球磁性变化的信息，所以中国科学院地质研究所有专门的科研小组来做这个古岩石磁学研究。通过古岩石磁学探讨，我们得知在恐龙生活的1.6亿年间，也就是侏罗纪开始，到白垩纪结束，这个是1.6亿年，在这1.6亿年间地球的磁场至少有过三次南极变北极，北极变南极的情况。那么北极变南极，南极变北极这个过程会不会像有一些电影演的那样呢？电影里，通常都是某个科学家说了，今天晚上南极将要变成北极了，磁性要改变了，会发生在23点00分到了22点，大家围绕着实验桌聚精会神地在那里观看，然后说还差十分钟，还差五分钟，还差一分钟，半分钟，还差五秒钟，大家数着五、四、三、二、一、零，一到零。电影当中的所有人一下子变成了冰棍，很多美国电影都是这样描述极性变化的，真实情况会是这样的吗？我可以告诉你，肯定不会。如果我们地球的磁场在今天开始要变向了，这个过程可能要持续一万年，是一个非常缓慢的过程。而且既然是一个缓慢的过程，人类或者说地球的生命会有一个适应的过程，至少恐龙经过了三次这样的变量，但是都扛过来了，它的灭绝跟这个地球磁场极性变化没有关系。所以地球环境肯定会受到地球磁场极性变化的影响，比如电离层会发生变化，但是究竟怎么变化，地球上的人类还没有这个经验。自从有地球文明以来的几百万年里还没有发生过这件事，几百万年跟几亿年差得太多了，所以地球磁场的极性今后还会变，那是地球物理的事情。现在，地球上的人类还不清楚，不会预测，但是从古磁学研究中得知这是一个缓慢的过程，肯定会对地球环境有影响，不过不会变成世界末日。也就是说，地球磁场极性翻转跟太阳中微子无关，是地球本身的事。

下面我给大家总结一下，一共六条。大家如果能够记住的话，也可以把我讲的这六条告诉你们周围的亲友们，算作一种科普宣传。

第一，玛雅纪年柱上没有第五纪的最后一日是世界末日的文字记载。

第二，银心黑洞引力和太阳引力二者在某一特定的时刻的叠加之说是错误的。

第三，太阳中微子是太阳中心核聚变的产物，与银心黑洞无关。

第四，地球磁场极性变化，以及地球气象、气候、地震、火山等均非太阳中微子所致。

第五，2012 年可能出现的一切的自然灾害及极端气候现象均与玛雅预言无关。

第六，我愿意在这儿加这么一条，迄今尚无地球近期即将不再宜居或毁灭的迹象，这一点大家放心。因此，我愿意打保票 2012 年肯定是平安年，地球不会毁灭，还会有 2013 年，你可以坚信无疑，地球照转。

今后我们肯定还会遇到形形色色的类似世界末日之类的说法，那么我们该怎样对待呢？我觉得一条可行之路就是通过学习科学知识来识破这些伪科学的面貌。

探索宇宙与诺贝尔奖

陆　埮

天体物理学家，中国科学院紫金山天文台研究员，曾任南京大学天文系教授，2003 年当选为中国科学院院士。陆埮教授长期从事高能天体物理的教学和科研工作，他的研究成果有力地支持了“伽玛暴起源于大质量恒星塌缩”的重要理论，并于 1996 年获国家教委科技进步奖一等奖，2004 年获国家自然科学奖二等奖。

Lu Tan

陆埮

各位同志、各位朋友们、各位来宾大家好，非常高兴今天跟大家一起来讨论探索宇宙与诺贝尔奖的事情。因为诺贝尔奖是一个标志，可以作为某种尺度，一般来讲，重要项目得诺贝尔奖的都有一个代表性的标志。今天我们主要讲探索宇宙。2012 年的 8 月 20 日到 31 日在北京要开一次国际天文学联合会，这个大会非常隆重，大概有3000人出席，大部分都是外国人，这个会议相当于天文界的奥运会一样，是一次最大的活动。图 1 就是这次会议的海报。

图 1　第 28 届国际天文学联合会大会海报

我先来介绍一下天文学究竟是研究什么东西的。当然，天文学是一门非常广泛的学问，我们平常知道太阳，知道月亮，但是这些都是非常近的，而天文学看得非常远。例如月亮，其实如果你用光算的话，从地球上照的光到月亮的话，一秒钟就能到，两秒半钟这个光就已经在月亮跟地球之间走了一个来回，所以月亮实际上很近很近。那么太阳当然要远一点，光也不过八分钟，光一照，八分钟就能到太阳了。恒星要稍微远一点，比如说织女星，光要照上去，它要走 27 年，牛郎星需要 16 年，从牛郎星到织女星之间差不多要 20 年的样子。光都需要 20 年，所以呢，平常所讲七月初七牛郎织女鹊桥相会，实际上牛郎发一个电报给织女就得一二十年才能到，这个还是很远的，但是对于我们宇宙来说，还是近的。

我们对于宇宙的研究，现在已经到了什么地步呢？已经到了 100 多亿光年的样子，所以说宇宙是非常大的。下面我来介绍一下，人们是怎么样研究宇宙的，我们来看一看另外一番天地。事实上，天文的内容还是非常广泛的，可以研究的东西非常多，来看一看，我们应该怎么研究呢？我们需要测量。图 2 是一张星空的照片。从这张照片中，我们看到一堆堆的亮星，可以看到亮星在整个天空的各个方向都有，这个地方有多少颗星星，那个地方有多少颗星星，数目都差不多，所以分散在各个地方的星星差不多是比较均匀的。什么叫亮星？离我们比较近的星就是亮星。太阳是离我们最近的恒星，当然它也产生能量，其他的金星、木星那不是恒星，我们讲的这些都是恒星，金星、木星是行星，不能算恒星。我们现在谈的天上那些亮星都是恒星，实际上每一个亮星都是一个太阳，只是比较远，所以我们看起来是一个小点，但是这些还是属于比较亮的、比较近的。近的话，就像牛郎星织女星这种距离。当然，虽然近，但也要多少年才能到达。

图 2 星空

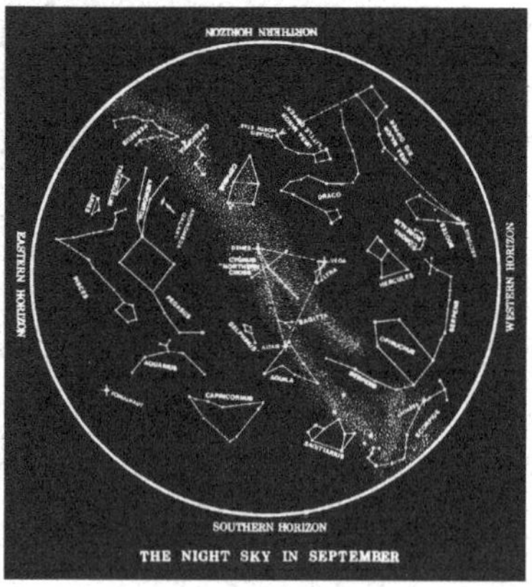

图 3 行星分布图

刚才我们看了亮的星，现在来看暗的星，暗的星在天空中看起来是不均匀的。我们可以看到图 3 中白色的部分，这个地方叫带，就是密密麻麻的暗星。所谓的暗星，实际就是远的星，比较远所以显得暗，远的星并不是均匀地集中在一条带子上。那说明什么呢？你能够想象出来天上的恒星是怎样分布的吗？大家可以试着想一想。情况就是图 3 这样的，近的星是均匀的，各个方面差不多；远的星密密麻麻地在一条带子上。

我们的望远镜越来越大，我们看得越来越远，那么我们还能够看到什么呢？我们可以看到图 4 里的景象。图 4 中的这个形状，实际上是什么呢？实际上这个相当于在外头来看我们的银河系，就是这个样子的。我们要看银河系的外层，也就是还有许多的银河系，各种各样的。每一个银河系里头有多少个恒星呢？有多少个太阳呢？银河系里头的恒星有两千亿个。我们知道银河系以外还有许许多多的银河系，有千亿、万亿的银河系，不过这些我们都把它们叫星系，因为它们是由很多行星构成的系统，如图 5 所示。

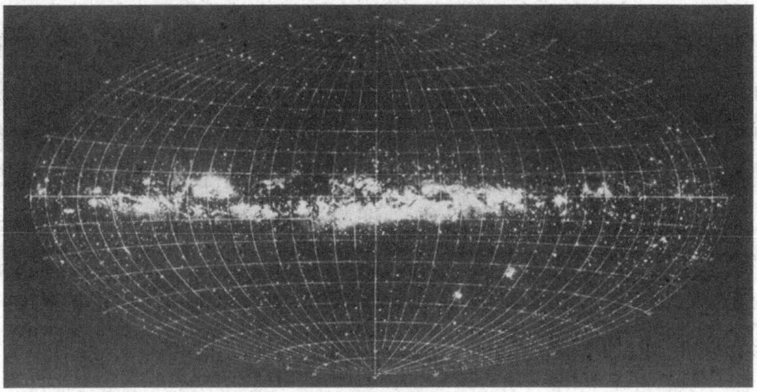

图 4　银河系全景图

如果我们专门来看这些星系，我们会看到这些星系的形状是各式各样的，还有一些是变形的，如图 6 所示。再用望远镜看得远一些的话，我们可以看到很多星系，我们刚才讲过，我们看到的近的星分布比较均匀，远的星是不均匀的，所以在银河系里面恒星的分布是不均匀的，不是整个空间都有的。如果我们不是看恒星，而是看星系的话，那么我们可以看到有许许多多的星系，每一个星系都有几千亿个恒星，几千亿个

图5 银河外星系

太阳，那么这种星系在宇宙里面的分布是比较均匀的。实际上我们不讨论小行星、火星、金星，我们也不讨论太阳，我们讨论整个星系，越远的话就可以看到许许多多的星系，那么研究整个宇宙相当于研究星系在这个宇宙中是怎么分布的。我们可以看到物质在宇宙里的分布是比较均匀的。如果你把整个银河系拿出来，把整个银河系当做一个分子，那么整个宇宙就相当于这种分子的气体，是均匀分布的。但是我们研究的是整个宇宙，这个分子相当于银河系上面的分子，是很大的。我们把这个叫做宇宙学原理。

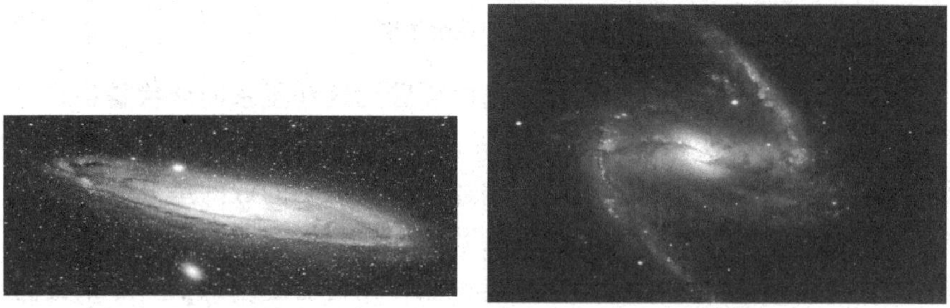

(a) (b)

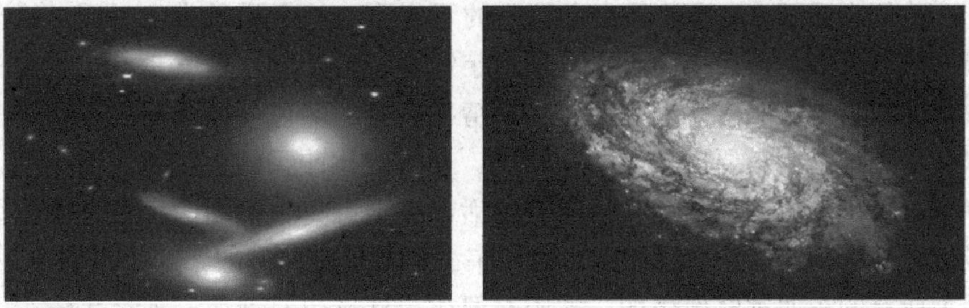

图 6　形状各异的星系

宇宙学原理是什么意思呢？就是说宇宙里头物质的分布是均匀的，各个方向是差不多的。那么我们再来看，我们已经看到了整个宇宙物质的分布几乎是均匀的，星系在这个宇宙中的分布是均匀的，那么它们是怎么运动的呢？这些星系在宇宙中是怎么运动的呢？人们发现宇宙各个星系之间都在离开，圆的地方离开得更大，所以这个宇宙星系在散开，整个宇宙在膨胀，相当于气体在膨胀，分子与分子之间的距离拉大了，星系与星系之间的距离拉大了，那么人们怎么样理解这件事情？怎么样测量这个膨胀？怎么样来证明这个宇宙在膨胀呢？

我们看一看图 7，我们看一看光在宇宙里面进行传输。光是一种波，这个比如说，在图中有蓝色的波，还有红色的波，宇宙在膨胀，那么宇宙膨胀的结果是什么呢？结果使得这个光波长在拉长，所以波长就变长了，也就是我们要看远处的星系，它的光发出来发到我们看见的时候，已经隔到了好长时间了。所以我们就可以看到，远的星系发出来的光相当于波长要变长的，我们完全可以看，这个光的波长变长，就可以知道它的距离，知道宇宙在膨胀。它的光变红了，波长就变长了，那么距离就越远了，这是我们可以看到的。

宇宙膨胀导致的红移

哈勃发现：$Z=\dfrac{\lambda-\lambda}{\lambda}\approx(H_0/c)r\Rightarrow v=H_0r$

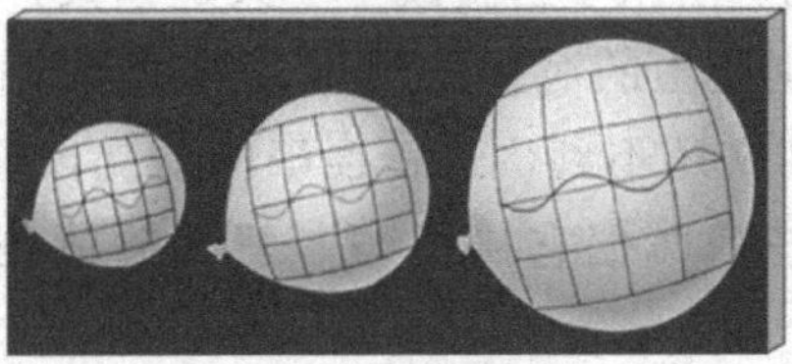

图 7　宇宙膨胀导致的红移动

我们来看图 8，这就是宇宙膨胀的示意图，这个横轴表示时间，这尺度是增大了，再后来更大了，早期宇宙是比较小的，这就是宇宙的膨胀，那么宇宙膨胀告诉了我们什么事情？靠光的颜色可以判断宇宙在膨胀，明天这个宇宙要比今天的大一点，今天的比昨天的大一点，前天的宇宙就更小一点，那么继续往前推的话，终于有一个时间的宇宙是刚刚诞生。根据刚才对宇宙膨胀的观测，宇宙一定是有诞生的，这个不稀奇，因为所有的东西都有诞生的，太阳有诞生，地球也有诞生，那么宇宙也有一个诞生的时候。宇宙诞生在什么情况下呢？如果宇宙的密度很大，温度很高，那么这个时候的宇宙很年轻，衡量宇宙的年龄就是看它的温度、密度。宇宙温度很大，那么就是很年轻。今天宇宙的年龄有多大呢？我们可以知道今天宇宙的年龄是 137 亿岁。我们知道地球的年龄差不多是 40 亿～50 亿岁，而宇宙是 137 亿岁，这个宇宙的变化我们可以通过天文观测来得到。我们每个人都生活在这个地球上，地球只是太阳系的一个行星，这个行星很普通，太阳也很普通，在整个宇宙里面占很小地方。人居然可以来研究整个宇宙，这很神奇。

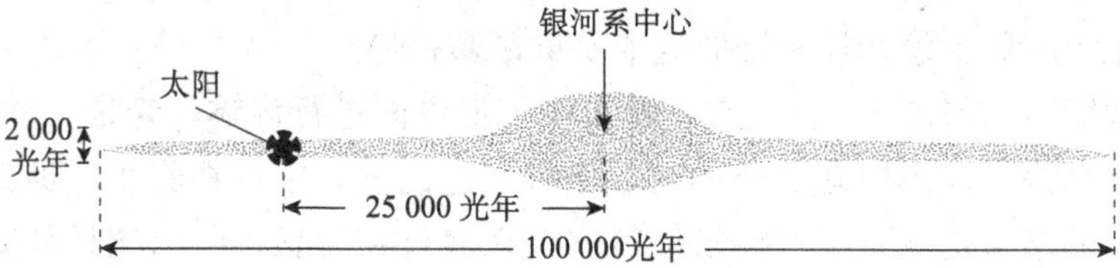

图 8　宇宙膨胀示意图

我们来看一看我们具体都得到了什么东西。人类认识了这个宇宙，我们知道了它的年龄，年轻的时候是什么样，年老的时候是什么样，我们都可以用一些方法把它点出来，而且也可以进行测量。那么我们看一看科技工作者具体是怎么干的，又是怎么来证明这些事情的。从当代角度我们可以知道，宇宙实际上是大爆炸形成的。宇宙开始的时候很小、密度很大、温度很高，后来宇宙变成了今天这么大，我们怎么证明呢？我们可以做到宇宙刚诞生的时候的温度，然后逐渐变化，温度下降，下降到今天的 3 开尔文还不到，这一连串的变化，整个宇宙的变化过程，我们可以用一些东西把它搞清楚，怎么搞清楚，下面我们来看一看。

宇宙诞生在高温、高密的状态下，怎么研究呢？事实上一个人是没有本事研究出来的，但是现在我们的人很多，比如说，有的人是研究高温物理的，就是温度很高的时候，它的高能量的物理；还有一些物理学家专门研究低温物理；天文物理学也是研究这些的。宇宙是从很高的温度一直演化到今天的温度，研究这个变化过程时，虽然我们不能把人放回到 1 亿年以前或者百亿以前年，但是在实验室里我们可以做高温物理，温度很高，这个时候反映的就是整个宇宙早期的情况。事实上，我们有这么多人，每人研究一个年龄段，那么我们可以把整个宇宙的情况研究清楚。实际上，宇宙从高温到低温这个过程中各种各样的状态，这个状态人都可以做到。表 1 中就是具体的每一段的数据，我们来看看。比如说，宇宙温度很高，10 的 32 次方这个温度很高，宇宙年龄是很小；宇宙的温度是 10 的 9 次方，也就是 10 亿开尔文，这个时候宇宙年龄就是 3 分钟，再往下降，10 亿开尔文降到 3000 开尔文，我们烧炉子也就是这个温度，那么这个时候宇宙的年龄是 38 万岁了。到了今天，宇宙温度是 2.7 开尔文，3 开尔文不到，这个时候宇宙的年龄是 137 亿岁。整个宇宙的变化过程中，不同的年龄有不同的温度。每一段不同的温度有人去研究，我们刚才讲的在 10 亿开尔文这个温度下，10 亿开尔文这个温度相当于地球年龄 3 分钟的时候，你研究 3 分钟的时候，你不可能回到宇宙年龄真的只有 3 分钟的那个时期去，那个时候没有恒星，没有星系，更

表1　宇宙的温度与年龄

温度/开尔文	能量/电子伏特	时间/秒	时代	物理过程
10^{32}	10^{28}	10^{-44}	Planck时代	
10^{23}	10^{24}	10^{-56}	大统一时代	
		$10^{-35,-33}$	暴胀阶段	暴胀过程
10^{13}	10^{0}	10^{-4}	强子时代	
10^{11}	10^{7}	10^{-2}	轻子时代	
10^{10}	10^{1}	1	中嵌子脱耦	中微子脱耦
5×10^{10}	5×10^{5}	5	电子对湮灭	电子对湮灭
10^{9}	10^{6}	3分	核合成时代	轻核素生成
3×10^{10}	0.3	38万年	复合时代	微波背景辐射
		4亿年	第一代恒星生成	再电离
			星系	大尺度结构形成
2.7	3×10^{4}	137亿年	现代	

没有人。但是这个实际温度是人研究的，比如说，氢弹爆炸的温度差不多就是10亿开尔文这个样子，我们研究氢弹的物理规律可以拿过来研究宇宙。10亿开尔文的宇宙，当然是3分钟的情形，我们挑一段来看看这个研究到底研究的是什么东西。当宇宙3000开尔文的时候，宇宙的年龄是38万岁，这个时期是一个什么样的过程。

这个时期发生了什么过程呢？电子和质子结合起来就变成氢原子，氢原子是什么？中间有一个原子核，周围有一个电子绕着转，这个原子是中性的，不带电的，中间质子是带正电的，外头电荷是带负电的，负电和正电就变成中性了。所以宇宙温度在3000开尔文以上时，宇宙里面的东西就是质子、电子，都是带电的，要跟光碰撞发生作用，因为光是电磁波，电场是要跟电作用的，到了3000开尔文以下的时候就变成中性的了，光就不作用了，所以我们来看一看这个宇宙里头光怎么变化的。当宇宙温度降到快3000开尔文的时候，宇宙里面质子和电子碰撞很厉害，要达到平衡；当温度到了3000开尔文以下的时候，这个宇宙就变成中性的，不跟光作用了，所以光就自由自在地在宇宙间走了，这个宇宙在光里面就变成透明的了。所以对于光来讲，宇宙的演化在3000开尔文的时候，上面是透明的；3000开尔文以下是黑的，不透明的。到3000开尔文以下，这个宇宙就变成透明的了，光到前头是变化的，是黑的；一直到3000开尔文的时候，这个光开始不受作用了，因为在3000开尔文以下就变透明了，光在宇宙里头可以到处随便走，没有再变化了，所以到3000开尔文一直往下降的时候，虽然已经降到3开尔文了，但是它的光能没有变，波长在增长，因为宇宙在膨胀。3000开尔文的时候，也就是宇宙在38万岁的时候，这种光留下来留到今天还在，我们就可以对这种光进行测量，进行研究，研究这种光就代表了研究宇宙38万岁时候的情形。

讲到这里，你可能要问了，宇宙从3000开尔文到今天2.7开尔文这个变化的这个过程中，留下来这种光起到什么作用？实际上，起到噪声的作用。噪声我们是可以测量的，比如说，你今天回家后打开电视机，这个电视机如果在没有节目的状态下，你就会在这个屏幕上看到雪花点，听到噪声，乱七八糟的噪声，这个就是跟宇宙3000开尔文是有关系的。我们的电视机屏幕上乱七八糟的这个信号，其中有1%正是宇宙留下来的，你可以回去在电视机中寻找这个东西，很简单。你把这个电视机拆掉，然后再重新组装，重组的最好条件是排除一切干扰，那么你就会看到这个噪声越来越小；当小到1%以后，你再怎么想办法都没有用了，再也不能变小了，因为这个不是环境造成的，而是宇宙38万岁的时候留下来的东西。所以我们可以研究宇宙早期不同时期留下的印记，就像我们考古一样，利用考古文物推算当时的历史条件。那么我们对天文、对宇宙也可以这样，我们完全可以用电视机来研究这个噪声，如果噪声降到1%的时候怎么也降不下去了，那么这个东西就代表了宇宙38万岁时的状态，这个也是很了不起的，你们完全可以去做。如果你们真正做到，把这个东西测出来了，你就可以拿诺贝尔奖。当然，我现在说这个话太迟了，就算你们真正做到的话，诺贝尔奖你们也拿不到了，为什么拿不到呢？因为有人已经拿到了。在你们去做之前，已经有人找到了相当于噪声的1%的情况，并且想尽办法降不下去了。图9展示的就是这两个人，这两位工程师，一个叫 Penzias，一个叫 Wilson。这两个工程师做了一个天线，相当于我们电视机一样的天线，他们两位用这个天线来研究宇宙微波背景辐射。结果这两个人拿到了1978年的诺贝尔物理学奖。所以研究天文不仅仅是拿望远镜去看，还可以用研究噪声的办法。不同的东西用不同方法去做，完全可以得到不同的结果，这些结果看起来很平常，但是意义深重，所以才拿到诺贝尔奖。还有一件很重要的事情，他们把那个天线对着宇宙空间的不同方向去看，结果看到的温度都是差不多。

图9　1978年诺贝尔奖的获得者 Penzias和Wilson

由于这个事情太重要了，于是有许许多多人接着去做。我们来看图10，这是一条直线，这个地方有一点，是约翰·马瑟和乔治·斯穆特两个人做出来的结果，后来其他人做了，许许多多做出来这个点都在这条线上。这条线是理论线，算出来的理论性，所以观测事实跟理论跟实际贴合得非常好，其他人也做到了，这么大的地方各个方向、各个波长都能够测出来，所以又得了2006年的诺贝尔奖，这是第二个诺贝尔奖。他们也照了一张照片，但这次是用卫星测量的，不再是用那个地球上的天线了。卫星测量测出来的图片，颜色不是均匀的，也就是说这个有一点差别，但是差别很小，只有多少呢？只有 10^{-5}，也就是十万分之一的偏差，但这个也是一个大事情。这张照片很重要地表明了 38 万岁的宇宙已经有一点不均匀了，这一点点不均匀长大以后就变成我们今天的恒星星系。两次诺贝尔奖都是测量的宇宙从不透明变成透明。这个变化留给我们今天的东西，是我们周围的电磁波也就是光子。这项成果之所以能两次得到诺贝尔奖，是因为这两次实验对于整个宇宙变化的测量是非常精确的。

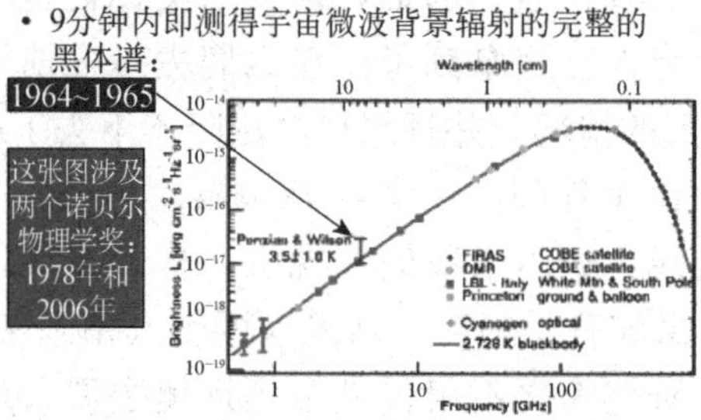

图 10　COBE-FIRAS-成果

后来因为这个成果太重要了，科学家们又进行了改进，改进很多了，使得得到的照片改进为图 11 这个样子，两张照片实际上都是拍的地球 38 万岁时候的同样一张“脸”，只是用不同的仪器去照，也就是用不同照相机照的。我们再来看图 12。左边下排的这张照片看起来像什么？当然是看不清楚的，这个是不是圆球呢？厚厚的这个地方，是一堆白颜色的东西，但是将这张照片照得更精细一点儿的话，那么它所对应的照片就是右边这张，这张照片很明显就可以看出来是一个小萌娃。诺贝尔奖委员会看到这个成果以后，得出的结论是：这项工作做得非常好。

于是在 2006 年将诺贝尔物理学奖颁给了美国科学家约翰·马瑟和乔治·斯穆特，以表彰他们发现了宇宙微波背景辐射物黑体形成和各向异性。大家就奇怪了，照片照得好反而不得诺贝尔奖，照片照得不好的，反而得了诺贝尔奖？我想告诉大家一件事情，这个诺贝尔奖跟大家平时所知道的金奖、银奖完全不同。什么叫金奖？什么叫银奖？金奖质量好，银奖质量其次，铜奖质量更次，但诺贝尔奖从来不是奖给最好的，这一

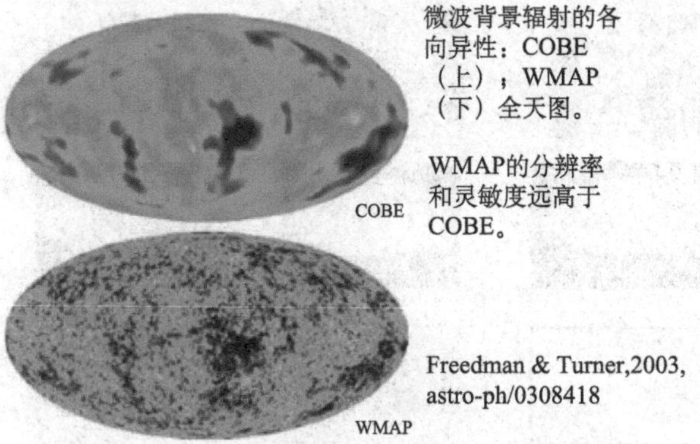

图 11　不同样貌的关于地球 38 万年的照片

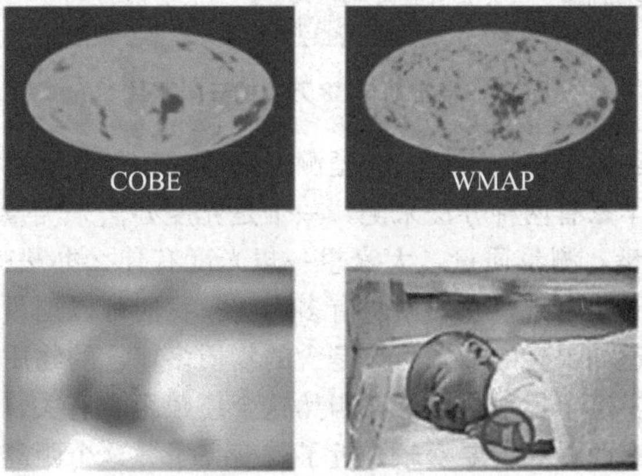

图 12　原创与改进的照片对比

点是我要给大家纠正的，诺贝尔奖不是给最好的，那么奖给谁呢？奖给最早、最原创的，还是刚才那个小萌娃的照片，后面这一张只是改进，而原创是第一张，它已经是照出来是小萌娃了，虽然不像，但肯定是个小萌娃，所以诺贝尔奖是奖给第一张，而不是第二张。所以原创这一点很重要，我们现在搞科研就是提倡原创，后来改进的那个也是成果，但是改进成果不是原创，是得不到诺贝尔奖的。所以我们来看图 13，虽然都是照片，前两张都是拿了诺贝尔奖，最后一张照得最好的却没有拿到诺贝尔奖，也许是为了给一个安慰，拿了一个“邵逸夫奖”，“邵逸夫奖”也就是东方的诺贝尔奖。

刚才讲了宇宙里面的质子，下面讲电子。电子是我们地球人都知道

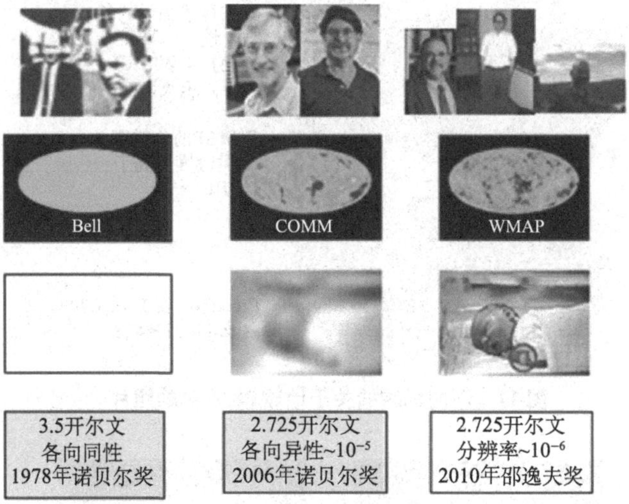

图 13　宇宙幼年 38 万岁的三张照片

的，天文学家还做了一个事情，就是测量物质的质量。那么这个质量怎么测呢？天文学家有两种办法来测，一个是光度办法来测量，还有一种是力学办法测量。测量质量，大家想一想光度有什么办法呢？比如说，老远地方的某一个星系，它的质量有多大呢？我们可以测量它的光亮不亮吗？大家知道如果亮的话，当然是含的物质多，含的物质多的话质量就大，对不对？这个也很自然了。当然这个还跟距离有关，不同距离的话，同样一个东西，远了要变暗，近了就变亮了。这个距离如果校正过来的话，可以用光的办法，你就可以知道亮的就是质量大，暗的就是质量小，把那个距离引进来，可以用光的办法测出。

你也可以不用光学的办法，可以用力学的办法。比如说，两个物体绕着转，如图 14 所示，如果一个物体质量大，绕着转的话万有引力就大了，所以这个速度就不一样，通过速度这种力学的办法也可以得到这个天体的质量。两种办法都可以做到，结果天文学家发现许许多多天体都这个样，但是凡是用力学办法测出来的质量总比光学办法测出来的质量要大，而且可能大得很多，大个十倍什么的，也是司空见惯的，这件事情引起了天文学界的重视，而且也引起了物理学界的重视。为什么所有的物质，所有的天体都是这个样子，用力学办法测的质量都比光学办法测出来的质量要大，而且大得很多，这个说明了什么呢？这个肯定说明了一点，这个宇宙里面除了看得见的物质以外，还有看不见的物质，看不见的物质用力学的办法可以反映出来它质量很大，但是光学的办法看不见、不知道，用光学的办法没法测出那些不发光的天体。这件事情、这个办法最终得出来一个重要结论：宇宙里面除了看得见的物质以外，还有更大量的看不见的物质。地球上的人知道的物质现在都已经比较精确了，知道物质都可以还原为元素周期表里的各种各样的元素，各种各样的元素组成了不同的分子，那么这种看不见的物质是什么呢？如果不是元素周期表的元素所组成的物质，那这种物质又是什么呢？这种物质地球人不知道，但是宇宙里头有，而且还是更大量存在，所以这件事告诉了我们，宇宙里头有很多的物质，除了地球上我们知道的周期表里面的元素组成的全部物质以外，还有新的东西，这个东西至今是不知道，我们叫它暗物质。比如说，天体绕着转，那么不同地方绕着转动的速度是不一样的，我们来看这个远近速度究竟怎么样。通过这个力学速度离开中心远的地方，近的地方，不同地方速度大小不一样的，就能够反映这个中间天体的质量。

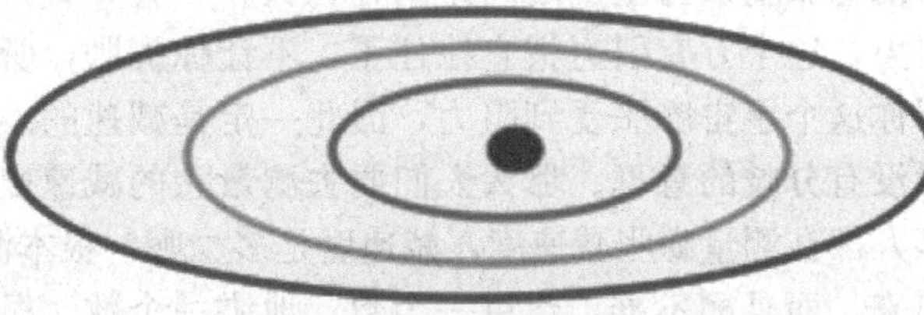

图 14　旋转示意图

我们来看图 14，在这张图里，我们可以看到，图中间是一个星系，星系中间是一块看不见的物质，那么根据看得见的物质给出来的质量，然后在这个质量的万有引力的作用下，不同的地方这个速度用这一条线表示，所以离开中心比较远的地方，这个速度是越来越小，但是实际上你用望远镜去测量，在离开中心不同的距离上，这个速度确实是往上走的，这后面还是比较平的，但是不是下降的，这个实验也从另外一个方面反映了大量暗物质的存在。虽然看不见，但是这个地方也有大量物质，使得速度降了下来。你不能把整个星系里面看成这么一个质量，因为在很大范围内，看不见的暗物质还是大量存在的。图 15 显示的七个星系，不是往上翘，而是下降的。这个都说明了宇宙里面存在大量的暗物质，这些暗物质的性质是很重要的。

另外还有一点，是宇宙的膨胀。我们刚才讲了宇宙膨胀，那宇宙究竟是加速膨胀还是减速膨胀呢？也就是宇宙膨胀的速度是加速的还是减速的呢？当然，所有人都相信宇宙膨胀一定不是等速膨胀，而且也很肯定地说一定是减速膨胀，宇宙膨胀的速度是越来越减小的，为什么越来

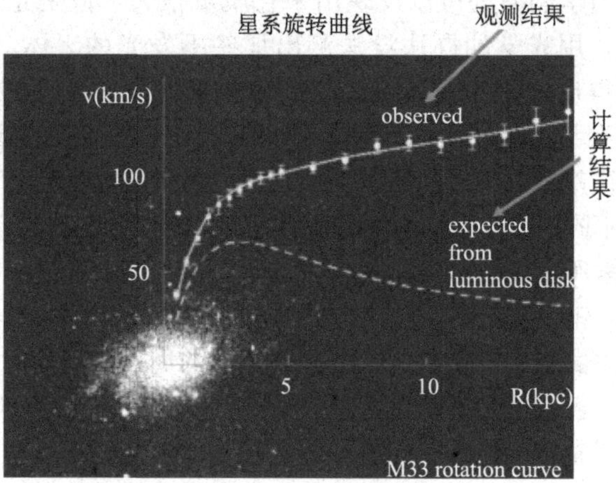

图 15 星系旋转曲线

越减小呢？所谓膨胀星系与星系之间距离在拉大，一直一直拉大，但是有一个万有引力，这个万有引力把它拉住了，不让你膨胀，所以万有引力的存在使得你这个宇宙膨胀受到阻力，因此一定是减速的。这是一个大家都知道，没有分歧的意见。那么人们要去测量它的减速度，结果半个世纪，许多人都在测量膨胀减速度，减速度是多少呢？根本测不出来，不是说测不出来，而是测不准，你讲一个数，他讲一个数，根本统一不起来，五花八门，乱七八糟，半个世纪都得不到结果。

到了十多年前，人们找到了一种星，叫做白矮星超新星，这个白矮星超新星相当于标准的烛光。相当于我有了一个灯泡，这个灯泡是 100 瓦的，肯定是 100 瓦的，我只要认出来因为它是白矮星超新星，我就知道它一定是相当于 100 瓦的灯泡，实际上比 100 瓦大很多了，我只是打个比方。那么 100 瓦的灯泡，你放得远一点的话，就显得暗一点，对不对？因为总的能量是一样的，那么近一点就显得亮一点。人们找到了这种天体就可以把它当成标准烛光来代替，那么放得远一点，它就显得暗一点；放得近一点，它就显得亮一点。所以它可以测距离，也可以测亮度。人们十几年前就找了这种超新星来观测很远的天体，因为超新星是很亮很亮的，很远就可以测量到，所以可以测量远处的天体规律，结果他们发现了很重要的规律。这个规律就是，电子光如果放远一点，它要暗一点，测试出来果然是暗了，但是奇怪的事情不是这个，不是暗一点而是暗得多。这是十多年前有两个组，他们利用超新星观测远处情况时发现，这个宇宙膨胀不是减速膨胀而是加速膨胀，这个发现在当时是非常轰动的。具体的过程可以参考图 16 和图 17。

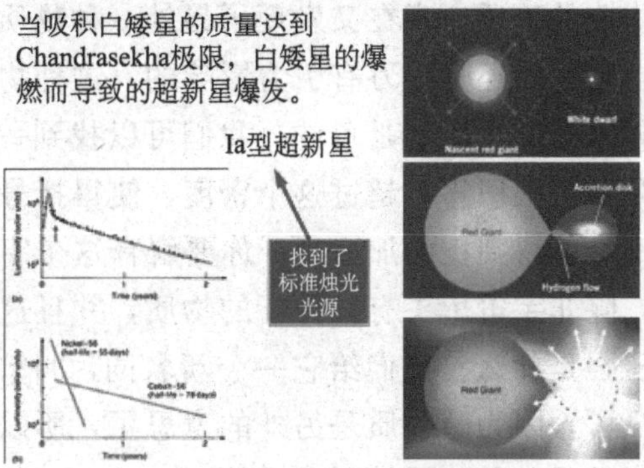

图 16　超新星方法测宇宙膨胀

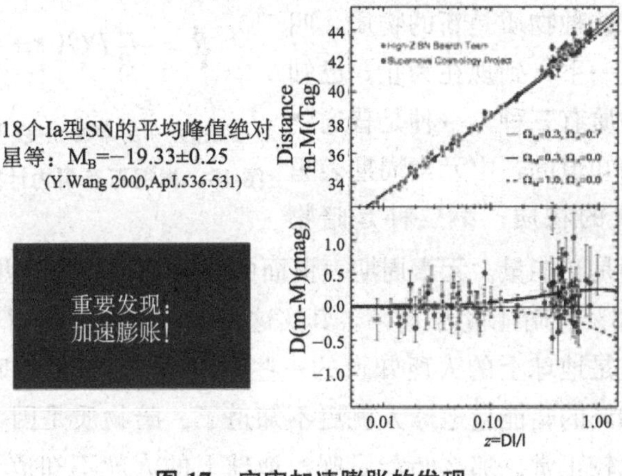

图 17　宇宙加速膨胀的发现

减速膨胀好理解，因为万有引力不让你膨胀，只能是减速了，但是现在观测到的不是减速而是加速，表面不是万有引力而是斥力，这里面有一个斥力的作用，这斥力哪里来？物理学家不知道，天文学家也不知道，那么这个是新的东西，发现新规律了，所以得到了新的结果，如图 18 所示。这个是理论的，根据牛顿定律及爱因斯坦相对论，都得到这个结果，宇宙膨胀理论上只能是减速的，不能是加速的，但是我们现在测出来就是加速的，那么怎么办？人们想出来一个办法，就是除非这个宇宙里头又有一种新的物质。我们刚才已经知道了宇宙里面有两种物质，一种物质是看得见的物质，地球人都知道的物质，也就是元素周期表里面的元素构成的那些物质；后来又发现了暗物质，暗物质不是元素周期表里面那些元素组成的物质。现在又发现了另外一种物质，这个物质不受万有引力影响，暗物质还是受万有引力影响的，这种物质压根不受万有引力的影响。如果是这个压强是负的，我们可以找到一种物质，压强也是负的，而且是负得很厉害，超过这个密度，使得括号里头整个是负的，负负得正，那么就得到正的加速度。你要解释这个宇宙里面的膨胀是加速膨胀的话，除非宇宙里头有一种新的物质，并且这种物质的压强是负的。那么负压强是什么？我们给它一个新名词，叫暗能量，再叫暗物质已经没有意义了，因为暗物质是另外的意思了，所以我们把它叫做暗能量。暗能量也是另外的物质，所以宇宙加速膨胀的发现，表明宇宙里面还有一种物质，这种物质是新的物质，叫暗能量。总结一下，到现在为止，已知的宇宙里的物质有三种，一种是普通物质，就是我们知道的，由元素周期表里面的元素组成的物质；第二种是暗物质；还有一种是暗能量。元素周期表里面的普通物质在宇宙里只占4%，暗物质是占23%，暗能量占73%。其实这个宇宙里面，我们现在知道有三种物质，但是地球上的人所知道的一些只有4%，23%的暗物质地球人不知道，73%的暗能量地球人就更不知道了。暗物质是因为它是有万有引力的，比较正常。那么暗能量呢？地球上的人就不知道了。所以地球上的人看起来好像知道很多物质，发展得非常了不起，但是这个发展全是在4%之内，还有96%的都不知道，这个会是将来很重要的新东西。

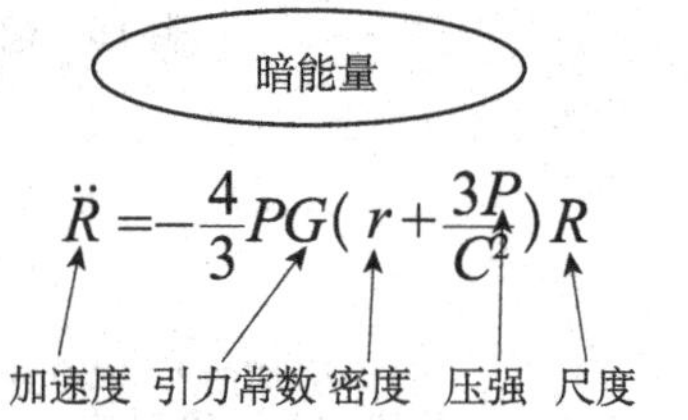

图 18　根据万有引力计算出的结果

天文学跟物理学为人类的科学打开了眼界，告诉大家还有96%的物质等着你们进行研究，这个可是一种新东西，这个新发展是摆在我们面前的。2006年，索尔·普密特、亚当·利斯和布莱·施米兹发现了宇宙加速膨胀，获得了“邵逸夫奖”，奖金是100万美元。2011年，他们又获得了诺贝尔奖，奖金是146万美元。

现在我们来简单小结一下。我们看一下表2，来看看诺贝尔奖的得主分布图。最早是天文学家Bethe在1967年得到了诺贝尔奖，Bethe通过恒星能源理论发现了太阳能，这个不是今天我们讲的太阳能的应用，而是太阳能本身。我们知道诺贝尔奖是 1901 年开创的，到了 1967 年天文学家第一次拿到了这个奖，因为诺贝尔奖没有给天文学的专门奖项，只有物理学奖项，那么天文学家要拿诺贝尔奖，必须拿物理奖，也就是在天文学研究中，你要有物理意义的东西，并且是重要的东西，才可以拿诺贝尔奖。所以从诺贝尔奖设立以后 66 年中，天文学家一个奖也没有拿，到了 1967 年拿了一个，这一拿不得了，1967 年拿了，1970 年又拿了，1974 年又拿了，由此可见天文学的发展速度之快，物理奖天文学家拿的不少，到今天，已经有 18 位天文学家拿到了诺贝尔奖。刚才我们说了，从诺贝尔奖开始的前 66 年里，天文学家没有拿到一个奖，但是后面的 40 年里有 18 个人拿到奖，可见天文学的发展非常了不得。再来看表 3，我们刚才讲的宇宙学，可见宇宙 38 万岁的时候留下来的噪声这些问题以及后来加速膨胀这些问题，让 7 个人拿了诺贝尔奖，宇宙学拿奖 7 个人。恒星理论是 3 个人，脉冲星理论是 3 个人，新窗口的宇宙中微子理论，等等，从得奖情况也可以看到天文学的发展非常快。

表 2　诺贝尔物理学奖分布情况

分类	获奖人	项　目
1967	H. Bethe	核反应理论研究，恒星能源的发展
③ 1970	H. Alfvén	磁流体力学中的基本工作和发现
④ 1974	M. Ryle	综合孔径技术
	A. Herish	脉冲星的发现
④ 1978	A. A. Penzias，R. W. Wilson	宇宙微波背景辐射的发现
⑤ 1983	S. Chandrasekhar	恒性结构与演化的理论研究
	W. A. Fowler	宇宙中化学元素起源的理论和实验研究
⑩ 1993	R. A. Bulse J. H. Taylor	发现一种新类型脉冲星，开辟了引力研究新的途径
⑨ 2002	R. Davis Jr. M. Koshiba	宇宙中微子的观测
	R. Giacconi	宇宙 X 射线源的发现
④ 2006	J. C. Mather G. F. Smoot	宇宙微波背景辐射黑体谱和各向异性的发现
⑤ 2011	S. Perlmtter，A. Riess，B. Schmidt	宇宙加速膨胀的发现

表 3　其余学科的获奖分布情况

分类	获奖人	项　目
恒星	H. Bethe	恒星能源（1967 年）
	S. Chandrasekhar	恒星结构与演化（1983 年）
	W. A. Fowler	元素恒星起源（1983 年）
	A. Hewish	脉冲星（1974 年）
	R. Hulse，J. Taylor	双星脉冲星（1993 年）
脉冲星	A. A. Penzias R. W. Wilson	微波背景辐射的发现（1978 年）
	J. C. Mather G. F. Smoot	微波背景辐射黑体谱与各向异性（2006 年）
	S. Perlmutter B. Schmidt，A. Riess	宇宙加速膨胀的发现（2011 年）
新窗口	H. Alfvén	磁流体力学（1970 年）
	M. Ryle	综合孔径（1974 年）
	R. Davis Jr. M. Koshiba	宇宙中微子（2002 年）
	R. Giacconi	X 射线天文（2002 年）

鉴于天文学的飞速发展，国际上正在酝酿新的发展计划，这个计划叫做“超越爱因斯坦”计划，参见图 19。这个研究涉及好多项目，如哈勃望远镜、大的加速器、大的测量设备等，一整套东西正在发展。目的就是研究宇宙里面的新问题，天文学上的新问题。中国实际上也在做了。图 20 中的 LAMOST 就是一个新建的哈勃望远镜，这是一个很有特色的望远镜，从光学的角度来建的，一次可以观测到 4000 条光谱，国际上还有更高的，美国的因为他们的硬件比较好，已经有相当多的重要成果出来了。

对于科学研究来说，不仅仅要好，而且要快，要原创，第一个做出来，抢先是很重要的。我们中国现在经济已经发展起来了，也有一些钱了，可以有一些大量的投资。在贵州平塘的山里头有一些洼地，这个地方有一个望远镜，就是图 21 中的这个望远镜，它不是光学的，是射线的天线，这个天线直径是 500 米的，是很大的天线，这个天线也是世界上面最大的。还有一个是图 22 所示的硬 X 射线调制望远镜（HXHT），这个卫星大概三年内就会发射升天，它上去之后，也会带着一大批光照的资料下来。南极这个地方大家知道是很冷的地方，但是在这里建天文台是极好的，因为夏天可以连续测三四个月，冬天也可以连续测三四个月。这里的冬天全部是黑夜，也就是说连续三四个月都是夜里，都可以做天文观测，不过这里的冬天很冷的，可以到零下 20 多℃；那么夏天就比较

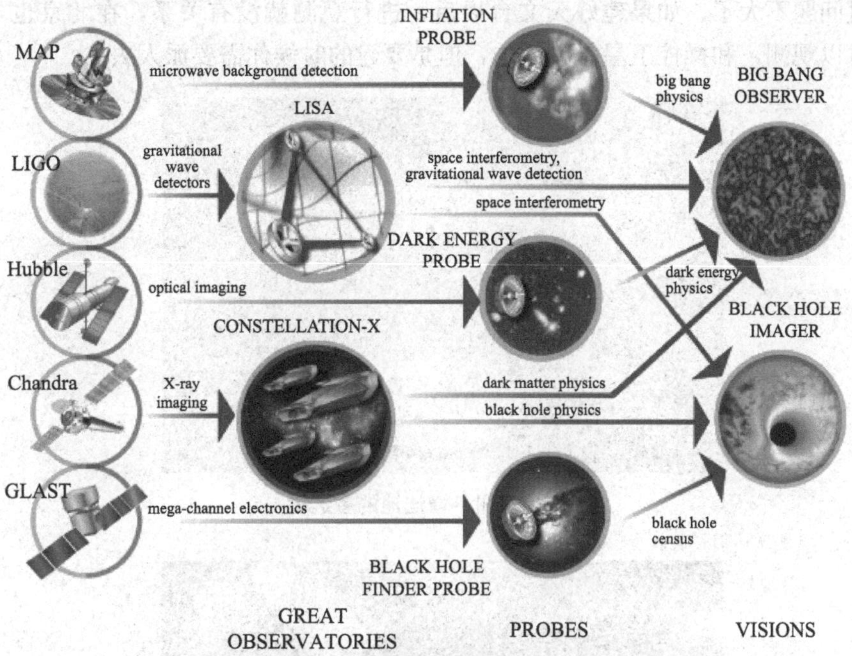

图 19 “超越爱因斯坦”计划

图 20 LAMOST 哈勃望远镜

好了，比较暖和，但是夏天全部是白天，要测量光是不行的。当然南极的夏天也不是很暖和，平均零下 3℃。夏天零下 3℃，冬天零下 20℃，不过问题不大了，如果建好天文台以后，进行观测就没有关系，在北京也可以观测，和操控卫星是一样的，但是要建的时候你需要派人去。

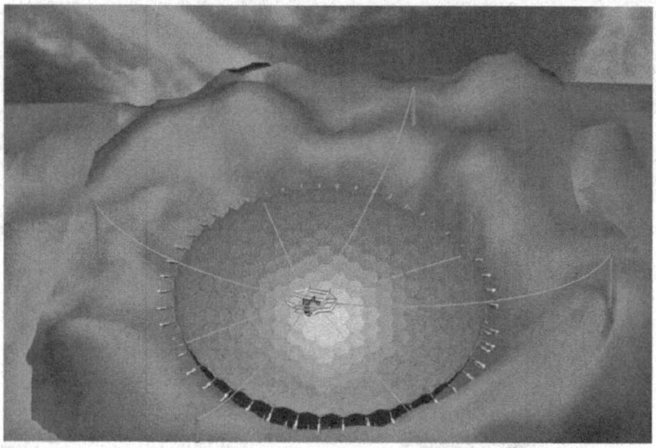

图 21 贵州平塘洼池的望远镜

图 22 硬 X 射线调制望远镜（HXHT）

我们如果把今天科学发展的程度跟 100 年前的科学发展做个比较，也有一个有趣的事。在 19 世纪末那个时候，物理学的发展已经比较快了，当时有一位物理学家名叫 Lord Kelvin，他对当时物理学的发展非常满意，他说，物理已经发展得非常好了，如果你们将来再想研究的物理学的话，大概做不出什么有创新性的东西了，只能把一些物理常数测得更精确一点而已。虽然他说得太悲观了，但是他这个人还是有一点远见的，他看到了两件事情是在物理学上还没有得到解释的，一件是以太，还有一件是黑体谱。他认为，那个时候物理学的上空虽然是一片晴朗，但是远处还有两朵乌云，这两朵乌云还是很值得重视的，所以他还算有远见。实际上，这两朵乌云后来就导致了 20 世纪的物理学大革命，另一朵“乌云”搞出来相对论，另一朵“乌云”搞出来量子力学。相对论是 20 世纪高科技的一个源泉。现在我们可以感觉到又来了两朵“乌云”，一朵“乌云”是暗物质，另一朵“乌云”是暗能量，这两朵“乌云”会不会又爆发出 21 世纪的新革命？所以这件事情非常值得重视和注意，暗能量也许在召唤新的“爱因斯坦时代”的出现。

曾经在一次院士大会上，时任主席胡锦涛同志在讲话中明确地提到了暗物质、暗能量，也就是说我们关于暗物质、暗能量的研究已经得到了中央领导的高度重视。我们再来看一看，物理学家怎么看这件事情。著名物理学家杨振宁先生、李政道先生，他们对暗物质、暗能量是怎么看的？首先来看一看杨振宁先生是怎么说的。他说，所谓暗物质、暗能量就是非常稀奇的事物，这里面我想是可能引出基本物理学中革命性的发展来的，一个年轻人，他觉得自己一生的目的就是要做革命性的发展的话，他应该去学习天文物理学。再看看李先生是怎么说的。他说，科学的最大的挑战，已不仅是那些已知的物质。因为在我们知道的物质之外，还有暗物质、暗能量，所以我们要立足新的基础科学前沿，一定要将小的与大的联系起来，这个方法可称为“整体统一”。“整体统一”的科学方法，应该是 21 世纪最重要的科学方法。这是李政道先生的观点。

不管是李先生也好，杨先生也好，他们对暗物质、暗能量都给予了高度的重视，所以说暗物质、暗能量很值得年轻人去重视，去发展。刚才说暗物质和暗能量正在召唤新的爱因斯坦，新的爱因斯坦将会出现在年轻人中间。大家不要以为爱因斯坦这个人很聪明，并不是。我也可以讲一讲，爱因斯坦这个人在年轻的时候很笨，而且笨得出奇。有一次，爱因斯坦的父亲去爱因斯坦的中学请教老师，有一位老师接待了他。爱因斯坦的父亲问这位老师，他的儿子将来做什么工作好，想听听这位老师的意见。这位老师就说了一句话，这个老师说，你的儿子将来搞什么都可以，都不会有出息的。这句话现在变成一句名言了，本来不说这句话的话，这位老师就不出名了，说了这句话他倒出名了。不过也说明了一点，不要认为爱因斯坦这个人脑子很笨就不能大成，大家知道，就现在来讲，爱因斯坦几乎是神话了，没有任何一个人敢于把自己的工作跟爱因斯坦对比，但是爱因斯坦年轻的时候并不很聪明，他本人对自己也有一个评价。有人问他："你怎么想出空间和时间这个问题的?"他说，那是因为我笨，因为空间、时间的问题，在别人还是小孩子的时候都已经懂了什么叫时间，什么叫空间，但是我特别笨，笨到我小时候搞不清楚，一定到年纪大了以后，才来想这个时间和空间的问题，结果就想出来这个东西来了。他是这么说的，所以他也承认自己年轻时很笨。今天的年轻人不管怎么样，将来都有可能会成功，注意培养人才，自己去奋斗，将来一定会搞出名堂来。

中国天文学在南极

崔向群

中国科学院院士，中国科学院国家天文台南京天文光学技术研究所研究员，第三世界科学院院士。1951 年 12 月生于重庆市万州，籍贯山东博兴。1975 年毕业于南京理工大学光学仪器专业，于 1982 年、1995 年先后获中国科学院紫金山天文台硕士、博士学位。曾获国家科技进步奖二等奖、江苏省科技进步奖一等奖、二等奖等。

Cui Xiangqun

崔向群

一、天文学——观测和研究宇宙的科学

大家知道天文学是一门观测的科学，是研究宇宙和天体的科学。从几千年前我们的古代祖先开始，他们就用肉眼观测天文，记录天上的一些现象，如超新星、日食、月食等天象，中国是有天文记录最早的国家。大家也知道，我们著名的爱国诗人屈原在他的那个时代，就有著名的著作《天问》，里面提出了很多的问题。就是说，我们人类总是在想怎么了解我们周围的世界，了解我们这个宇宙，了解我们人类在宇宙里面是怎样的位置。那么我们要观测宇宙，了解这个宇宙，这个世界，我们的工具是什么？在伽利略之前我们靠的都是肉眼观测。

因为天空污染，我们每一个住在城市里的人都看不到几颗天上的星星了。但是我们小的时候，像我小时候，晚上乘凉看得到银河，看得到很多星星。那么我们肉眼能够观测到的星星大概有多少？大约 6000 颗。400 多年前伽利略开始利用望远镜观测天空，人类突破了肉眼的限制，开启了现代天文学的发展历程。

当时伽利略自己做了一个望远镜，他用这个望远镜对向天空，就发现许多我们眼睛看不到的现象：银河是由很多星星组成的；木星也有卫星（不只是我们地球有卫星）；金星也像月亮一样有圆缺；太阳黑子是在太阳表面，太阳有自传，……利用望远镜他看到了很多，把我们人类的眼界，推向了更远更深的太阳系。所以我们说望远镜的应用标志着现代天文学的诞生。为了纪念伽利略首次用望远镜进行天文观测 400 年，2009 年被联合国教科文组织命名为国际天文年。

我们知道，天文研究对观测的要求简单来说就是希望看得越来越深远，越来越清楚。那么，要想将看到越来越深远，越来越清楚的天体重要的是什么？就是观测工具。望远镜是我们人类观测宇宙的工具，是我

们眼睛的延伸。望远镜能够扩展我们眼睛接受来自天体的光能量的能力和提高分辨细节的能力。我们眼睛的瞳孔在晚上最多只有 8 毫米左右，它接收的光能量有限，分辨天体的细节能力（可用分辨两点的距离表示）也是有限的。望远镜的孔径比人眼瞳孔大，就相当于把我们的瞳孔放大。随着望远镜口径不断增加，如从 8 毫米到 60 毫米，到 200 毫米，到 2000 毫米，我们就会看得越来越清楚，也就是能看到更暗的天体，更多的细节。

这里有个著名的例子，刚才讲到伽利略用了 30 多毫米的望远镜，使我们能够看到很多肉眼看不到的东西。而著名的音乐家、天文学家赫歇尔，他用自己制作的 122 厘米望远镜来观测，更大的望远镜口径能看到更多银河系里的东西，将人类的眼界扩展到了银河系，所以称他是银河系天文学的开拓者。

更有著名天文学家哈勃（哈勃望远镜就是用他的名字命名的），用 2.5 米口径的望远镜观测，发现了原来我们看到的银河系里的一团东西并不属于银河系，而是银河系外面的星系——仙女座大星云。这说明什么呢？说明银河系外面还有星系，让我们知道的宇宙更大了。他最重要的贡献是发现星系谱线的红移，即发现宇宙是在膨胀。因此他的贡献是非常伟大的。

我们说望远镜是观测宇宙的工具，美国在“新千年天文计划”里把望远镜称作时间机器。可以理解为什么叫时间机器，因为我们使用的望远镜越大，我们看得就越远，即我们就能看到更早期的宇宙，这不就是时间机器吗？看得越深远越精细，就越能够研究了解宇宙更早的情况。简单形象地概括天文也是一个大考古，如果能够观测到一百亿年前发出的现在到达地球的光，我们就能获得一百亿年前宇宙的结构和组成信息。如恒星是如何形成的，恒星怎么组成星系？还有我们的生命起源，如太阳系以外有没有生命？太阳系外有没有和地球条件一样的行星？从这个角度来看，称望远镜为时间机器是有道理的。

随着观测手段的迅速发展，其趋势是要看的更加遥远，去探索宇宙起源、恒星形成、星系形成，这需要追求更大的集光能力和分辨率，要求望远镜口径越来越大。现进入到精确宇宙学研究的时代，即对宇宙的大尺度结构，研究暗物质、暗能量、黑洞是什么可以做定量的高精度测量。人类观测到银河系中心是黑洞，我们的银河系外还有上千亿个星系（河外星系），即不止是只有一个仙女座大星云是河外星系。通过哈勃望远镜观测，知道这些河外星系中心都有黑洞。那么这些星星怎么会聚在一起变成一个星系的呢？还有宇宙中生命的起源，太阳系以外行星的探测，都要追求更高的分辨率，即能看得更精细。

另外天文研究还要求全电磁波段都能观测，因为宇宙中天体在不同形成时期发出不仅是我们眼睛能够看到的光（可见光），还有人看不见的无线电波段、毫米波亚毫米波、红外线，还有紫外线、X 射线，γ 射线等，这些我们都希望要进行观测。由于大气吸收，有很多波段的电磁波段在地面不能观测，特别是紫外线、X 射线，γ 射线和部分红外波段，我们就要想办法克服大气障碍。一方面努力在地球上寻找更好的安放望远镜的观测地点（台址），因为有了更好观测地点，就能够有更多的电磁波透过，甚至有更多的窗口（观测波段）。望远镜的口径越来越大，对地面天文观测台址要求也更高。另一方面人们通过空间技术的进步将望远镜和仪器发射到太空进行天文观测。人类很早就开始了可见光波段的天文观测。直到上个世纪三、四十年代，随着无线电技术的发展，又进入到射电天文观测的时代。上世纪后半叶，人类又开始进入空间天文观测的时代。从此，现代天文学进入到全电磁波段观测和研究的阶段。图 1 是全电磁波段。我们大家看到从无线电波，一直到红外，到紫外，到 X 射线，到 γ 射线。我们知道医院里面去做手术有 γ 刀，还有做透视检测的时候用到 X 射线，这个都是大家熟悉的。但是紫外线、X 射线、γ 射线全部被大气吸收了，我们在地面是看不见的，红外波、毫米波和亚毫米波，也被大气挡住了，我们在地球上看不见，要发射望远镜到太空才能观测。我们能在地面上接收的就是射电（即无线电波），包括毫米波，当然还有可见光和部分红外线。

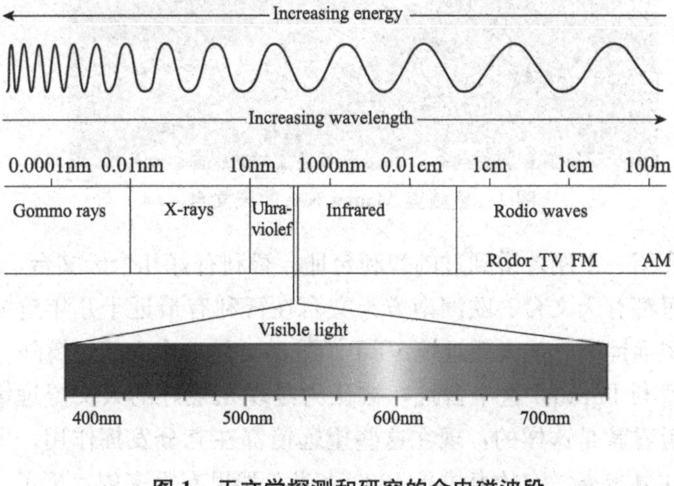

图 1　天文学探测和研究的全电磁波段

我在这里向大家介绍一下天文台。我们中国也有几个天文台，但是全世界目前最好的天文台在哪里呢？美国的夏威夷由八个岛组成，其中有一个最大的岛，这个岛上有一个死火山口，海拔 4000 多米，这个地点叫 Mauna Kea，这个天文台是目前大家公认的最好的天文台之一（图 2）。还有一个是在南美洲的智利。智利的版图是一个像带子一样的长条。现在欧洲、美国都在智利建天文台。在智利的 La Silla，Paranal，是国际著名的欧洲南方天文台（ESO）。另一个国际上较好的天文台址是在摩洛哥的西面，西班牙的 Canary 群岛（台湾的女作家三毛，她写的她的经历就是在那边有一个叫 Canary 的群岛）。其中一个 La Palma 岛，一个很小的岛，也是在岛上的死火山口附近建造的天文台。这几个天文台的特点都是在海岛上的山上，或在西海岸附近的山上，都很高，云一般都在它下面。亚洲和我们中国国内也在找合适的台址。比如我们现在青藏高原选址多年，已有希望找到比较的台址。特别要提的是近些年国际天文界在南极选址，目前认为南极内陆冰盖高原大概是地球上最好的台址。

图 2　夏威夷 Mauna Kea 的天文台

我先介绍一下刚才讲到过的智利台址。智利有好几个天文台，美国、欧洲在那里都有天文台。欧洲南方天文台在智利有最近十几年建成的四架 8 米级望远镜——甚大望远镜 VLT（图 3）。是一个大望远镜阵。VLT 被安放在智利 Paranal 这个台址，被认为是现在最好的天文望远镜。这个望远镜近看就是这样的，现在这些望远镜都在充分发挥作用。另外一个天文台在夏威夷，它的海拔是 4000 多米，那里有很多望远镜了，包括

8 米、10 米的望远镜已经有好几架了。两架有名的 10 米的 Keck 望远镜，可能天文爱好者都知道。Keck 望远镜就是这个样子（图 4）。这些 8 米—10 米望远镜都出了很多科学成果。近些年人们注意到南极内陆的冰盖高原作为天文台址的可能性。南极内陆冰盖高原最厚的部分大概有 3000 米厚的冰，都是几千万年甚至多少亿年慢慢形成的。现在国际上天文界选址发现，南极高原可能是地球上最好的台址。图 5 是南极的地图，大家看这是南极，刚才我讲的南极内陆冰盖高原就是在里面这一块。这是冰穹 C，现在是法国和意大利在那里建了科考站。这是南极点，是美国在那里建立的科考站。这是冰穹 A。

图 3　4×8 米 VLT 望远镜

图 4　2×10 米 Keck 望远镜

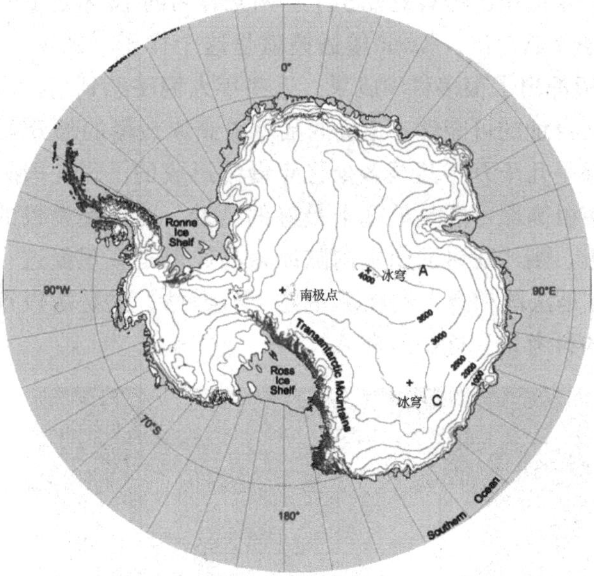

图 5 南极内陆冰盖高原冰穹 A——地球上最好的天文台址

我下面要讲的就是冰穹 A，是我们中国科考队最早到达的，并且现在只有中国在那里建立了科考站。我们中国的天文学家也抓住这个机会及时在冰穹 A 开展天文观测。这里条件得天独厚，很可能可以做出很好的成绩。讲到南极，大家马上就会想，不得了，我们以前看到电影里面、电视里面南极都是狂风暴雪，都是很危险的。大风、大暴雪，这样天文怎么在那里观测呢？其实南极内陆高原是完全不同，那里非常安静，风比较温和，也没有暴风雪，只有小雪。它海拔 3000～4000 米，比较高。特点之一是干燥，可能是目前在地球上能够找到最干燥的地方，比刚才我讲的智利、夏威夷，还要干燥得多，这对红外、太赫兹和亚毫米波的观测非常重要。另外那里温度很低，我们大家知道南极是很冷的。在南极大陆边缘如中山站、长城站，在夏天没有低于零下多少摄氏度，好像看起来还挺好的，只是冬天是比较冷。但是在冰穹 A 最冷可以接近零下 90℃。科考队员去冰穹 A 是在最热的时候，是零下三十几摄氏度，也相当于我国黑龙江最冷的时候。那里风小，比较温和，为南极为天文观测也提供了独特条件。我前面讲到，因为大气的湍流，我们看到的星星都是在闪烁的，在地面不易得到天体清晰的像。但在南极内陆冰盖的气流扰动就比较小，可以说是地球上最好大气宁静度（视宁度）的地方，也就是能够看到的星星最清楚，即同样的望远镜在那里应该能看到更清楚的星象。天文很早就开始放气球到南极上空观测。现在在南极仍有不少气球观测，因为那里的风（气流）很适合气球飞行。大量的纯冰，稳定可靠的平台，提供了卓越的中微子望远镜观测条件，这个也是南极的优越条件。另外它高的地磁纬度提供了独一无二的宇宙射线监测条件。这些都是南极有利于做科学研究的天文观测条件，这是国际专家评论的。

图 6 是在南极内陆高原测量的风速情况，年平均风速大约是 2～3 米/秒。比如说，你开汽车，开每小时 40 英里（64 公里）的速度时感受的风都比那里平均风速要大约 8 倍，所以那里的风是很温和的。另外那里大气扰动小，也就是你到那里，看起来星星不怎么闪烁了，星象就会比较清楚，这是南极内陆冰盖对光学天文观测最有吸引力的地方（图 6）。因此说南极对天文观测提供了地球上独特的条件。

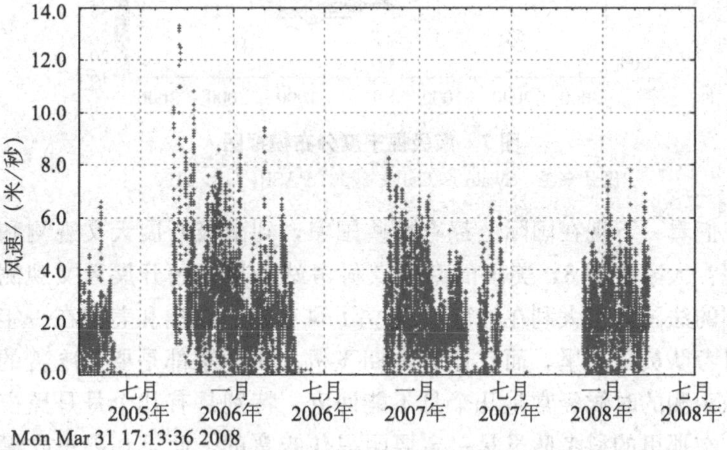

图 6　南极冰穹 C 的风速条件

图片来源：Michael Burton

图 7 是通过卫星观测和国际上的科学家模拟出来的整个南极的视宁度分布图（图 7），视宁度就是大气扰动，影响最小的地方是哪里？这里是冰穹 A，这是冰穹 C，这里是冰穹 F，美国南极点的视宁度不是很好的。冰穹 A 是蓝颜色，也就是最小的值就是最好的。对地球上视宁度好的地点，天文学家当然就感兴趣了。2005 年我们一听说我们中国的科考队首次要穿越冰穹 A，就非常兴奋，就积极地准备，抓住这个机遇在南

极冰穹 A 开展天文观测。在国家极地办和中国极地中心的支持下，我国在第二次穿越冰穹 A 时，就派天文科考队员参加，将我们研制的光学望远镜“中国之星（CSTAR)”，和一批国际合作的天文选址观测仪器安装在那里开始选址测量和天文观测。

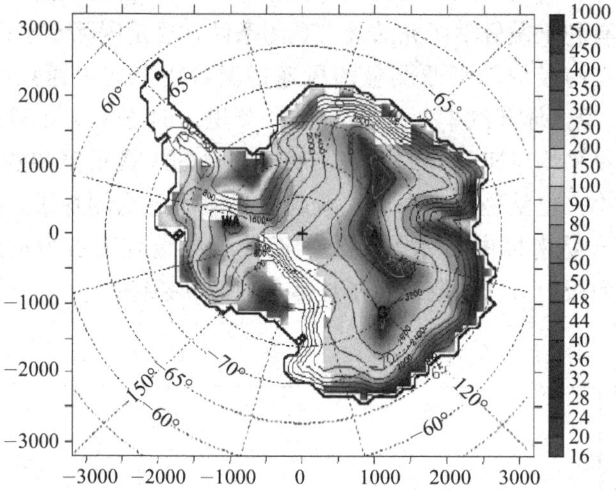

图 7　南极视宁度分布模拟图

图片来源：Swain & Gallee 2006，PASP，118，1190

我们看一下现在国际上都有哪些国家，到南极开展天文观测和科学研究呢？大家看图 8，美国的南极点科考站最早开始开展天文观测。另外欧洲的法国和意大利在冰穹 C 建立了科考站。欧洲和美国在一年四季都有科考队员在那里，而且还有定期飞机。科学家都是要能吃苦的，在那里做观测的时候经常是几个月不能回家。特别是有几个月是黑夜没有太阳。在那里的科考队员是一定要耐得住寂寞的，而且在那里吃罐头特别多，比较艰苦。现在还好些，有网络、卫星电话。这次我们参加南极国际会议，散会的时候都说“下次南极见”，好像都是经常去南极（很遗憾，我从来没有去过南极，因为我年龄太大了，不可能让我去了）。他们都是经常在这些地方做观测，做科研，几个月不回家。南极的夏天就是我们冬天，因为我们在北半球，大家是知道的。2009 年初我国在南极冰盖冰穹 A 建成了第一个中国南极内陆科考站一昆仑站，为我国在冰穹 A 开展南极天文观测创造条件，但仅是夏季科考站，还不是像美国在南极点和欧洲在冰穹 C 那样是终年可以住人的科考站。

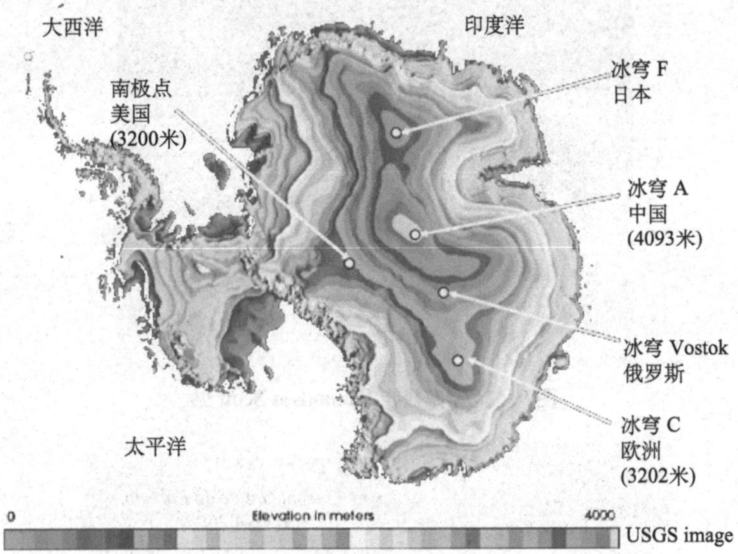

图 8　南极区域国际态势

先介绍一下南极点的美国科考站。美国比较发达，科学走到在前面，最先在南极点建立科考站。美国已经在南极点做天文观测和科学研究了，有一个 10 米口径的毫米/亚毫米波望远镜（SPT），通过观测宇宙微波背景辐射和遥远的星系团来研究暗能量。美国在南极点还建立了立方公里的中微子望远镜 IceCube。图 9 是该南极站的照片。冰穹 C 有法国和意大利的科考站，它们已经研制了一个 80 厘米口径的中红外望远镜，比我们的第一个小望远镜到冰穹 A 还要早，但是到现在还没有开始用。另外，它们在讨论设计 2.4 米光学/红外望远镜 PILOT，据说现在暂停下来了。图 10 是法国和意大利科考站，建筑有几层楼高。那里放了一些观测仪器。图中的天文光学干涉仪 Alladin 是假想图，还没有实现。

冰穹 F 是日本的科考站，他们那儿已经进行了台址考察，并已经在建一个 40 厘米红外望远镜，即将试观测。计划今年夏天（也就是我们北半球的冬天）一月份他们去的时候就应该观测了，但据说还没有，可能要再等一年。图 11 是日本在冰穹 F 的科考站，也有一些科考仪器。图 12 是日本的 40 厘米红外望远镜在调试的照片。图 13 是他们在冰穹 F 的气象站。我们国家科考队员也与他们有国际合作，也参加在那里的科学考察。

图 9 美国南极点 Amundsen-Scott 站

图 10 法国意大利在南极冰穹 C 的 Concordia 站

图片来源：Michael Burton

图 11 位于冰穹 F 的日本科考站

图 12 40 厘米红外望远镜

图 13 位于冰穹 F 的日本科考站

图片来源：李院生

二、中国南极天文

这里的中国南极天文指在南极内陆冰盖开展的天文观测和研究。也就是在刚才我讲到的冰穹 A 的中国昆仑站。冰穹 A 是在内陆冰盖高原的最高点，冰盖的深度也是最深的。2005 年，我们国家科考队首先到达 4093 米高的南极冰盖最高点冰穹 A。高度 4093 米也是那次科考测出来的。它是一个 60 千米长、15 千米宽的一个平台，即一个很高的冰山上面的一个平台。这个地形是非常好的。比如说要放置很大的观测仪器阵，应是很方便的。这个平台很平，高低差大概只有 1 米。听科考队长李院生老师说，为了测这个最高点，他们要测好多个位置来计算。我们当时

（2006 年）参加的是国际极地年的中国计划，即“熊猫计划”，其中包括很多科考内容，包括钻冰芯的冰川学考察，因为这个地方冰层很厚。钻冰芯钻下去多少米，就钻到某个年代结的冰进行研究，甚至钻到还没有人类的时候结的冰。冰取出来之后，可以分析出来那个时代的气候、生物、宇宙射线等等。昆仑站首先为钻冰芯的科考计划建的，即为做冰川的研究，而不是为天文观测建的。2009 年建立的昆仑站是我国第一个南极内陆科考站。在准备建站的 2008 年初，我们天文学家参加科考将 4 架口径 14.5 厘米的望远镜阵 CSTAR，即“中国之星”，运到冰穹 A，并安装在那里了。今年（2012 年）一月份，我们又将第一架通光口径 50 厘米、主镜 68 厘米的大视场巡天光学望远镜（AST3-1）安装在冰穹 A。这架望远镜可以跟踪天体，通过卫星遥控的自动控制。AST3-1 在今年运行了 100 多天，并且开展了大量台址测量工作。

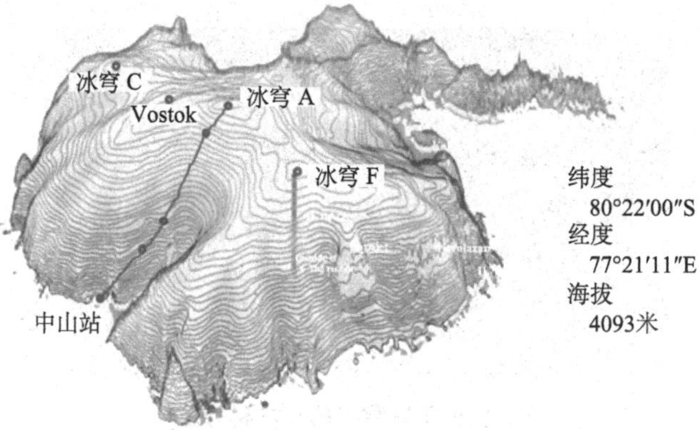

图 14　冰穹 A（Dome A）——南极冰盖的最高点

我们再看一下南极这个地形图（图 14），冰穹 A 是冰盖最高的点。冰穹 A 位于南纬 80 度 22 分，东经 21 分 11 秒，海拔是 4093 米。我们说李院生老师是英雄，他带着科考队为了做冰川研究，不怕苦，不怕风险，多次穿越冰穹 A，他现在是全国劳动模范，这个是当之无愧的。他们要需要乘“雪龙”号破冰船（图 15）到中山站，再从中山站开着雪地车（一种像拖拉机或者坦克一样的车），拉着雪橇上去的。

图 16 是中山站，中山站离海边不远，乘着破冰船到了结冰的南极海岸，还要再专门运输到中山站。这一段也是很难的，因为冰经常是浮冰，弄不好就掉下去了。重的东西要用直升机来吊。据说有一次南极科考，

图 15 “雪龙”号破冰船

吊雪地车下船的时候，不小心都掉到海里面去了，幸亏那个驾驶员很机智敏捷地跳出来了，没有造成人员伤亡。所以说很多工作都是很危险的，科学家要不怕苦，还要能够冒险，献身科学的人应该都是这样的。年轻一代感兴趣搞科学研究的人，当然也要有这种精神，只有有这种精神，才能献身科学，才能为人类探索自然做出自己的贡献。我国科考队从中山站这里到冰穹 A，花了多少时间才达到那里呢？第一次是 1996 年，1996 年年底 1997 年初，走到第一个画圈（图 17）这个地方就回去了，就是探路了，因为不知道这个路上有多少风险，这个要一点一点地探了。第二年就是走到第二个圆圈处，然后第三年就基本上快到冰穹 A 了。李院生老师他们把这个路探出来，一路上用标杆标出来，哪里有冰缝，哪里有什么危险，全部标下来了，那么下次的时候，就找得到了，知道这条路了。最后 2004/2005 年一月份终于在世界上首次到达冰穹 A。

我们中国人首先到达冰穹 A，对于我们来讲是非常好的事情，很好的机会。从中山站到冰穹 A 整个全程大概是 1300 千米。2004 年 12 月 12 日由中山站出发，到 2005 年 1 月 10 日到（图 18）。这个路上当然每天只能走一点，每天还有很多情况发生了，雪地车坏了，或者是遇到一大堆雪把车堵住了，开不动，还是要挖什么的，听他们讲得都很生动和令人感动。去科考的人都知道，有的路看起来是很好走的，有的还是不好的，不是很容易走的。所以你看他们从中山站到冰穹 A 走了快一个月。当然现在越来越快了，因为路熟了。图 19 是首次到达的科考队员，他们首先在这里挂上五星红旗，他们用一个油桶堆了柱子，上面装一个旗杆。

图 16　南极中山站

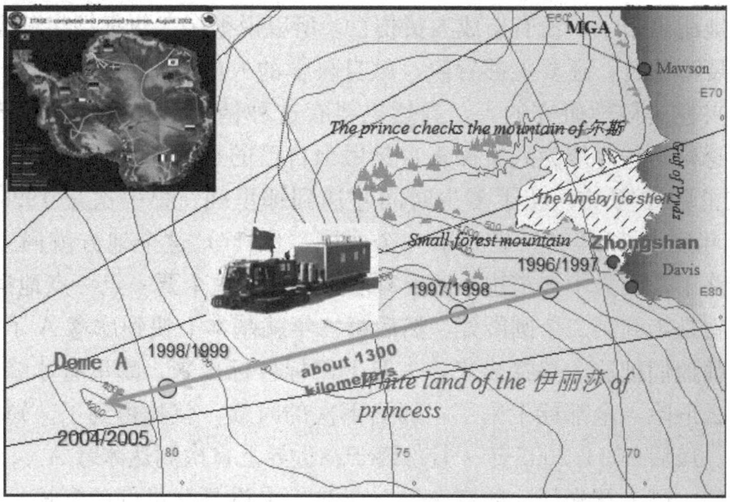

图 17　冰穹 A 路线探索图

中国科考队首次到达冰穹 A 之前，澳大利亚的天文学家告诉我，他们在冰穹 C 进行了天文台选址测量，发现有可能南极内陆冰盖是地球上最好的天文台址，希望我们与他们合作在冰穹 C 建造一架很大的 LAMOST 开展大视场天文观测。我和王力帆教授讲了这件事，他非常感兴趣，我们就开始关注我国穿越南极内陆冰盖，去冰穹 A 的事情，并且在当时 LAMOST 望远镜（世界上最大的大视场光学望远镜，当时在建的中国天文大科学装置）项目的支持下，2005 年举行了南极冰穹 A 和冰穹

图 18　第一次到达冰穹 A 途中

图片来源：李院生

图 19　中国科考队首次到达冰穹 A

图片来源：李院生

C 的天文国际合作会议，发起中国在冰穹 A 的南极天文工作。中国科考队首先到达冰穹 A 并准备在那里建立昆仑站，借这个大好时机，我们中国天文学紧跟而上。2006 年我们成立中国南极天文中心，由中国科学院多个研究所，还有很多大学的天文系，一起成立了中国南极天文中心，开展南极天文工作。

我们积极地开展了国际合作。美国、澳大利亚的大学与我们合作选址观测和天文观测。在第二次穿越到冰穹 A 时，这个就是在国际极地年，天文在冰穹 A 的工作列入了中国的熊猫计划。见图 20，这是雪地车，在开的时候，雪地车除了运科考的东西，还要带雪地车的汽油，还有这一路上的能源，因此运输的工作量是很大的。图 21 是 2008 年 1 月 12 日科考队第二次到达冰穹 A。那次是第一批天文仪器到达冰穹 A，雪地车上是与澳大利亚合作的天文仪器舱，这个绿颜色的箱子是为天文仪器提供能源的发电舱。我们到达那里的第一批天文科考队员是两位：国家天文台的周旭研究员和紫金山天文台的朱镇熹研究员。到了那里就把我们中国南极天文中心各单位和中国科学院的旗帜都打出来。国际上著名的杂志，《自然》和《科学》都给这次中国天文在冰穹 A 做了很突出的报道，引起国际科学界的关注。

图 20 天文仪器在前往冰穹 A 的路途上

图片来源：周旭、朱镇熹

这里我们可以看到，我们第一次就在冰穹 A 安装了这么多天文观测仪器。这些观测仪器有的是与美国合作的，有的是与澳大利亚合作的，有的是我们自己研制的。这些仪器是：冰穹 A 自动天文观测系统 PLATO（包括主控计算机、卫星通讯系统和数据采集设备的仪器舱，提供望远镜和仪器能源的发电舱和太阳能电池板），NIGEL 天光光谱仪，DASLE 声波风速计测量塔，PreHeat 毫米波望远镜，声雷达，以及我们自己研制的小望远镜阵 CSTAR——中国之星。2009、2010 年科考又安装了 FTS 宽波段光谱仪，SHABAR 月光闪烁测量仪。CSTAR 的全称是 Chinese Small Telescope Array，是四个小望远镜装在一个机架上的。CSTAR 是第一架在南极内陆冰盖的无人值守观测的光学天文望远镜。

图 21 第一批天文仪器到达冰穹 A

图片来源：周旭、朱镇熹

我们也是做试验，从最简单的开始，不调焦，不跟踪和指向，到了那儿装好后对着南极点，靠地球自转观测，对不同时刻转过来的星就拍照。这个望远镜最简单，最可靠，最不容易坏，这是第一步的实验。当然我们要一步一步地走，就像发射到太空的仪器，要从简单到功能复杂。

我们用声雷达探测地表大气和高空大气的气流，要测量那里大气扰动的情况。还有这个就是天光光谱仪装在这个仪器舱，这个仪器舱里面我们靠发电维持它的温度保证计算机、电子系统、通信系统能够工作。这个仪器舱上面还装了一个天光光谱仪，装了一个亚毫米波小望远镜来测量毫米波和亚毫米波段的窗口的透过率。

CSTAR 安装之后开始观测的时候，我们那个仪器舱上面有一个摄像头，它会看得到。这个是月光下的 CSTAR（图 22），南极夜晚，没有太阳，有月光，有月光的时候拍下来的都是冰雪，你看我们望远镜上没有结冰雪，因为我们在望远镜的入射镜面上用了电加热融霜薄膜，否则结霜望远镜就不能观测了。这是 2008 年 3 月 20 日 CSTAR 观测到的第一幅照片（图 23）。而且这里也有一个故事，3 月 18 日通过卫星控制开始观测，但什么也看不见，王力帆很着急，从美国打电话给我问什么原因，我估计可能是那个融霜的电源没有开，就建议他通知澳大利亚的天文学家检查一下，因为我想上面结了霜，就像我们眼睛长了白内障一样看不见东西的。经检查发现的确融霜的电源没有开电。当时打开电源将霜融化后，望远镜的 CCD 就拍摄到这么多的星（图 23），而且星象质量都非常好，当时大家非常高兴。这个是探测到的变星的照片（图 24），这些都是可能的变星，说明 CSTAR 可以做天文工作了。

图 22　冰穹 A 月光下的 CSTAR

图片来源：南极天文中心

图 23　CSTAR 拍摄的第一张星空照片

图片来源：商朝晖

声雷达是探测地表和高空大气扰动情况的，是澳大利亚新南威尔士大学研制的仪器与我们合作观测。图 25 是声雷达的探测结果。声雷达测量大气扰动的边界层，即从地面到上空气流扰动（按天文观测要求选定

图 24 CSTAR 探测到的变星位置

图片来源：王力帆

的标准）的高度值。声雷达探测到冰穹 A 最低边界值是 9 米，平均值是 14 米。意思是什么？如要获得很好的观测结果，就要避开地表大气扰动，望远镜就得安装架高到 9 米以上。那么地球上其他台址呢？在夏威夷是多少米？按照这个标准，是约 200 米，但是我们不可能将大型望远镜架上到 200 米高，安装在地面上，观测的星象就会差一点了。在冰穹 C，也是用这个声雷达去测量的，边界层是 30 米。就说明什么呢？要得到同样的观测质量，望远镜需要安装到 30 米高。但是冰穹 A 仅需要安装到大概 14 米高，这是将冰穹 A 作为光学/红外望远镜台址的优势。

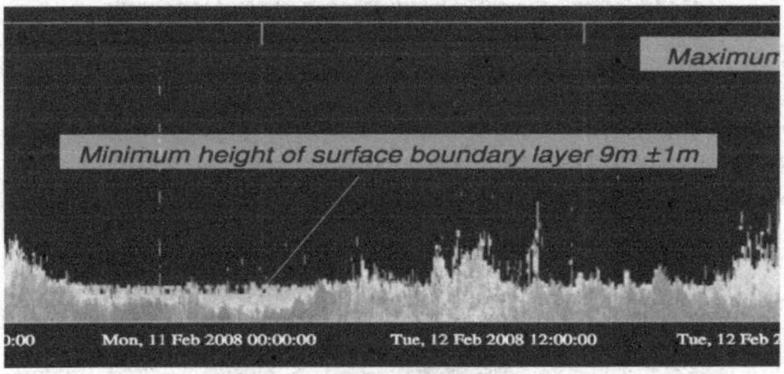

图 25 声雷达探测结果

图片来源：John Storey

图 26 是 Pre-Heat 在冰穹 A 测量的水汽含量。冰穹 A 的水汽含量的

优势是非常高的。图 26 可以看到冰穹 A 水汽含量低于冰穹 C，也低于智利亚毫米波 ALMA 阵的台址好几倍。可为在地球上打开更多的天文观测波段窗口（太赫兹波段）。

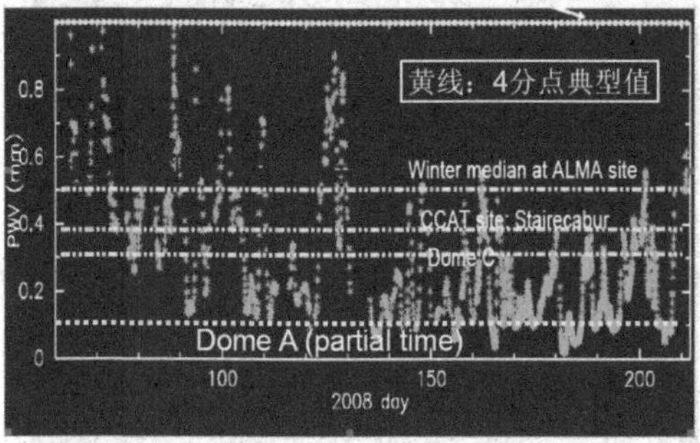

图 26 Pre-Heat 测量的大气可沉降水汽含量测量结果

图片来源：南极天文中心

你们猜一猜那个大拇指后面是什么？（图 27）回答是太阳。我们平常能够用大拇指把太阳挡住周围还是亮得不得了。为什么我们的科考队员用大拇指一挡太阳，太阳就看不到了？说明大气散射很小。大气散射小，对天文观测很好呀。到了太空就没有散射了。

图 28 是 2008/2009 年度那次科考的主要任务是去建昆仑站。你们可看庞大的科考队运输雪橇，从空中拍的，科考队员说就像是一个流动的村庄。2009 年 1 月 27 日昆仑站建成，胡锦涛总书记还发了贺电。图 29 是开站仪式，是我们的科考队员宫雪非拍的，他也在那里很荣幸地参加了这个开站仪式。当然，今后昆仑站的建站还要不断地完善。

图 27 冰穹 A 天空的大气散射小

图片来源：商朝晖、胡中文

图 28　昆仑站建站运输物资

图片来源：宫雪非

图 29　昆仑站建站开站仪式

图片来源：宫雪非

三、南极天文路线图

南极天文建设对我们国家的科学意义是什么呢？刚才已讲了很多，大家可知道，如开辟新的地面观测窗口，在科学上可以有新的发现。冰穹 A 是地球上最好的天文观测台址，我们当然希望在这个有优势的台址，可以做对探索宇宙在国际上有竞争地位的工作，使我们国家在天体物理研究达到国际领先水平。我们是目前最早在南极冰穹 A 安放光学望远镜。刚才讲到过的，从光学红外、太赫兹观测的台址主要参数看，南极点甚至冰穹 C 都没有冰穹 A 好。

我们在南极内陆冰盖开展天文观测和研究，还可为 21 世纪我国战略性的地面天文发展提供长远的全局性的机遇。图 30 是天文学家经常用的宇宙大爆炸的一个演示模型。比如说，这个起始位置是宇宙大爆炸，然后有一个几十万年的黑暗时期，约数亿年后开始形成第一代恒星，形成星系、形成行星，一直到现在的可能是暗能量导致宇宙在加速膨胀的时期。这里面的一些机制、一些本质性的东西是什么呢？正是现在天文学家在研究的。

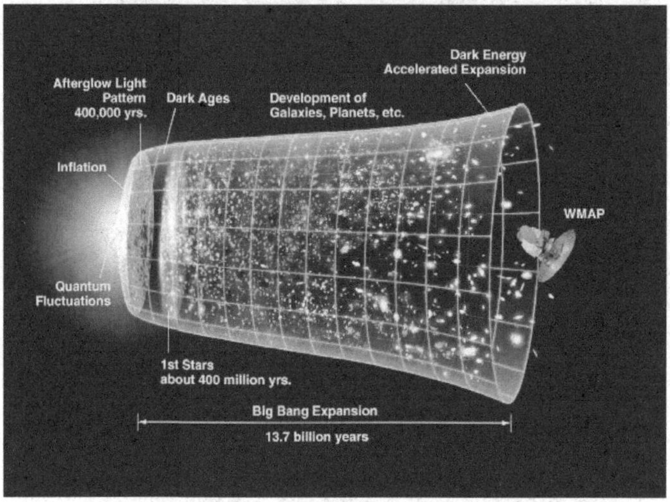

图 30　宇宙大爆炸构想图

研究表明，我们认为是原子分子构成的这种物质，大概在宇宙里面只占 4%。即包括这么多的星系、恒星只占 4%。另外的 26%都是看不见的一种物质，叫暗物质，70%是不知道的一种能量，把它叫做暗能量（图 31）。照理万有引力说物体之间相互吸引。如地球和月亮之间互相有吸引力，宇宙中的天体之间相互的引力应该导致膨胀速度越来越低，怎么会越来越快呢？认为有一种暗能量在起作用。但暗能量是什么？我们还不知道。暗物质究竟是什么？我们也还不清楚。对暗能量、暗物质的研究是目前天体物理学的前沿研究内容。

我们在南极可以做天文学最前沿的工作，包括这些天体物理学很感兴趣的前沿问题："两暗、一黑、三起源"。这是我们天文学家在香山会议讨论开展南极天文研究时归纳出来的。"两暗"指暗物质、暗能量。"一黑"就是黑洞，我们在地球上绕着太阳转，太阳绕着银河系的中心转，研究认为银河系的中心是黑洞。再来看"三起源"，指的是宇宙中生命的起源，即在宇宙中生命是怎么产生的呢？另外究竟地球是不是孤独

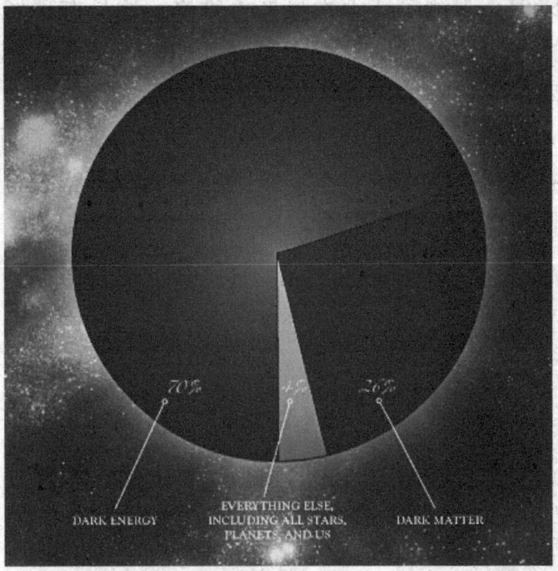

图 31　暗宇宙

的呢？地球开始是没有生命的，怎么产生的呢？能不能找到别的星球也有地球这样的行星，有没有大气，有没有水？而且它上面也可能有哪怕低级的、初级的生命呢？甚至有高级的生命呢？所以说，在南极开展的天文工作将围绕这些进行观测华人研究，应该可以做出很多工作。

南极天文路线图，也就是我们中国在南极的天文观测和相应的观测设备的规划是什么？目前我们已经开展了台址测量，中国之星望远镜 CSTAT 观测，还有南极巡天望远镜 AST3 的观测已经开始（今年刚刚装的第一台开始观测）。南极巡天望远镜 AST3 包括 3 台 50 公分/68 公分大视场望远镜

南极天文台项目包括一架 2.5 米的大视场高分辨光学/红外望远镜、一架在地面上有新观测窗口的可与空间观测媲美的 5 米太赫兹望远镜。南极天文台项目已经列在国家“十二五”重大科学计划里面。以后有条件，当然将来我们还可在那里设置更大的望远镜。图 32 就是 AST3 的设计图，是光学巡天望远镜，三架望远镜计划在不同的波长观测。当时画的这个图比较漂亮，我们希望做出来像小企鹅（图 33），有中国特色。特别还要提到的是，AST3 的光学系统设计是创新的（一种在施密特光学系统上改进的短镜筒的大视场折反射系统——苏定强、袁祥岩设计）。AST3-1 研制出来，今年一月份装在冰穹 A，后来观测了一个多月，由于

配电系统出故障停止观测等待下次科考去维修。这是在现场安装的照片（图34）。这个望远镜装上去，最后调试是我们科考队员在调试，装起来是这个样子，不是很好看了，当然我们还要不断地改进。图35是各位科考队员装好后，照的像。他们都不怕艰苦，而且在那里都不能洗手的，没有水，就是把冰化一点水洗脸洗手，他们的衣服都很脏，也不管，反正晒得黑黑的回来，但是都很健康。

图32　南极巡天望远镜设计结构图

图33　AST3巡天望远镜阵

图片来源：宫雪非

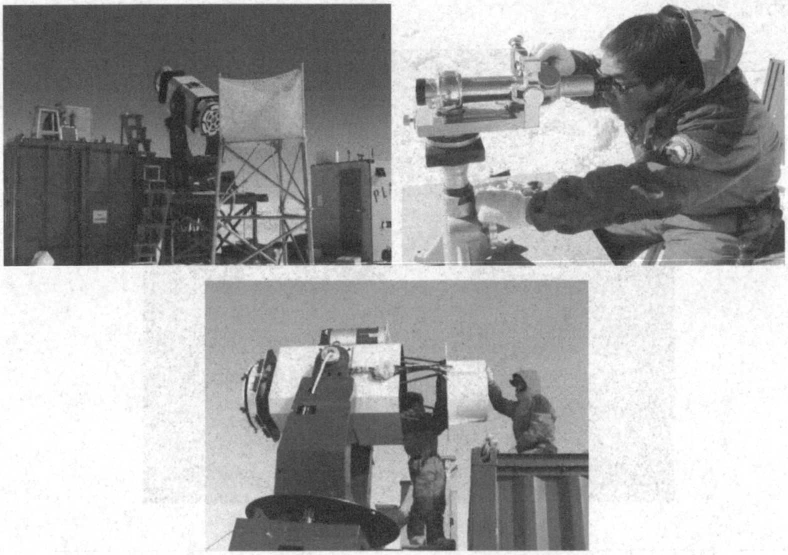

图 34　现场安装 AST3-1

图 35　AST3-1 安装完毕

图片来源：科考队员胡义、杜福嘉、张毅、李正阳

顺便说一下，据科考队长李院生研究员第一次到达冰穹 A 回来讲，他们只能喝南极冰盖的冰化的水。那个水非常干净，质量非常好，喝了人脸都是红光满面的。这个水资源也是很丰富了，肯定比矿泉水要好多了。另外，科考队员们都很注意保护环境，垃圾都是运回去的，不能在路上和冰穹 A 丢垃圾，因为那里还是是没有污染的。如果我们去搞天文搞观测还会造成污染的话，我们就有罪过了。目前是用航空煤油发电，我们还希望要考虑清洁能源，那个地方要用清洁能源是非常重要的。

这是是第一架 AST3-1 望远镜的观测结果，今年观测了 100 多天

(图 36)。

图 36　AST3-1 观测结果

图片来源：商朝晖

我们中国在南极的天文台建成以后，会是一个什么样的情况？可以预想，中国天文就可以形成非常好的一个形势，就会走到国际水平的阶段。

航天中的奇思妙想

李俊峰

清华大学航天航空学院教授、博士研究生导师。中国空间科学学会常务理事、中国宇航学会空间控制委员会副主任。长期研究航天动力学与控制，主持国家级科研项目20多项，曾获国家科学技术进步奖、教育部科学技术进步奖等，主要论著有《深空探测动力学与控制》、《太阳帆航天器动力学与控制》、《动力学与控制及航天应用》。

Li Junfeng

李俊峰

我们大家都知道钱学森先生。从数学、物理、化学这种学科角度划分的话，钱学森研究的内容、研究的学科方向里面包括了力学、控制。后来，他回国后做的主要工作都是跟航天有关的，所以他成为“两弹一星”的功勋科学家。

我本人这二十几年的时间一直都在做航天方面的研究——从学力学出身，然后用力学解决航天当中的问题。我想到本次讲座这个题目是因为，我在清华大学给大学一年级的新生开了一门新生研讨课。大学新生没开始学习一点大学课程，就来听这个内容，所以我想这个内容应该适合更广泛范围的人。我选择这个题目，就是希望我们首先欣赏前人在航天工程中，为了解决极端困难的问题，为了解决当时看起来没有办法处理的问题，想出来的这种奇思妙想。我们先学会去欣赏，才能知道什么是高品位的科学研究，就像我们想过高品质的生活，我们首先就要知道什么是高水平、高品位的生活，然后我们自己朝着这个方向去努力，一定能够达到，所以我们先给自己确定一个目标。本文中这些奇思妙想，不是胡思乱想，不是漫无边际的，而是能够实现的和最终证明会实现的。

本文涉及几个内容，首先是两个小故事，然后是我们在科研当中碰到一些问题，也有类似的思想的，最后关于中国航天我简单讲一讲自己的看法。

我先讲第一个。可以说，我们中国自古以来对月球都是很向往的，嫦娥奔月这个神话实际上表达了我们整个中华民族几千年来，对于遨游太空的梦想。所以我们 2007 年发射的第一个月球探测器，名字就叫“嫦娥一号”，现在在天上飞行的是“嫦娥二号”，马上要发射的是“嫦娥三号”①。

① 讲话当时“嫦娥二号”卫星正在运行，“嫦娥三号”探测器尚未发射。但是，“嫦娥二号”发射火箭残骸已于 2010 年 10 月 1 日 19 时 11 分坠落在江西省吉安市周围的村子里；“嫦娥三号”卫星于 2013 年 12 月 2 日 1 时 30 分由长征三号乙运载火箭从西昌卫星发射中心成功发射。

下面我讲的两个小故事都跟月球有一点儿关系。第一个，我给这个故事起一个名字叫做“嫦娥援手救卫星”，就是借住月球的力量，来挽救一颗失效的卫星。1997年发射的由美国休斯公司制造的通信卫星，“亚洲3号”(Asiasat-3)，由俄罗斯的“质子号”火箭发射。其实，俄罗斯的“质子号”火箭，它的发射成功率相当高，失败的时候很少，但是这次却被这颗卫星赶上了，它的末级火箭提前关机，没有送到应该送到的轨道上去。现在大家知道的我们国家的通信卫星，有“东方红三号”和“东方红四号”。我们还有很多其他通信卫星，我们每天看的很多电视都是通过卫星转播的。

那么我来介绍一下“亚洲3号”这个通信卫星的工作轨道，它距离地面的高度大概是36 000千米。它等距离地绕着地球飞行，因为在这个轨道上飞行的时候，卫星在这个轨道上转一圈的时间，刚好是地球自转一周的时间，所以我们看着这颗卫星好像一直是在我们的头顶上一动都不动似的，因为这样进行通信就比较方便。

除了距离以外，它运行的时候画成一个圈，这个圈所在的平面跟地球的赤道面夹角是零度，这样的话，它一直在赤道上空待着。现在火箭把这个卫星放在椭圆的轨道上，它的远地点，也就是它离地面最远的时候，有大约36 000千米，但是最近的时候只有大概350千米，这是一方面。另一方面，它所运行的这个椭圆的平面和地球赤道面夹角太大，有51°多，卫星在这个轨道面上没有办法工作。火箭把卫星扔在这儿，所以这次发射宣告失败。

大家可能也知道，航天是高风险的产业，这个方面的失败会经常听到。比如说，花钱买了这个卫星，或是制造了卫星，肯定不希望购买或制造这颗卫星的几亿美元就损失了，所以一般都会买保险。“亚洲3号”这颗卫星失败之后，保险公司赔偿了2亿美元。当然，这颗卫星在天上没有用了，没有用处了还在那儿瞎转的卫星，就属于保险公司的了。看起来这件事情是没有办法解决了，如果有办法解决的话，保险公司肯定不同意赔钱对不对？这个肯定是专家根据当时的技术、当时的条件论证过的，要不谁愿意掏2亿美元，对吧？这件事结束之后，到1998年4月10日，制造卫星的休斯公司可能在这个阶段一直在跟保险公司进行协商沟通：这个卫星就是一个废的铁疙瘩乱飞，你要它没有任何用处；我们可以尝试着想一种办法，看能不能够把它稍微改变一下，然后能够有一些别的用途。当然，花了 2 亿美元买一个没有用的东西，它如果能够有一点儿用当然最好了；如果没有用，可以死马当作活马医，对吧？所以休斯公司开始挽救这颗卫星，巧妙地借助月球的引力和卫星上自带的一些燃料，把它变成了一个什么呢？把它变成了一个几乎是沿着圆轨道——就是差不多离地面都是 36 000 千米的一个圆轨道——运行的卫星，并且这个轨道跟地球赤道面的夹角只有几度。变成这样以后，这个卫星就可以有一些用途了，它可以用于海事通信，用于新闻的采集，等等。所以相当于说，保险公司白捡了一颗卫星，当然休斯公司也不会白帮忙的，他们会分享其中的利益。

我想给大家讲清楚做成这件事的原理是什么，这个原理一定不同于以前的航天操作。如果原理相同的话，当时保险公司肯定是不会掏钱的，所以这是一件创新的事情，是用奇思妙想解决了问题。现在我来展示一下这个挽救的过程（图 1）。

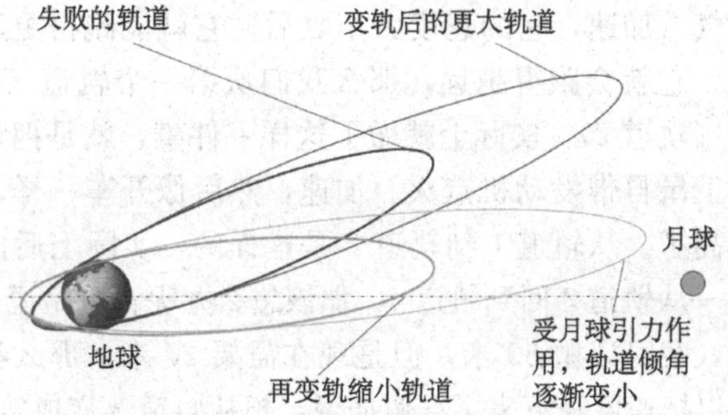

图 1　挽救过程示意图

当时这个卫星被扔到失败的轨道上，然后他们做了一件事，就是让这个轨道的近地点不动，然后把离远地点的距离拉大。我们先讲它进行的过程，然后再讲原理。当这个卫星跑到远地点的区域附近的时候，月球刚好也在那个区域的下方，所以靠月球的引力就把轨道平面拉下来，然后它再想办法把这个远地点拉近地球一点。这样做主要解决了一个什么问题？主要解决了它的轨道平面跟赤道面的夹角由大变小的这个问题。后面通过我跟大家的分析就可以看到，实际上这个角度变化如果不借助月球引力的话，就根本不可能做到。

现在这就是 1、2、3、4 这 4 个轨道（图 2）。我们来讲它的原理是什么。

首先说怎么能够把一个卫星的轨道拉长一点儿。那就给它增加一个

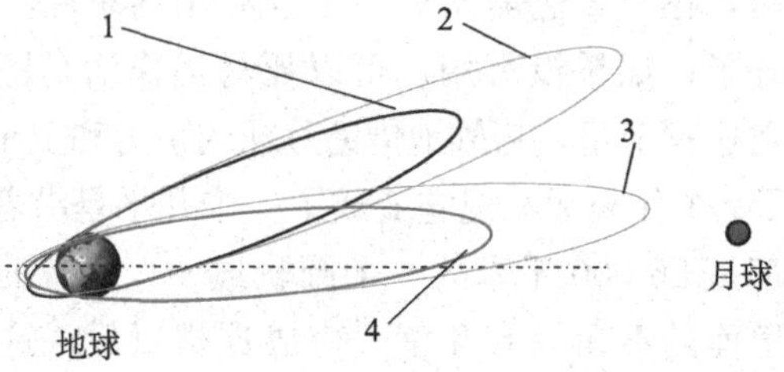

图 2　轨道示意图

速度。意思很简单，从地上拿一块石头要扔，你想扔得更远一点儿，怎么办呢？都得用大点儿劲，是吧？什么叫用大点儿劲？实际上就是这个石头从你的手里飞出去，它飞得很快。什么叫快？就是速度大，所以劲大的时候，给它的初始速度就大，劲小的时候给它的初始速度小。这个也是一样的，卫星绕着地球飞的时候，相当于我们扔石头，它原来的速度不够大，所以它就绕着里面这一圈运动。如果你给它增加一个速度，靠火箭给它喷气、加速，它的速度大了之后，它就能跑得更远一些。你加的速度越大，它就会跑得越远。那么我们从第一个轨道（轨道 1）变到第二个轨道（轨道 2），实际上就做了这样一件事，就是把它的速度增加。就是这个卫星自带发动机点火、加速，然后像开车一样，使劲一踩油门，速度提高了。从轨道 1 到轨道 2 是这样的，实际上后面还有一个相反的过程——从轨道 3 回到轨道 4，那该怎么办呢？就是说，我本来抛石头抛得很远，我可以抛 50 米，但是现在需要 20 米，那么我这个劲小一点儿，就可以把速度降下来了。假如说，想从轨道 3 变成轨道 4，那该怎么办呢？就是当卫星飞到这儿的时候，我给它在卫星上面的发动机反向点火加油，这样的话那个速度就会降下来；降下来之后，它就会回到这个离远地点更近的那个轨道上来。所以有关这 4 个轨道的事情就是这样的。

其实大家如果开车的话，就会知道，遇到弯道的时候得减速；如果你速度太快的话，拐弯是很难的。小朋友骑自行车也是，到拐弯的地方，你要是使劲加油就会很容易摔倒。所以这个道理也是一样的，拐弯也是很难的。在地面上的车，如自行车、汽车，还有轮船，地面的阻力或者水的阻力都可以利用，这在天上是完全没有的，在天上完全靠燃料改变方向。一个飞行器在太空中、真空中飞行，如果你想让它改变角度，原来是由西向东飞，你现在改成向南飞，那怎么办？那实际就得是，你把这个速度完全停下来，给它减速减到停，然后再朝着新方向走才能改过来，所以代价很大。改变卫星轨道面与地球赤道夹角，代价非常大。这个例子，就是利用自然天体的引力来解决这个改变速度方向的问题（减小轨道面与地球赤道夹角）。

其实这两种——所谓奇思妙想的方案和普通方案——的差别就在于如何利用月球的引力。但是如何利用月球的引力是关于很多技术的细节问题，这个可能不是我们大家都容易听懂的，必须得由专业人员去算。什么时候月球运动到哪儿？什么时候在哪儿改变轨道？也就是说，当飞行器正好从这儿过的时候，靠月球强大的引力把卫星从轨道 2 拉到了轨道 3。如果月球在地球的一边，飞行器的轨道在月球的另一边上，这个引力根本借助不上。所以怎么去精细配合和控制，这是专业技术的问题，但是我们可以听懂它的思想和原理。

第二个例子跟月球也有关系。我们在网上可以查到这个资料。1990 年，日本打算发射一个月球探测器，当时是有困难的，困难不在于把那个探测器做出来，而是如何跟一个离我们那么远的，到月球那么远的飞行器去建立起通信联系。这个在发射“嫦娥一号”以前，我们也面临着这样的困难。也就是说，你需要建很大口径的地面站，才能跟远距离的卫星建起联系。这个不是一下子能够建好的，所以当时他们在这种情况下想了一个办法。他们说，可以做两颗卫星，一颗卫星让它绕着月球飞，另一颗卫星让它绕着地球飞。这样的话，绕着月球的那个探测器和绕地球的这个探测器之间就有充分的联系，然后通过地面站中转一下。相当于邮局一样，到那儿去把信发过去，然后再把回信取回来。这个像信使或者邮递员一样绕着地球飞行的叫做信使卫星。线月球飞行的叫做月球探测器。当然为这个事情，它首先要发射信使卫星。要是先发射月球探测器，它在那儿转，你根本联系不上它。就跟你放风筝一样，风筝上天之后线断了，就完全不知道它在哪儿了，这个不行。所以先发射信使卫星，让它围绕地球飞，然后再发射月球探测器。在这个例子中不幸的是，信使卫星发射成功了，但是到月球探测器时就发射失败了。按道理讲，这个计划就是破产了，就是完全失败的了。因为要探测月球的那个探测器根本没有发射出去。

后来有人想了一个办法——利用不变流形或者说是弱稳定边界理论。想到的这个办法，就是把这个原来绕着地球飞的信使卫星送到了月球上，让它绕着月球飞行。但是这样的话，原来的问题不还是没有解决吗？这个没关系，因为这个计划已经失败了，只能是退而求其次——它可以借助跟美国、跟欧洲测控站与地面联系。毕竟把探测器送到了月球上，只是测控这个部分不能自主而已。为了介绍这个做法，我先给大家介绍一点儿常识。

在太阳、地球这两个大的天体构成的系统中一共有 5 个点，L1、L2、L3、L4、L5，叫做拉格朗日点（Lagrange point）（图 3）。这 5 个点中，L1、L2、L3 是由欧拉发现的，L4 和 L5 是由拉格朗日发现的。拉格朗日发现得比较晚一点儿，所以这些点后来被统称为拉格朗日点。这些点有什么用处呢？假设一个东西刚好在这个点上，它可以待在那儿不动，为什么会待在那儿不动？因为大家知道太阳的质量比地球大很多，所以太阳给地球引力就更大，因为这个距离远了，引力也就小了一些。然后这个呢，它离这个地球近一点，刚好在这个点上，它们两个引力应该差不多，就像拔河一样势均力敌。但是还不只是这样的，这个讲法不是特别准确。如果按照这种说法的话，你不太容易理解其他的 4 个点。因为你看这 4 个点，太阳给它的引力朝着这个方向，地球给它的引力也朝着这个方向，它怎么能够待在这儿，不可能呢。实际上，一定还有其他的力，这个其他的力也很简单，就是有这样一个系统——地球和太阳的系统。这个系统不是静止的，而是在太空当中旋转，旋转的速度大家也知道了，地球绕着太阳转一圈是一年，那么这个旋转的系统会有一种特别的力，我们把它叫做离心力。也就是，旋转的系统里面有离心力。

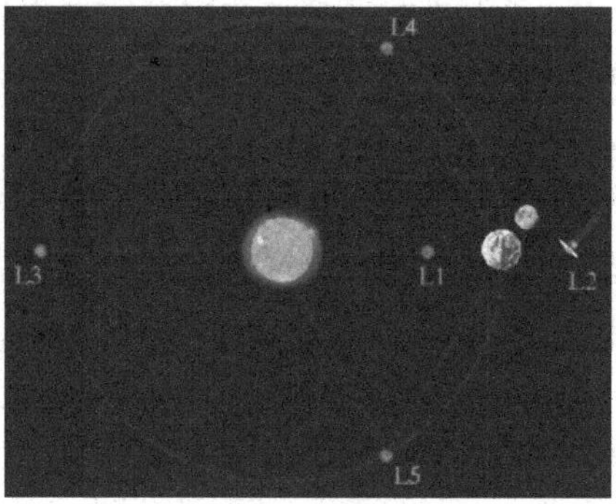

图 3 拉格朗日点示意图

两个天体之间存在 5 个平衡点：L1 在天体之间，L2 靠近小天体，L3 靠近大天体，L4 和 L5 分别与两个天体构成等边三角形

假如你拿一根绳绑一块石头旋转的话，你会觉得你的手被拉着，对

吧。就是因为旋转引起了这个向外飞的离心力。或者比如，我们坐车，汽车在拐弯的时候，如果速度很大，拐弯拐得很猛的话，人就会朝外翻，这就是离心力。实际上，在这样一个系统里面，地球跟太阳形成的系统的旋转中心，应该基本在太阳那儿，因为太阳的质量比地球大很多，所以它转的话，就等于说凡是在这些点上都有一个远离太阳一个离心力。所以在这个点（L3 点）上，实际上是 3 个力，3 个力平衡，所以就容易理解在这个点上为什么可以平衡了。因为这两个天体都对这个点有吸引力，但是它要有远离太阳的离心力跟它们去平衡，L2 也是类似的。L4 和 L5 就更有意思了。实际上，L4 和 L5 有朝外的离心力，然后这两个天体对这它有这样的引力，往里拉的引力。这个点的位置还很有意思，它基本上构成了等边三角形。就是它到太阳的距离，到地球的距离，还有地球和太阳之间距离是几乎都是一样的，都是一个天文单位。

那么我后面要讲的事情跟这个点（L1 点）有关，这个点距离地球多远呢？大约是 150 万公里。我这里画了月球，月球距离地球有多远呢？38 万公里。

好，那么我们下面回到原问题。我假设有一个信使卫星，这个信使卫星绕着地球距离地面 200 千米在转，然后我想把它直接发射到月球去。怎么做呢？在一个离地球近的地方，我就在这个背离月球的地方给它加一个速度，让它的远地点能够到达月球，所以只需要给它增加一个速度，我们把它叫做 ΔV。从 200 千米到 38 万千米过渡过去，大约需要 3.3 千米/秒这样一个速度增量。如果我们把它从距离地球 200 千米这样一个轨道，打到让它的远地点达到 150 万千米，需要 ΔV 是 3.4 千米/秒，差别不大。然后我们再看，如果是直接奔月，大家看电视转播，肯定会记得专家们说最凶险最困难的地方就是到了月球附近的时候刹车。也就是把速度降下来。因为速度大到能够挣脱地球的引力，而月球比地球的质量小很多，那么月球的引力就更小，如果不把速度降下来，月球的引力是没有办法抓住它的，那么它一定会与月球擦肩而过。所以到那儿之前一定要把速度降下来，降下来以后月球的引力就能够把它抓住。这个制动就是，比方说，我们国家的“嫦娥一号”“嫦娥二号”，我看到有专门设计这个轨道的专家写的文章介绍，需要 0.8 千米/秒这样一个刹车制动减速。如果我把这个探测器，从地球附近打到 L1 点，就是达到 150 万千米的地方，然后再从那么远的地方回来。它往回走快到地球附近的时候，如果设计好了正好路过月球的话，它那个速度几乎就能够降到不太需要踩刹车，不太需要制动。但是可能在这个附近需要有一些轨道修正、维持，然后到月球附近稍稍有速度调整，方向大小的调整，这个需要0.1左右的增量。

比如，一个小男孩他很活跃，他在妈妈旁边转圈圈，跑的速度很快，而且越来越快，他要又跑走了，跑到哪里去？比如说，地球是这个妈妈，那边还有一个嫦娥姐姐是月球，他要跑到嫦娥姐姐那里去，他已经离妈妈远了，妈妈抓不住了。然后妈妈向嫦娥姐姐打招呼说，嫦娥姐姐帮帮忙把他给我抓住。嫦娥姐姐说，这怎么可能呢，我比你劲儿小，你都抓不住，我也抓不住。所以必须把他的速度降下来，强制地把他的速度降下来就可以抓住他了。为什么往远处跑就可以呢？这就相当于借助了太阳公公的力量。太阳公公说，到我这儿来，往我这儿跑，我这儿有好吃好玩的。小男孩就跑过去，跑得很远，跑得很累了，跑到那里之后发现其实什么也没有，正好他也想妈妈了，就赶紧回去了。可是往回跑就没有那么容易了。他向着太阳公公跑的时候，太阳公公对它的吸引力起了作用；往回跑的话，太阳公公强大的吸引力让他的速度越变越慢，最后几乎把他的力气消耗殆尽了。这样，他回来的时候，还没有跑到妈妈的身边，只是跑到嫦娥姐姐旁边的时候，嫦娥姐姐就把他抓住了。

实际上后来借助这些想法，科学家现在在设想着有没有可能在太阳系各个行星之间，存在一些可通行的管道，有一些像高速公路一样，而且这些高速公路的每一段都是下坡。所以你不用踩油门，它也往前跑，而且越跑越快。如果把这个搞清楚的话，那么对将来探测太阳系的各个行星是非常有好处的。

我再讲一下大家都应该关注一个问题，那就是小行星。小行星是指那种尺寸从十几米一直到几百千米的天体。它是绕着太阳飞行的，叫行星。小行星有几类？现在已经发现了的，离地球轨道最近的有8000多个。现在已经发现了主带小行星，就是火星跟木星之间大量的小行星50万个。而且这些小行星有可能由于地球跟木星运动形成轨道共振，使得它们可能会跑到地球附近来，所以这都很危险。

土星也很大，但是土星跟木星比起来的话，也是非常小的。论质量的话，质量最大的两个就是太阳跟木星。其实我现在想要讲的故事叫做“直面小行星的威胁”。我们一方面要探测小行星，因为它保留了太阳系的一些早期信息，我们国家也有这个方面的规划，我相信 2020 年之前应该就会去探测小行星。另一方面，小行星太多，而且有一些太小了，但是大天体的能量太大，稍微给它一点儿干扰，形成某种特殊共振机制的话，它就会跑到地球附近来，对地球造成很大的威胁，如历史上的恐龙灭绝可能就跟这种说法有关。

我要讲的就是现在人们最关心的一颗叫做 Apophis 的小行星。据预测，按照它现在的轨道计算的话，在 2029 年左右会达到距离地球 35 万千米左右的地方，这比月球距离我们还要近。然后它在 2036 年左右可能有一定的概率和地球相撞，这样一个东西真要是撞上地球的话，那可就是灾难性的了。当然看起来这个概率不大，才 1/37。其实这在天文上已经算是碰撞概率相当大的了。且不说 1/37，就算是 1%你也不能不防，而且你要改变它，要想对策。

现在有各种各样的方法可以把这颗小行星的轨道改变了，它就对我们没有威胁了。在 2005 年左右有一个学者在发表了一篇文章，设计把一个 20 吨重的飞行器发射到这个小行星附近，并通过控制跟它保持一定的距离，然后利用它们之间的引力作用使它的轨道偏离，但是这需要 20 年的时间才能使这个轨道偏离到一定的程度，使其不会威胁地球，所以这只是一个方案。但是把 20 吨的东西送到距离地球 300 多千米的空间站轨道上去已经非常困难了，而小行星距离地球非常远，所以这比探测月球还要困难，也是不太容易实现的。

实际上我们这个团队最近两年在做研究的时候，就发现了利用太阳帆的话，可以实现逆行的轨道，什么叫逆行呢？大家仔细观察就会知道，无论是我们发射的人造卫星，还是自然的天体，它们在太阳系内沿着轨道运转的方向都是一样的。但是呢，如果想办法让它变成逆向飞行的话，就能够有办法让它迎头撞上小行星，那么撞击力量会更大。我们经过测算得出，大概只需要一个几十千克重的飞行器就可以完成这个任务。这样的话，完成起来就会比较现实一点儿。当然，现在我们国家还没有完全掌握好太阳帆的技术，但是国际上包括美国、日本，它们的太阳帆已经做得很好了。2010 年世界上第一个以太阳帆为动力的飞行器已经成功跑到深空了。

我们可以对一个在某个时间内飞到距离地球比较近的小行星，不是把它撞飞，而是想办法将它进行一定的变轨，施加一定的 ΔV，然后让它的能量稍微降下来之后，绕着地球飞行。当然我们分析了 8000 多颗小行星，大概只找到一颗比较适合的。就是说，按照现在的技术还是可能的。这个卫星是在 2049 年左右，能够距离地球很近。

实际上为了解决这些问题，国际上和国内推动了一些竞赛。同行们经常在一起交流，比谁看得或做得更好。目前看来，在技术方面这个做得非常好的就是美国喷气实验室。我们钱学森先生当年就是在这个实验室。后来美国的很多火星探测器都是这个实验室制造的，它是世界上最好研究航天的实验室。

我们来看表 1，这不是为了说明别的，我们国家的航天发展得非常快，在马不停蹄地追赶世界先进水平，但是实际上我们跟世界先进水平确实还存在一定的差距。这个表不能完全说明差距，但是从时间节点上却能够说明一定的问题，大家看一下这个年代差别就知道了。

表 1　我国航天水平与世界相比较

	人造卫星	载人航天	月球探测	出舱	交会对接
中国首次	1970 年 “东方红一号”	2003 年 杨利伟	2007 年 “嫦娥一号”	2008 年 翟志刚	2011 年，无人
国际首次	1957 年 Sputnik 苏联	1961 年 Gagarin 苏联	1959 年 Luna-1 苏联	1965 年 Leonov 苏联	1965 年美国，载人 1967 年苏联，无人

当然我相信大家知道这个差别是怎么造成的。看起来好像差别越拉越大，当然这个没有关系。这就像是两个人在操场跑步，我们本来出发的位置要比别人要靠后，我们初始起跑的速度也不太快，然后前半段国家经济发展得不太好，基本上很多时候都在停滞的状态，很慢很慢，可能人家跑的时候，我们在慢慢走。现在呢？这些年，我们国家的经济情况好了，投入也比较大，现在正在加速使劲地追赶。但是我们在加速启动的这个过程中，人家已经跑得很远了，所以我们还是要大家共同努力。我相信用不了太长的时间，大概用个 10 年、20 年的时间，我们就能够差不多追上了。等在座的小朋友长大的时候，我希望你们有机会能够做一件事，什么事呢？目前，我们中国的航天人没有做过什么世界上第一次做的事，现在“世界第一”大部分被苏联拿去了，有一少部分被美国人拿去了，而太阳帆飞行器也是日本的科学家在 2010 年实现的，所以我们中国还有很多路要走。我希望在座的小朋友将来长大以后有机会可以跟我做同行，我们一起来通过力学走向航天！

激光与生命、能源、信息

薛　平

教授，长期从事激光与生物医学、激光与原子相互作用、激光物理的研究工作，这些都是当代很热门的前沿研究领域，而且曾经成功研制出我国第一台光学相干CT机系统。主持和参与“国家高技术研究发展计划”（863计划）、“国家重点基础研究发展计划”（973计划）项目，以及国家自然科学基金委员会重大研究计划，多次在本领域国家会议做特邀报告，并在一流学术期刊发表过百篇论文，获得发明专利15项。

Xue Ping

薛平

我们知道，生命现象是目前大家都感兴趣的一个现象，能源问题是当今社会遇到的一个非常重大的挑战，是当今发展的一个瓶颈，而且现代社会离不开信息。在这些方面，激光都发挥了非常大的作用。

首先介绍一下什么叫激光，我们现在看到的白炽灯等都是普通光源，激光是一种受激辐射，受激辐射是原子吸收能量以后，统一发出步调一致的光。我们叫受激辐射，英文叫辐射光的受激放大。激光理论是 1916 年由爱因斯坦提出的，电子辐射理论提出后，世界上第一台激光器于 1954 年产生。我们知道光是一种电磁波，电磁波根据波长的长短可以分成微波、红外及紫外，还有X射线波段。真正产生激光的是 1960 年，借鉴于微波激射放大器这个概念，把微波过渡到光学波段，从而产生了激光。激光器的发明人是查尔斯·汤森（图 1），他是一位著名的实验和理论物理学家，在 1951 年提出微波激射放大器的概念，然后产生了第一台在微波波段的激光器，并在 1964 年拿到诺贝尔物理学奖。2002 年他来到了清华大学，做过一次报告，介绍了激光是做什么的以及是怎么产生的。

图 1　查尔斯·汤森

激光有非常高的强度。如我手上这个激光笔的绿光，如果按照物理定义，即单位面积内每个波长里面的功率。这个亮度其实可以超过太阳的亮度。太阳很大很亮，但是如果按它单位面积看它的功率，单位面积里面的功率还不如这个激光笔的亮度高。也就是说，激光是一个高强度的光源，而且有非常好的聚焦或者平行特性，所以激光在加工中有非常多的应用。比如传统的机械加工的铸造、切割、焊接，经历了冷加工、热加工的过程，一直到现在可以用激光来加工，进入到了一个新的时代。除了机械加工，还可以用激光做测量，比如测量地球到月亮大概有多远，就可以用一束激光，从地球打到月亮，然后反射回来，就可以测到地球和月亮之间的距离。激光还可以用在医疗上，比如可以用激光做手术，跟平常手术刀不一样，用红外的二氧化碳激光器的光速去切割，切完以后，同时就可以把血管封住。与普通的手术刀比，它有很大的好处，没有感染，还可以通过窥镜观察。在军事上，激光也有很多的用处。另外我们今天会介绍一点关于核聚变方面的发展，这实际上是关于能源的问题，用激光去分离同位素，用激光去产生核聚变，也是目前的一个研究前沿。

除了这些应用之外，利用激光的相干性，也可以做很多非常高精度的测量。我后面会有一个例子介绍，就是我们测到光的速度，或者说测到时间的精度，使得我们目前的导航，可以做到非常高的精度。这个对人类社会，是有非常重要的影响的。其他的，比如做探测，可以用激光去非常灵敏地探测单个原子，也可以达到单个分子水平的灵敏度的探测。另外还有传输技术、光纤通信，这些都会用到激光。

现在开始介绍今天主要的内容之一，就是激光与生命科学。当然它涉及的领域很多，这里我介绍两个，一个是探索生命的起源和奥秘，用激光可以研究这些相关的现象；另外一个是用激光去做疾病或者重大疾病的诊断和治疗。

在开始之前，我想给大家简单回顾一下目前在医学里面一些诊断的技术。我们在医院经常会用到超声做超声成像，用 X 射线做 CT，还有用核磁共振去做检测。现在有一种新的方法就叫激光 CT，它用的是红外的激光，这些光很弱，对人体不像 X 射线 CT 有损伤，红外光做 CT，我们把它叫光学 CT。还有一种技术叫分子雷达。分子雷达是干什么用的呢？我们知道生物现象里面，很多生命过程是发生在细胞里面，细胞是一个基本生命单元。分子雷达可以在细胞这么小的一个尺度里面，看到一个分子起什么作用，在什么地方发生了什么现象。当然还有一些更高精度的成像设备，如近场光学显微镜、还有扫描探针显微镜、还有透射电镜，这些都可以做到很高的分辨率。这个分辨率能高到多少呢？可以看到单个的原子和单个的分子，这是一个空间尺度的坐标。我们可以看到，超声大概可以看到厘米到毫米这个范围，而用光学 CT 可以看到微米范围。

这里我给大家简单地介绍一个光学的现象。

比如说我们看看人的皮肤，如果用一个红外光，打到皮肤里面看，这个光会在里面散射好多次。有一部分光是直接透射过来，有一部分光是经过和组织、细胞去碰撞，散射到不同的地方。这里有一个简单形象的实验，比如说，这是个手电筒，光穿透过手，大家有这个体验，我们能够看到红光透出来。从这个简单的现象，可以看出两点：第一，光是可以穿透人体组织的，因为你看到红光了；第二，刚才看到白光含有整个可见光谱，但是偏偏只有红光透出来。这个现象说明红光和红外光更容易透射，不容易被组织吸收，其他光容易被吸收掉，所以我们看到红光更容易透出来。

其实，我们通过很多自然现象也看得出来一些规律。比如说，在黄昏的时候，你可以看到朝霞是红的，这也是因为红光更容易透过大气进到我们的眼球里。红外可以透过组织，但是为什么红光透过来，你看不到手上的骨架、骨骼的结构，不像我们做 CT、做 X 光片时，骨骼可以看得很清楚？原因就在于红光进来以后，很多光都被其他的细胞粒子散射到其他地方了，所以这个结构就看不见了。真正有结构的信息是什么呢？是直接透过来的光。也就是说，它没有散射很多次，直接透过来的光是有结构的、看得见的，但是这个光被淹没在大量的散射光里面，所以看不见。现在的技术有办法把这种光挑选出来，利用的是一个简单的原理，即假设光是一个脉冲，它走的路径多的话，就走得时间较长。如果光直接穿透过来的话，走的路径就短，所以它出来的时间就早。现在的技术，可以把最早出来的那些光子拿来做图像，就可以看到非常清晰的结构，这就是利用激光去做成像的基本原理。

其实针对于测量，激光做成像要比超声难度高很多。其中最重要的原因，就是光比声的速度要快很多。光速非常快，我们打个比方，一个飞秒也就是 10^{-15} 秒，这么短的时间里面，光可以传 3 微米。可见，光速是非常快的。那么你要测这个时间差别，就是一个非常大的挑战。现代高科技用新的物理方法，可以做到这一点，当然有很多是用干涉方法。简单地说，就是利用迈克耳孙干涉仪。此外，还可以用不同的光纤，把光导到不同的部位，去做不同的成像。我们目前实验室的一个实验装置，就是所谓的激光分子雷达（图 2），可以做细胞的 CT，可以实现很高的分辨率。

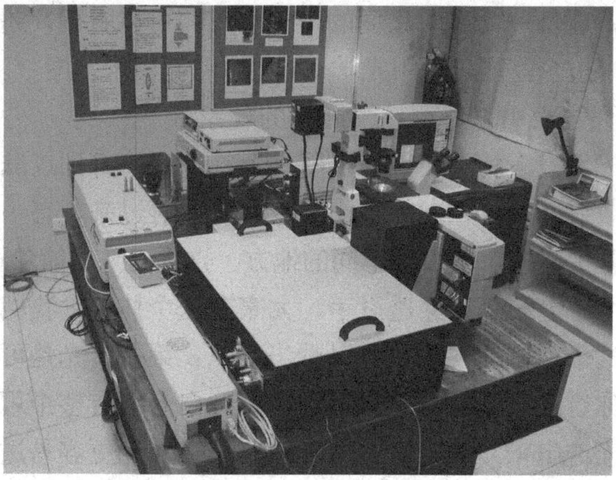

图 2　激光分子雷达

下面我们讲讲，用这种方法怎么来探索生命的起源和奥秘。这是一个例子，就是用激光方法去研究生命过程。我们知道生命的起源实际上是从一个受精卵开始，慢慢发育才变成胚胎，最后变成一个成熟的婴儿（图 3）。我们研究这个过程，当然不可能直接用人体的胚胎来做，我们用的是小白鼠。小白鼠为什么很好呢？因为它的 DNA 信息跟人类非常相似，所以说小白鼠可以作为一个很好的样本，来模拟生命的现象，模拟人类的生命过程。

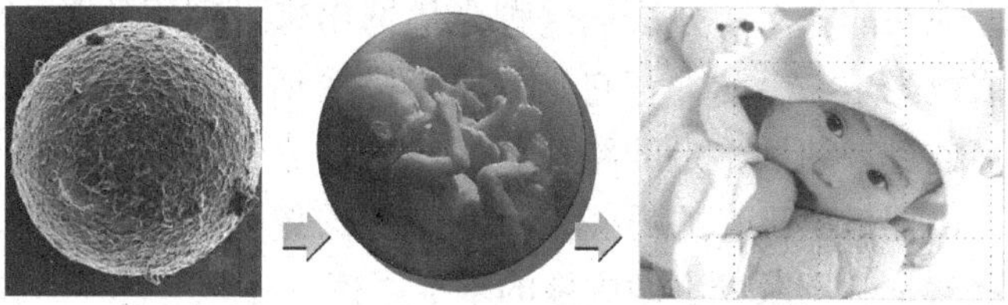

图 3　生命的起源

一个受精卵会有一个发育过程，从单细胞、双细胞，然后到四细胞、八细胞，最后到囊胚，最后形成空腔，然后慢慢发育成一个个体。这是我们目前生物学家已经知道的一个现象。但是就一个生命过程，怎么最后发育成一个成熟的个体，其中有非常多的东西，其实是不了解的。第一个就是一个细胞什么时候分成两个细胞，在什么地方分开，分完以后它怎么发育。以前是一个细胞，本来我们可以看到，它是一个圆形的受精卵。从物理上来说，它是空间完全对称的。但是你发现，最后发育完了以后，这个地方长出一个胳膊，那个地方长出一个腿，不再是个圆形了，这种对称被打破了。什么时候这个东西被打破了，是怎么打破的，这些东西有非常多的奥秘，是我们目前不知道的。用激光影像的方法可以去做这些探索。

这里面，第一个是细胞什么时候分裂。在什么时候，一个细胞变成两个细胞，什么地方开始分裂，还有它到了囊胚期，为什么会产生这种空间的不同结构的变化？我们用激光 CT 去做细胞的三维成像，这是以前做不到的。以前我们一般都是看一个二维的图像。只能看细胞表面，看不到它的立体结构。而用现在的光学 CT，就可以看到它的空间结构。我们可以动态地去了解，从一个细胞受精卵，变成两个、四个，然后一直到囊胚期。到囊胚期的时候，我们可以看到一些所谓的内细胞团，也就是说真正发育成个体的，是由内细胞团来产生的，图上这些外围组织都属于滋养层。其中有一个非常重要的参数，就是说这个内细胞层的对称结构和整个细胞或整个个体的结构，是不是有一个中心对称轴？这个中心对称轴，它的变化规律是怎么样的，这是我们通过激光 CT 可以看到的。从一个细胞一直发育到两个细胞，这个地方就一个变成两个，这是可以动态地实时看到的。从细胞核融合，最后产生有丝分裂，产生所谓纺锤体，这是生命现象里面一个发育的基本过程（图 4）。从一到二，每个细胞又可以再次从一变成二，也就是说从一到四、到八，一直这么发育下去。其中以前一个圆形的受精卵，它为什么会变成不同的结构？其中有个生命的现象，也就是说，是由 DNA 的信息链决定的，它会决定所谓的“凋亡”。在某个地方、某个时间，细胞发育就慢慢中止了，在某个地方发育停下来，别的地方发育起来以后，就产生空间上的不同部位的差异。因此，有些地方变成手了，某些变成胳膊了，某些地方变成脑袋了。这些现象，通过激光影像，可以直接现场看到的。

这是一个三维的图像（图 5）。细胞分化后的一个图像。我们可以看到，这是以前一个受精卵，最后经过分化以后，分化出了很多。每个小黑点都是一个新的细胞，慢慢发育成这么大。你还可以接着一直观察下去，就可以看到一个成熟的个体，它就这么产生了。这里面其中有个非常有意

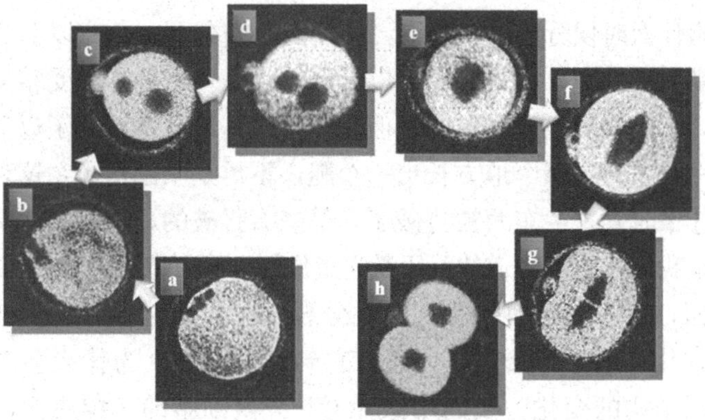

图 4　细胞分裂过程

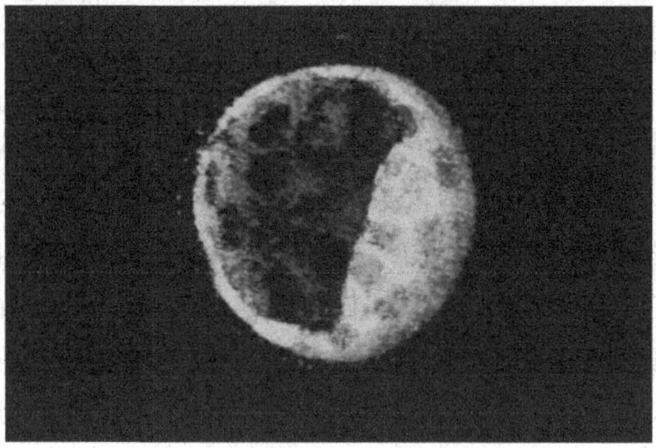

图 5　细胞分化三维图像

思的东西，就是 DNA。很多所谓的遗传密码都是在 DNA 里面，它们其实都是在染色体里面。我们可以观测这个细胞的染色体。图上这些实际上是纺锤体。里面可以看到不同染色体的排列。我们可以从横断面看，它是这么规则地排列，我们从上面往下看的话，可以看到这种周期性的排列。染色体的排列规则不规则？这其实对发育非常重要。我们中国的早期出生缺陷，原因其实就是因为有很多是遗传疾病导致的。用这种光学 CT 的方法，可以看到染色体的排布规律。如果发现它不规律，那么很可能预示这个胚胎，就含有所谓的基因缺陷。婴儿出生后，有可能就是痴呆儿，或者有什么其它早期的遗传疾病。用这种方法，可以做早期的基因缺陷的诊断，有望大大减少出生缺陷的发生率，这对一个家庭、对社会，都是非常有意义的（图 6）。

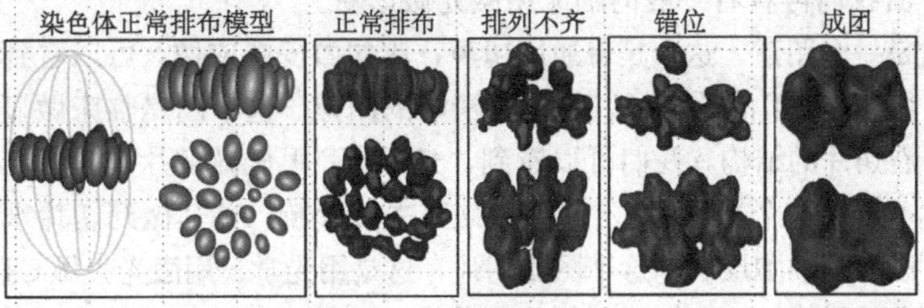

图 6　染色体排布模型

我说的这一点，其实还可以再引申一下。我们目前看到的非常多的重大疾病，比如肺癌是发生率最高的一种癌症。肺癌一旦发生，诊断出来后，到最后死亡，一般平均是五年。这是从临床上的经验统计得出的。那么怎么去根治这个肺癌，或者真正去治疗好呢？其核心就是早期诊断和治疗。早期诊断一定要在细胞层次到基因层次进行。其中，染色体的排列，其实也是一个诊断的依据。如果发现有些患者细胞里面，比如说肺细胞里面，它的染色体排布不规则，那么很可能预示得肺癌的可能性。如果发现这种情况的话，做早期的干预，那就有可能避免患癌症。所以说光学尤其是激光成像，为重大疾病诊断提供了一种新的可能性。不同的染色体，它排列正常与否、其各种位置、各种形态，都可以用来做诊断。这就是目前作为新的激光方法，研究疾病诊断的一个重要的方面。

这是一个实时的图片（图 7）。我们看到一个细胞，一层一层往下看，可以看到细胞这个地方能产生几个亮的花瓣。还有这个地方，就正好是代表细胞核区里面染色体的分布，我们通过这个成像，可以进一步去做图像处理。你可以看到染色体的三维立体的图像。这就是染色体，我们知道，人的细胞里面有 21 对染色体，我们可以看到每一个染色体，包括它的空间位置，它的相对结构是怎么样的。

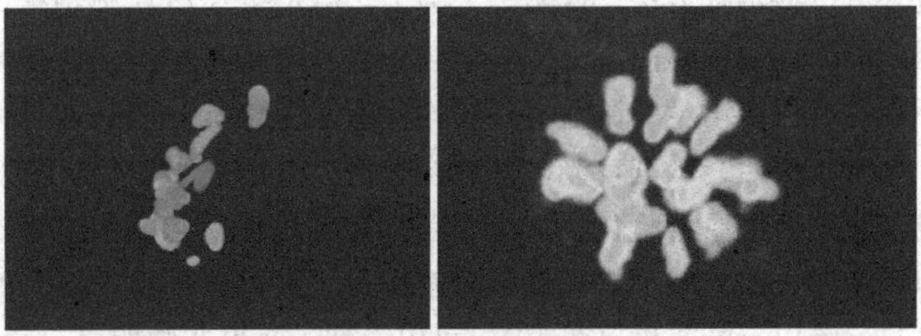

图 7　同源染色体形态对比

下面我们再看看一般的临床用激光做诊断。

这是一个图谱，这个是普通用超声，比如做皮肤成像，可以看到这种结构。用激光 CT 的话，可以看到更清晰的图像。这个图是临床做显微切片的。看切片的结构，我们可以看到，光学 CT 跟显微切片非常像，这意味着你可以用这个光学 CT，直接到临床去做诊断，尤其做到切片水平级的，可以看到细胞层次。这个图是切片，这是用光学、用激光去做 CT，可以看到它的细胞结构跟切片的结构是非常一致的。也就是说平常临床做肿瘤、癌症的诊断，一定要看切片，以后可能不需要再去切，不需要把组织取出来，而只需要直接用激光在那里一扫，就可以做诊断了。这是目前做的最高分辨率的，你可以看到一个细胞，激光 CT 可以看到细胞的细胞壁厚度，细胞的大小。这些都可以看得非常清楚。此外的话还可以看血流，这是基于激光多普勒效应。可以看到一个血管的结构，中间是它的血流。比如脑中风或者血管堵塞，血流的测量是非常准确的，也可以做很多诊断（图 8）。

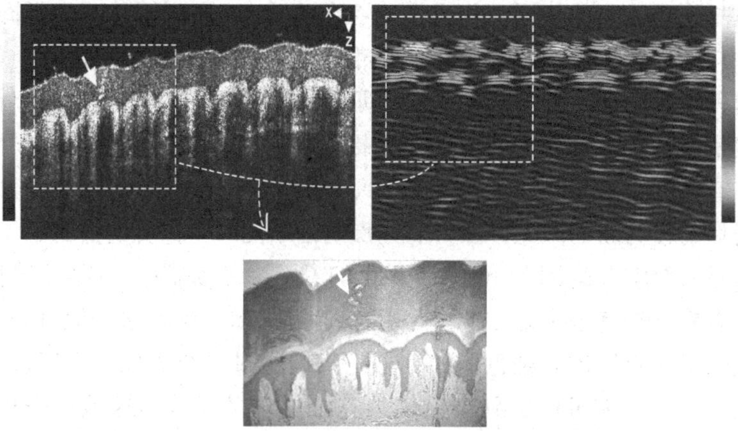

图 8　人皮肤活体光学相干 CT、USB 和显微切片对比

另外还有一些治疗方法。这是一个例子，用光动力 PDT 做治疗。我们平常能看到的，比如说胎记，医学叫鲜红斑痣（图 9）。鲜红斑痣的原因就是皮肤下面，有很多增生的微血管，所以你看到是红的。但是如果你注入光敏剂，用激光去照光敏剂，光敏剂就会分解，分解完了以后，会产生单态氧。这个氧就会把血管氧化了，等于杀掉，就是最后封闭住血管。所以说，可以用激光去照光敏剂，光敏剂分解以后，就可以把这个皮下的血管封上。这是治疗以后的效果（图 10），可以看到，效果非常明显。所以说，用激光不光可以做诊断，其实也可以做治疗，当然要配合不同的光敏剂。

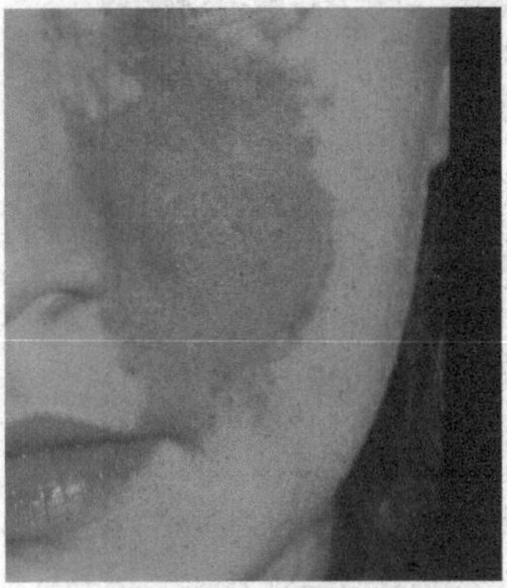

图 9　鲜红斑痣治疗前

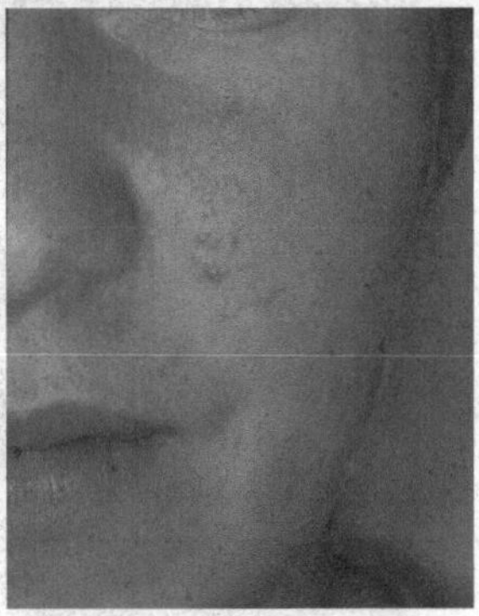

图 10　鲜红斑痣治疗后

还有比如说老年人视网膜脱落，你可以直接用激光去做焊接。当然还有，我们有些年轻的学生有近视眼，一般我们建议 25 岁以后才去治疗。你如果做激光治疗的话，可以把角膜去做一些切割，这样的话可以修复，使得你不再近视了，这都是用激光的方法实现的。还有更多的激光的用处，可以用到人体各个部位，就是我前面介绍的，你可以通过光纤的方法，把光导到人体各个部位，去做成像，去做诊断，去做治疗。这是一些血管的图像（图 11），可以看看一个血管，它的弹性纤维，还有胶原蛋白，通过光学的方法可以区分地看到。比如说，我可以把不同的部位，用不同的光学手段，去区分地看到它的结构，从而做一些诊断，做一些治疗，这是更放大的一个血管（图 12）。

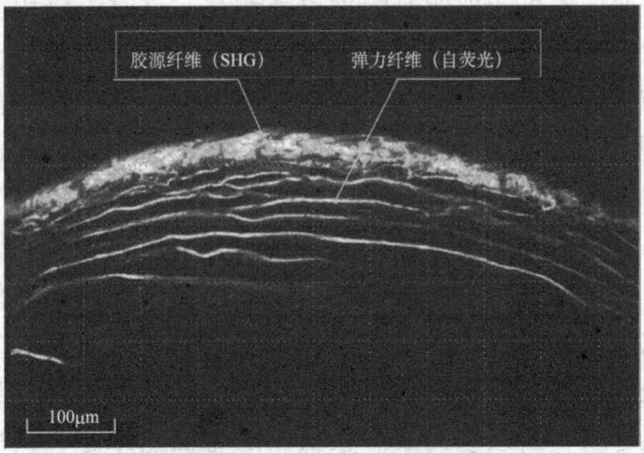

图 11　血管剖面背向二次谐波双通道成像

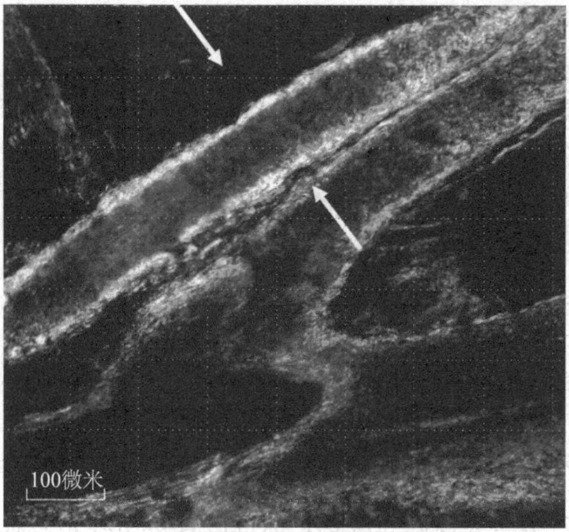

图 12 血管剖面图像

还有比如说老年人，尤其现代社会，有很多老人患有心血管疾病。其中一个病因就是血管中有一些易损斑块脱落，最终导致脑中风。因为斑块脱落以后，会堵塞微小的毛细血管，尤其在脑部堵塞以后，就会造成脑中风，很难痊愈。但是目前可以有很好的方法，即可以去提前诊断。如果发现这个地方有裂痕，或者发现这个地方有易损斑块的话，就可以提前去处理，这样就大大降低了脑中风的危险。

我刚才讲的光动力治疗，这是一个实际的病例。一个食管患有食道癌，用传统的方法这个癌很难治疗。因为一般就是把它切掉，但是如果是大面积的癌变，不可能把所有的食道都切完。这时可以用激光加上光敏剂，进行激光 PDT 治疗。这是治疗前，有很多这种肿瘤癌变细胞、癌变组织，治疗完五周以后，整个病变区全部消失，整个食道都非常干净(图 13)。这就是通过激光去做治疗，它是一个没有损伤，无创的靶向的方法。

下面我再介绍另外一个领域，就是用激光去解决能源问题。其中我们会分两块，一块是现有的海洋油气。现有的基于石油这种化学能的能源，我记得我念书的时候，就说可能未来 50 年或者 100 年，人类的油就用完了。但是到现在，我又听说有 100 年。为什么是这样，其实就是因为早期采油很容易，所以它的成本很低，随着油越来越少，采油成本就会提高，油价就提高了。油价提高后，成本就提高了，很多新的技术、

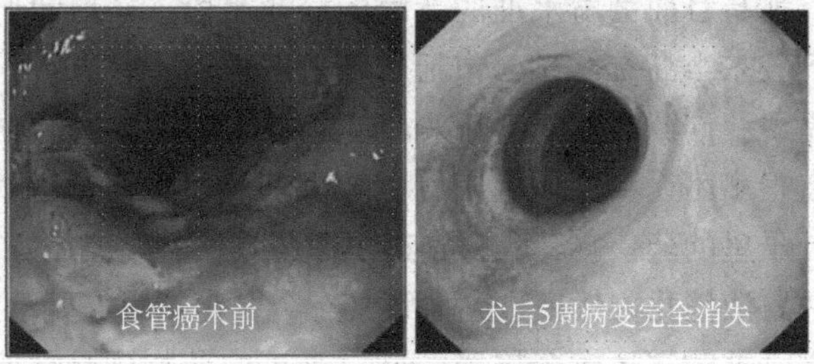

图 13　食管治疗前后对比

新的方法又可以用了。以前认为采不了的油，现在又可以采了。另一块就是海洋、海洋油气，以前在海底，尤其是在深海海底探油是不可想象的，现在则是可以想象的。目前有新的技术，尤其用激光光谱方法，可以去做早期的海底油气的探测。探测到那里有油气，开采那就容易得多了。

还有些其他的用处，比如环境。我记得在几十年前，中国有位科学家横跨南极，采了很多冰和雪，用这些样品来分析他其中一个关心的问题，就是如何去看两极，即地球的南极和北极，受人类社会生活的影响。其中一个标志性的元素就是铅，因为我们知道，早期的人类社会，大家用的汽油，里面都要加铅的。所以说，测这个冰和雪含铅的成分，就可以研究受人类社会生活的影响。但这个成分非常低，到我们目前的环境来测，可能这个样品就被目前大气给污染了。所以他后来拿到清华来测，当时他不相信中国有这个水平，就把这个冰和雪编成不同的编号，随机给我们测完以后，再去把这个数据还原。最后发现往极地的地方走，铅的含量是直线下降的。所以说这确实能够证明，人类社会以铅为标志的元素，是对两极环境有影响的。这是一个具体的例子，依托的是灵敏的光谱探测。

目前的激光光谱探测技术，可以做到单个原子的水平。单个原子探测的水平其实有非常多的用处，我这里介绍第二个例子，就是土壤里的金。地质学家有个理论，如果地底下有金矿的话，会有些金原子游离到地表面。我们需要做的就是在地表面采集一些气体，然后拿到实验室去数，数里面的气体到底含有多少个金原子？金原子多，表示下面含的金矿多。这个的技术挑战在哪儿？怎么去把金原子数出来，因为含量很小，几乎需要达到单个原子的探测水平。激光共振电离的方法，可以做单个原子的探测，那是目前最高水准的灵敏的探测手段。最后我们确实用这种方法探测到胶东半岛有金矿，包括新疆地区也有一些金矿，是所谓的潜伏矿，就是说我们放在那儿不开采，但是知道那个地方是含有金子的。

当然还有很多用途，比如毛细管电泳做药理。我们知道很多药，尤其大家吃到肚子里的药，它其实要真正发挥药效，需要经过好几个屏障，第一个它经过胃液消化，然后进到血管又有个变化，假如要治疗脑中风，最后会到脑部，这时它还有个屏障。所以真正的药物到脑部起作用，要经过好多过程，这些真正有效的药物，到底是什么成分，其实我们可以通过这种激光方法去做检测。

具体我给大家介绍一个，就是通过测 BTEX 来探测石油。BTEX 其实就是一系列的以苯为基的化合物，这些化合物其实跟石油有非常多的标志性的关联，即如果有石油的话，那么这些化合物含量一定是比较高的。在海底我们真正需要做的，就是在海底表面去取一些淤泥，在这些淤泥里面看看这个成分到底含量高还是低，如果含量高意味着这个地底下或者海底下含有油或者石油、天然气的概率就高。用这个方法确实我们测到了，在渤海湾有很多油气资源，跟这个是吻合的。

另外一个就是通过所谓的重力加速度测量。我们学过物理就会知道，地球有引力，以质量乘上重力加速度就是它的重量。这个重力加速度在不同的地方是不一样的，跟什么有关呢？跟你所在的地方，地球下面含什么东西有关。如果含的质量比较大，比如说含的铁，含的比较重的金属较多，它的重力加速度就会高。所以说重力加速度实际上是间接地反映了你的脚底下的地球的结构，做这个测量，物理上当然有很多用处，这个重力加速度对考古，对测地，对导航，对勘探，都有用。

我现在讲的做石油勘探，算是测重力加速度，其实对测油也是有帮助的。这个地方用到一种新的技术，就是激光冷却技术，我们知道光作为一个光子，平常是感觉不到的，对我们有什么压力，比如说有什么力量，对人体是感觉不到的。但是对一个原子，因为原子质量很小，所以光对它的力，原子是能感受到的。现在的一种新技术就可以用六束激光同时打到一个点上，在那个点上的原子就会感受到四面八方来的光给它的压力，这样就可以使得它停在中心这个点上，这就是我们平时讲的激光的原子冷却。这个有什么好处？一般我们做测量的时候，这个原子它总是在运动的，我们坐火车会有这个感觉，就是火车由远到近鸣笛的话，离我们近的时候声音很尖，离我们远的时候，声音就变得比较粗，比较低，这就是我们平常知道的多普勒效应。因为这个多普勒效应使得我们对原子的频率测量，就会受这个原子运动速度的影响。

如果我把这个原子，完全让它停在那个地方，那么测的精度就会很高，这就是一个基本的物理原理。我们用一些实验装置，可以用很多激光把原子冷下来，这样的话，使得我们对光的频率测量，可以测得越来越准。我们还可以测自由落体，自由落体就可以反映它的自由加速度，时间测准了，自由落体的距离知道了，这个加速度就可以测得很准了。这是一个实际例子，到现在已经测得非常非常精准了，可以测到小数点后面十多位。

下面我们介绍核聚变，长远来看，我们认为不管用什么技术，最终解决能源问题，一定是靠核能。我们目前用的核能，都是通过核裂变产生的，也就是说一个重的原子裂变以后，它质量会亏损产生能量。更重要的能源，其实不是裂变而是聚变。这个例子就是我们平常知道的，原子弹和氢弹的差别，原子弹靠的是裂变，一个重的原子裂变成两个轻的原子，而氢弹靠的是聚变，两个轻的原子结合在一起，变成一个重的，这就是氢弹的原理。也就是说，氘核和氚核变成一个氦，聚变能最大的好处一个是能量产率高，第二是它没有核辐射污染，因为它最后生成的是氦，这是一个清洁能源。目前人类在追求实现可控核聚变，核聚变最大的一个困难就是，你如何让这个聚变可控产生。我们知道，氢弹一般都是在原子弹爆炸以后才爆炸，就是因为原子弹造成了高温高压的环境，使得氢弹可以去点火爆炸。我们现在要做的，不是说要引爆一个原子弹，再去取这个核聚变能。我们希望在实验室可控，等于说在实验室去爆炸一个非常小的氢弹，把这个能源拿出来，作为人类使用的能源。

很小的一个靶丸里面，含了所谓的核聚变的元素，那么我们怎么让它去爆炸，一种方法就是用激光。也就是说我们把激光，从不同的部位去打到这个靶丸上，它接受这个激光的能量以后，外表层就会膨胀蒸发出来，反过来有个反冲压力，使得这个靶丸就更小了，压缩到一定程度以后，就满足核聚变的条件，最后就会产生爆炸。当然我说的这个爆炸，不是氢弹爆炸，是一个小范围的核聚变，这就是目前我们讲的，用激光方法有望实现人工可控的核聚变，我们可以看看这个基本的过程。

通过激光能量去产生核聚变能量，我们一般来说，需要输入的能量是激光，最后得到的能量是核聚变能量，那么只要得到的核聚变能量超过激光输入的能量，就可以得到额外的能量，就可以加以利用。这是我们的一个基本数据，激光能量我们大概用一兆焦，如果在一秒钟出来的话，就相当于一兆焦，100 万瓦，输入进去以后，可以得到最后的输出，大概是 14～30 兆焦，如果按照一秒钟计算的话，就是 30 百万瓦。也就是说输入 1 可以得到 30，这样的话，就可以产生持续的核聚变能量，把它加以利用，就可以产生能量。

讲完这个以后，我们第三部分就介绍一下，激光在现代信息社会的用处，其中一个就是通信，我们知道光纤，我们有一些小孩用的玩具，比如说手电筒，上面一束光纤打到四面八方，有很漂亮的彩虹一样的颜色，还有所谓导光光纤、成像光纤，你可以拿个光纤柱，杂志上的字，可以通过光纤导到这儿，可以看到字在这儿。也就是说，光纤目前在光学领域有非常重要的应用，就是由于有光纤，才产生光纤通信。光纤通信与传统的电子学的通信不同，比如电话线，电话线都是通过电线来传导的，一根非常细的光纤传输的通信的容量，跟几千根电线是一样的，所以说通过光纤传输的信息量，是大大超过传统的电学的。目前，我们国家的主干网都是光纤传输，一般光纤传输不需要中继，可以无损耗传输，可以传几千米或者几百千米。现在我们用的互联网也都是用的光纤的方法，最后到了家里入户那个时刻，再把光信号变成电信号，但是真正传导的话，都是通过光纤传输，这是激光通过光纤的一个用处。在现代通信里面，光纤通信是非常重要的一个应用。其中有一个巨大的突破，就是所谓的晶体光纤，晶体光纤的包芯大小大概是 125 个微米约 0. 1 毫米，而芯核只有几个微米。晶体光纤使得目前光纤通信得到一个非常重要的发展，它可以把光谱无限地扩展，从普通的红外波段，一直到延伸到紫外波段，也就是说所有的光谱的波段都覆盖了，这为今后的光纤通信的光源，打下了一个非常好的基础，这是晶体光纤的一个用处。

剩下的就是所谓的光信息处理，比如一个图谱，一个照片，直接看不到什么东西，但是如果通过光学信息处理，把边缘进行检测，它的图像就出来了。这是通过什么实现的呢？是通过光学信息处理，把光的频率，尤其是这种空间的频率进行处理，把一些突变的信息放大，使得边缘凸现出来。也就是说一个照片可以通过光信息处理，得到一些非常神奇的效果。

还有一些例子，比如一根头发丝，从显微镜去看，看的是这种结构，但是如果用光学信息处理方法，加上q调制以后，你可以看到一个头发里面不同部位的不同结构，而且给它上不同的颜色，叫做伪彩或假彩色，那么这也是属于光学信息处理。

还有一个，比如说一个模糊的照片，或者说一个很模糊的碑文，字大家都看不清，但是如果我用光学信息处理的方法，可以把这个信息处理得非常清晰，可以去模糊。这些都是属于光信息处理的效果，刚才讲的都是比较传统的，现在都已经实现了。

我想给大家介绍一个新的所谓量子信息。我们知道，到了目前这个时代，物理中的一些量子效应，会进到日常生活里。比如，计算机的芯片越做越小，再小到微观纳米尺度，量子效应就起作用了，这是为什么讲量子信息。那么量子信息包括三个概念，一个是量子计算，也就是说传统的计算机可能过渡到量子计算机，二是传统的通信要变到量子通信，三是传统的密码可能变成量子密码。那么为什么会讲到这个，就是因为在物理里面有个基本的规律，有一个海森堡测不准定律，也就是说，如果空间距离越小，它的这个尺度上的速度不确定性就越大。我可以举个形象的例子，比如一个高速行驶的汽车，你想把速度测的很准，它在具体的地方就不是很准，这两个不可能同时测的准，这就是海森堡测不准原理的基本概念。就是说，如果芯片做得越来越细，空间位置越来越固定，那么电子在那地方运动速度就越来越不准确，它就可能不在那个轨道运动了，就是说传统的芯片就不能工作了，这就是所谓的量子效应，新的计算机，就一定要考虑量子效应，我们把这个东西叫做量子计算机。

有个业界摩尔定律，都已经是十多年前的说法了，就是说计算机的集成度每过一年半会提高一倍，一直这么提高下去的话，最终会有个瓶颈，这个瓶颈就是所谓的摩尔定律的失效地方。目前人类发现如果用250个原子作为一个基本参量去存储的话，那么它可存储的数据，比整个宇宙的所有的原子数还多，也就是说如果有量子计算机的话，它的存储量是突破性的变化。再举个例子，比如说2002年，科学家成功地找到一个158位数的这么大的一个质数，但是在数学上有个难题，就是你可以知道两个质数相乘，很容易得到积。但是由这个积怎么去分解出这两个质因子数，这个就很难，就是说正着算，很容易得到结果，但是知道积，要去得到两个因子很困难，尤其要得到两个质因子。它的一般方法就是一个一个去排解，当然对于五位的数还比较容易，但是如果我把这个数变成100多位，你要再去算就很难了。这是一个实际的例子，一个129位的数，1994年曾经算过，用1600台大型的计算机来算，花了8个月才把它分解，那么如果是250位的数，大概要用时105年，如果N等于1000，大概要用比宇宙年龄还长的时间来算。也就是说目前我们所谓的保密算法的依据基础。比如说刷信用卡，看它的代码有加密算法，其实都是基于这个算法。即一个很大的数，把它去分解很难，要花很长时间，那么这个就可以做保密了。但是这种算法用量子计算机去做会有很大的差别，一个400位的数的质因数去分解，传统的算法要大概11年，如果用量子计算机来算，只需要几分钟，如果量子计算机实现以后，我们现在所有的这种保密的算法，都会被破解掉，就无密可保。还有一些量子计算机，当然还有很多其他的用处，包括在通信里面量子的密码。量子物理给大家一个基本概念，就是量子态是不可复制的，基于这个原理，你可以做到非常安全的保密的通信，这个我就不多做介绍了。

一般传统做量子计算，我们用光来做信息传导，一个光分成两路，打到探测器上，有的时候是光从这里过来，可能从上面走，也可能从下面走，传统的经典物理就认为光只能从上面走，或者从下面走，不可能从两个地方同时走。量子力学告诉我们，光是可以同时从上和下走是，也就是说，它有二分之一的概率是从上走，二分之一的概率从下走，从上从下走的可能都存在，这是量子力学给大家的一个概念。

一些新的方法都通过光学的手段实现，那量子计算机有些什么新的进展呢？从1998年宣布实现量子计算开始，一直发展到现在，最新的一个进展是清华大学物理系教授龙桂鲁教授第一次实现了完整的量子计算。我们预期最短在我们有生之年，也许可以看到量子计算机慢慢进入到实用的阶段。今天我就花这么多时间，给大家比较笼统地介绍一下用激光去研究生命现象，研究能源问题，和激光在信息上的一些应用，当然还有很多更精彩的故事，我想是随时都可能发生的，而且一直都在发生。

食品安全的溯源管理与转基因食品

吴常信

中国科学院院士，中国农业大学动物科技学院教授，动物遗传育种学家，长期从事动物遗传育种的教学和科研工作。主要研究“节粮小型蛋鸡的选育”和“畜禽遗传资源保存的理论与技术”。已培养博士、硕士研究生超过百人，其中有中国工程院院士、英国皇家科学院院士、长江学者、跨世纪新世纪人才、全国青年科技奖获得者、全国百篇优秀博士论文获得者。

Wu Changxin

吴常信

今天非常高兴能够来参加全国的科普活动日，北京地区科普活动日的主题是“食品与健康”，这个题目可以说不分男女老少，关系到我们每一个人。随着我国社会经济的发展，不同时期对于食品的要求是不一样的。我记得在几年困难时期，能吃饱就不错了，没有考虑健康的问题。后来国家的经济发展了，个人收入也提高了，就要求吃得好一点，每天都要吃点儿肉，还要吃蔬菜，就是要求在吃饱的基础上吃好了。怎么能够不但吃好，还要吃安全、吃健康呢？这还是近十几年的事情。特别是现在说食品都不敢吃了，说这个里头有农药，那个里头又加了什么有害的添加剂，这怎么办呢？再有作为国家的食品安全检测机构，应该怎么做才能使我们老百姓放心呢？

我今天讲的题目是“食品安全的溯源管理与转基因食品”。转基因食品，特别是最近在说美国的黄金大米拿我们中国孩子做实验，这个事情到底怎么回事？这里头应该怎么来分析？我想也借这个机会给大家说说。今天的报告有以下三个部分的内容：

第一部分，食品安全是一个世界性的问题，中国外国都有。

第二部分，全面安全溯源管理，就是说出了问题怎么能够找到根源。

第三部分，转基因食品。

一、食品安全是一个世界性的问题

食品安全是一个国际性的，也就是世界性的问题，像国外，我们举几个例子，2010 年到 2011 年，从德国开始，后来蔓延到欧洲，有些食品，特别是熟食品，受到出血性的大肠杆菌污染；2011 年，日本的地震、海啸导致它的核反应堆泄漏，核辐射通过水、空气对食品造成污染。那么美国呢？他们有一个食品与预防控制中心的研究报告说，美国各类食物性污染的病人每年大约是 5000 万，需要住院治疗的约 128 万，死亡约 3000 人。美国这样的世界经济第一大国，科学堪称发达，它的食源性的病人每年还有 5000 万，占了全国人口差不多1/6～1/5。

国内的情况呢？当然也不乐观，看图 1，有问题奶粉、染色馒头、红心鸭蛋、瘦肉精、蛋白粉、地沟油、植物激素、动物激素、农药残留、毒明胶等，数不胜数，可能还有什么毒豆芽等，2011 年台湾的塑化剂事件，卷入了 300 多家企业，使得 7000 多种食品在超市下架，而且严重地影响了出口。像这些东西，怎么会产生？产生了怎么办呢？怎么管它们？咱们国家每年食源性疾病约有 2 亿人次，差不多也是 1/6 吧，这是根据 2012 年 4 月份的《中国科学报》的报导。要是说美国大概 5000 万的食源性的疾病，我们是 2 亿，如果按 4 倍计算的话，就是说美国死了 3000 人，咱们至少死了 12 000 人。

图 1　食品安全问题

二、全面安全溯源管理

第二个问题，什么是全面安全溯源管理？溯源管理的意思是说，一旦有了问题，可以追溯到根源，也就是说要从根源上来杜绝它，这是出了问题找原因。但是另外一个角度，我们如何从根源上来杜绝不安全的食品。过去是从原料到产品，现在要求延伸到从农场到家庭，有的还说从农场到餐桌，如果是到宾馆餐厅的餐桌，是应该的，到家里头的就不好说了，因为家里头可能案板不干净，或者保存的时间过长，冰箱里头放了其他的食品被污染了，这个都不好说。食品安全要求全程的生产监控，包括生产环境、加工过程、流通环节等。流通环节也挺重要，比如说，我们食品要装车，车里有食品盒，也得看车是不是清洗消毒，食品盒是不是清洗消毒，包装有没有破损，货架有没有污染，等等。

更重要的是要改变我们的观念。什么观念呢？以前食品安全部门就是抽查，说这个蛋有没有问题，那么我查查它，通过强光来透视散黄了没有，干脆或者打开看看里头有没有不干净的东西。这个是有限的，就是说抽查不可能全都查了，全都查了那就没法上市了，只能抽查一部分。这个属于“后验”，可以说是消极的，你抽到了，说这个有问题，那就不能吃了，那还有没抽到的呢？

怎么才算是对的呢？应该是“先验”，就是控制过程，食品生产的整个过程，生产、加工、流通，从农场到家庭每一个可能产生问题的环节都给它分析到，对它进行控制才保险。我记得我以前到商店去买个收音机或者是收录机得一个一个地挑，这个听听好不好，这个声音不太好，换一个听听好不好，这个还可以，我就要这个。现在没有这么挑的，现在只挑品牌，索尼就是索尼，三洋就是三洋，你挑了以后，他到仓库里给你拿一个，出来告诉你，如果不好，多长时间之内你可以来换。没有说在商店里头一台一台拆开，拆开一台挑一台，为什么呢？以前就是整个生产环节上，每一个环节都可能出问题，所以这样必须要来检查产品。现在整个生产线都自动控制，像做电视、空调什么的都有它的一定的规格，所以出来的东西都是合格的，偶尔有个不好的，可以来退货。这个就是说控制过程，就是这么一个情况。

怎么才能控制住整个过程呢？就要积极推行一个叫作 HACCP 的管理体系。什么叫 HACCP 的管理体系呢？HACCP 是几个英文单词的字头，H 是 hazard，A 是 analysis，第一个 C 是 critical，第二个 C 是 control，最后一个 P 是 point，翻译的意思就是公害分析与关键控制点。这是一个字一个字来说的，按照一般的汉语意思就是公害分析与关键控制，意思就是说对全过程里可能出现的问题都给它分析出来，那么每一个可能出现的问题，我们把它看成是一个关键点，怎么来控制它？比方说猪肉，要从养猪开始，养猪要有饲料，饲料是从地里种出来的，地是要有水、肥来灌溉的，所以每一部分，我们从水和肥料开始来生产玉米，玉米做成饲料，饲料再来喂猪，还有猪场环境干净不干净，猪本身有没有病，养大了送屠宰场，屠宰场里头屠宰、破膛等等，一直到猪肉，到超市里头，货架干净不干净，看看有没有打上生产日期，过期的一定不能吃，这样才叫放心肉，当然这个饲养过程中，不能喂什么瘦肉精，饲料玉米里不能有农药残留，所以说，严格地控制每一个关键的话，食品安全是能保证的。

2008 年北京举办奥运会，后来开完会总结，市领导非常高兴地说，整个奥运会期间食品绝对安全，为什么呢？因为是“零事故，零投诉”，没有发生任何食品安全的事情，也没人来告状。我在一次讲话里头说，在一个时间、一个范围里头，做到这个不难，但是要做到全国13亿人民的食品零事故、零投诉是太难了，事实上每年都有事故，每年都有投诉，也就是说我们知道该怎么做，应该按照这个“公害分析与关键控制”的方法做，但是我们做不到。商场里头、超市里头有食品卫生检验的设备，也有一些仪器，但是基本没有人做，再说有的人也不是很专业，或者也不是按期去做去分析，如果真要分析，根本忙不过来，所以这样总是或多或少会产生一些问题。

这个HACCP是怎么产生的呢？它最早是从20世纪70年代一项食品安全的计划，从美国研究宇航员的航天食品开始，后来扩大到所有的食品生产。国际食品法委员会，也就是国际食品标准制定组织，已经把HACCP确认为国际食品的安全标准。

有的国家或地区，像美国、欧盟、加拿大、日本普遍将HACCP体系作为控制食品污染的各项规定的基础，而且强制性地要求食品生产和加工企业以及贸易组织一定要采用HACCP的这个标准，不能不用，非用不可。现在我看到我国也有好些食品经过HACCP的认证，这个认证的组织是很需要的，认证的过程也应该是科学的，但是我们看到经过认证的产品和食品往往还有问题，我们知道前几年发生的婴幼儿奶粉的三聚氰胺的问题，它就是经过认证而且国家标准局给了它叫作“免检产品”，就是不用检查，准是好的，这是绝对错误的。因为你不能有免检产品，你一定要检查，你说免检，它就更不负责了，后来国务院公布了食品不能有免检了，都得查，这个当然很对。应该说所有产品都不应该有免检，为什么呢？中国说免检，外国没有一个国家承认你的免检产品可以不查。再有生产厂家被检查的时候给你做得挺好，免检了它就放松了，反正你也不来查了。这个还误导了老百姓，说这是国家免检，一定是好的，老百姓都是这么想的，所以免检是绝对不应该有的。

那么其他国家怎么做？我们举个美国的例子，美国政府的三大部门，行政、立法、司法都在为确保国家食品安全发挥根本的作用。奥巴马签署了食品安全的改革法。国会大概可以相当于我们的人大，负责审查和通过法令，授权行政机构实施法令。不过我国食品可能有的归农业部管，有的归卫生部管，有的归轻工部管，那么各个部门、行政机构还要通过制定标准、措施、实施细则来立法。如果执法发生纠纷，应该由司法部门来负责仲裁。

美国国会通过的食品法有《食品药品和化妆品法》《肉品检验法》《禽产品检验法》《蛋产品检验法》《食品质量保护法》，还有《公共卫生服务法》，这是跟食品安全有关的一些法律。当然法律咱们国家也有，也很多的，关键是执行得怎么样。

还有它的食品安全机构跟我们国家不太一样，美国农业部有《食品安全检验局》，它管肉、家禽和禽蛋；还有《动植物卫生检疫局》管的，像动植物的病虫害；卫生部门管的，除刚才说的，肉、禽、蛋以外的其他食品和药品都是卫生部管；还有一个环境保护局，它负责与公众健康有关的环境安全，比如说，一些杀虫剂的使用。所以严格来说，美国吃的东西，只有食品跟药品两类，没有保健品，而咱们国家还有保健品，这个保健品只能说，你相信它就吃，不相信它就不吃，只能是那样。像老年人补钙、补维生素，这是药品，没有问题。保健品呢？这就不好说了，相信它就吃，不相信它就不吃。

HACCP 制定的过程，这是很关键也很负责的，有一些 HACCP 的认证的机构，它是要赚钱的，它是营利组织，让你们自己写一个报告，然后他们派人去查一查，查完了以后也许有的地方要改一改，有的地方就行了，发给你证书。你交钱，就算通过了，这样不行的。所以说执法、认证的机构，我个人认为应该是一个非营利组织，受上级行政部门控制，上级来负责，不能说成立一个公司，公司是赚钱的，我看了好几个 HACCP 公司，都可发认证的证书，还有什么绿色食品啊等等认证都有，但谁来管认证单位呢？这个很要紧，认证赚钱，发了一个证书就过了关，这个对我们老百姓是没有什么好处的。

这个认证应该怎么认呢？按要求成立一个 HACCP 小组，它要确定食品性质、生产方式、流通形式，要确定食品用途和消费对象，制定食品生产流程。通过生产流程才知道每一个流程里头有哪些关键需要控制的，确定关键控制点。公害分析有生物性的、化学性的、物理性的，对每一个控制点都要制定限制值，有的是不许超过多少，不允许超标，有的是高了不行、低了也不行，所以它是一个相当科学的、复杂的过程。首先要成立领导小组，这个领导小组里行政领导是要有的，另外专家是要有的，第三倒可以有同行业的大公司也来参与，因为有些东西它有潜规则，只有这些公司自己最了解，否则把它放在外面，它总有对付你的办法。

HACCP的实施实际上是拟定了各项标准，就是个执行过程。它有公布、执行、监督，我们不去细说它。这里要说一下人员的训练，建立HACCP系统正常运行的程序，并对记录数据存档，这个很重要。发了证书的，你是不是对每个过程里头记录的数据都能保证，首先检查就要检查这个，没有这个就肯定说你是没有认真去做，这个记录数据首先检查，当然说数据做假那又是另外的事了。这个好处前面已经谈过了，我们为什么要做HACCP呢？好处就是可以防止食源性疾病。美国在911恐怖事件以后，为了防止食品安全事件发生，专门在2002年颁布了《公共卫生安全与生物防恐反应法》，它有四项新的规定，这四项就是食品企业要登记，这个咱们国家也有；食品进口要事先通报，只要不是走私的，咱们国家也有；食品成分和食品供应档案，要保存一定期限，比如进口鱼粉、奶粉，要存档一部分，哪个批次有问题，哪家生产的，什么时候生产的，可以追溯到根源；如果违反上述规定可以绳之以法。这些对我们国家的食品安全也是个启示。

三、转基因食品

我们再讲一下转基因食品，我们在网上可以看到，近来对转基因黄金大米拿中国孩子做实验反应很强烈。这是美国的《医疗营养》杂志里头的一篇文章，这里头好几个是中国作者，第一个是美国一个大学的研究营养的教授，是美籍华人，后面有几个是我们国家的医学上的专家。大概过程就是说，这个黄金大米，按英文说应该是金黄色大米，我们说成黄金大米，为什么是黄的？因为这个大米里头有β胡萝卜素。咱们吃胡萝卜，有的是红胡萝卜，有的是黄胡萝卜，这里头含有胡萝卜素。β胡萝卜素在人体里头可以转化成维生素A，有时候包括老年人，都要补充点儿维生素AD，有这个AD的药丸，以前我们那个时候，它不叫维生素AD，叫鱼肝油丸，鱼肝油里头有维生素A，当然鱼肝油里头还有别的成分，有的不好，所以鱼肝油丸不吃了，吃维生素AD丸了。如果缺少维生素A有什么后果呢？大概全世界有25万的孩子眼睛瞎了是由于缺少维生素A造成的。黄金大米是用转基因的办法，在水稻中转进去使得β胡萝卜素含量高的基因，所以它的颜色也变黄了。他们想如果这个黄金大米里头的β胡萝卜素量足够的话，那么不用再给小孩吃维生素A药丸了。做这么个实验，把湖南省一个小学的孩子们分成两组，一组是吃黄金大米做的饭，一组给他喂维生素A丸，这两组结果呢？得出的结论，效果一样，所以这样就有可能不给吃药丸了，就吃主食里头黄金大米，就能够满足维生素A的需要，大概意思是这样，不过在试验里还加了吃菠菜的一组。

我个人觉得这个事情很不应该。第一是伦理上，你要做人体实验，这个跟做动物试验不同，跟用小耗子啊、狗啊、猴子啊不一样，到底是人，不能有任何风险，但是你做实验，你说没有任何风险，我们就不用做实验了，大家吃就行了，那说明还是有风险，这个要非常慎重，你要通过一系列的工作来说明你这个实验的目的、意义、重要性，而且你这个实验的材料或者你提供的吃的东西要风险最小最小，至少你要有其他实验的基础来支撑你这个意见，才可以拿人来做实验。美国到2009年以前就没有拿人做过实验，2009年是做过成人的实验，那为什么2008年非得要拿中国人来做呢？这个当然也不应该，既然你知道不应该，怎么不在美国孩子身上做，跑到我们中国孩子身上做呢？所以伦理上你拿人做实验，而且至少你美国没有提供这种实验结果，就拿我们孩子做实验，当然我们不同意，但已经做了。第二法律上，它是要负法律责任的，如果你不符合审批的各个环节的规定，那么你应该是要负法律的责任。至少就拿人体做实验来说，有一条叫作知情同意，你得让孩子们的家长知道，你是做什么实验，也知道你喂的这个东西，从你前期的实验来说是没有什么害的，同意了，家长要签字，而且中间可以退出，所以这个人体实验在医学上要求是很严格的，如果你不按这些程序走，是要负法律责任的。第三是科学道德方面，科学上要实事求是。从这个实验来看，第一个作者是美籍华人，后面三个都是中国人，分别属于三个不同的机构，有一个说我不知道这个事儿，我也没签字，跟我没关系；有一个说我知道了，我也签字了，但是对方没有说明白。有关的部门都是国家部门，有的是政府部门，有的是研究所，都说不知道。但是知不知道呢？只要你签了字，当然是要受检查的，没签字再另说，别人给你签的，那也是查得出来的，只要你签了字，你应该要负责的。所以现在查来查去，除了一个人说是，这字是我签的，但是我不知道他们给孩子们吃了这个黄金大米的。像这些情况，我们想至少应当是什么就是什么，你作为科学家应该来承担这个责任，这是个科学道德问题。

我再回到转基因的问题来，转基因事情咱们国家是在做的，国家还有转基因重大专项，有几种作物，水稻、玉米、小麦、棉花、大豆，是在做转基因的。家畜里头有三种，牛、羊、猪，是立项作转基因研究的。转基因跟常规育种相比是有利的，至少要具备三个条件：第一常规育种做不到的，转基因可以做到；第二比常规育种要快得多的，常规育种要几代人才能做出来，转基因几年就做出来了；第三它的产品对人和环境是安全的。图 2 是国外的一些转基因油菜、转基因的抗虫棉，这个咱们中国也有，还有转基因的花，转基因的花还是挺好看的，如果对现在的环境没有害的话，倒是可以考虑来进行的。

图 2　转基因油菜、抗虫棉、花

转基因技术有四个方面：①目标基因的获得；②获得基因的转入；③转入基因的表达；④表达基因的遗传。我们不去一一细说它了。那么它跟常规育种相比较有什么不同呢？我们简单画个图（图 3）。

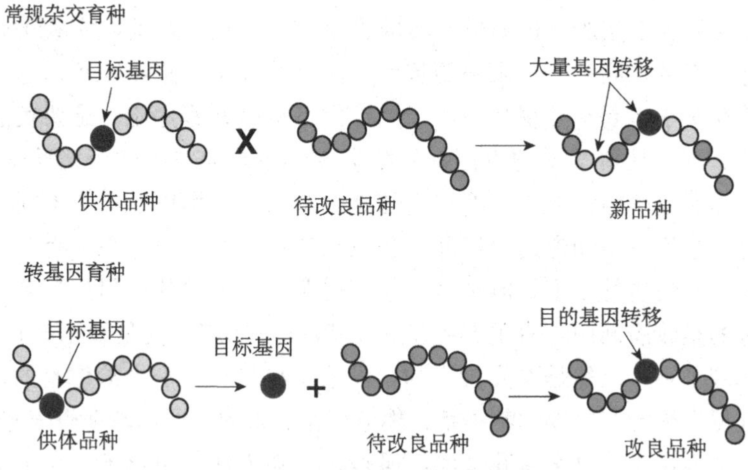

图 3　转基因与常规杂交育种的比较

打个比方是这样的，这是一个我们所需要的目标基因，它是抗虫的，或者是抗某种除草剂的，那么用它跟没有这个基因的品种来杂交，使得新的品种里头也含有目标基因，但是一般的常规杂交，我们不需要的基因，也跑进去了，这是常规的杂交育种。那么转基因是什么意思呢？就拿一个基因来说，把这个基因取出来，通过一定方法转进去。要按这么说，转基因应该挺好，否则，常规育种还有好些别的基因，不管你要不要都转进去了，转基因就干干净净转一个你需要的。但是这个里头，我刚才说到了几个技术，你能不能把这个基因找到它，克隆出来，把它转进去，还要它表达，还要它遗传，这是一个复杂的过程。

刚才说的是关于转基因研究，有它的意义和所需要的技术。对转基因食品的争议，有同意的，有反对的，有无可奈何的。什么叫无可奈何呢？我不想同意，但是我也在吃，为什么呢？美国的大豆，大部分都是转基因大豆，我们拿来做成豆粕，榨成油，都是转基因油；美国的玉米，我们进口的也都是转基因玉米，我们再做饲料，喂猪、喂羊，我们再吃猪肉、羊肉，这是无可奈何的。那么有一个问题，美国人吃不吃，别美国人不吃，专让第三世界像我们中国这样需要进口玉米啊、大豆啊，这样的国家来吃。有人问过美国人，他说我们美国转基因玉米占整个玉米产量的85%，转基因大豆占大豆总产量的90%，做糖的转基因甜菜占了总产量的95%，你说我们美国人能不吃吗？不吃吃什么？有的说美国人吃转基因食品已经有两代人了。美国食品药品监督局跟欧洲不一样，欧洲转基因的产品要标明，这是转基因的大豆做的油，要有标明。在美国不需要标明，为什么呢？它还不让标明非转基因食品，这个怪了，转基因不标明就是说那你们的转基因食品太多了，都是转基因的，你标它干什么呢？还有不让标明转基因，理由就是，我们只认产品说明上的成分，多少蛋白质，多少脂肪，多少糖分，对于你公布的这个标准要来检查、监督，你要负责，但是不让标注非转基因，为什么呢？因为你写了非转基因就是一种歧视，对谁的歧视呢？对大量的转基因产品的歧视，好像你非转基因就一定比转基因强，所以美国跟欧洲的态度不一样。美国几亿人已经吃了十几年的转基因食品，但这个并不等于说转基因食品就一定没有害，因为赞成的和反对的是两种意见，无可奈何的不去管它，像我们都是无可奈何。赞成的说美国几亿人已经吃了十几年转基因食品了，也没发现什么问题；反对的说你吃了十几年，你儿子吃了吗？你孙子怎么样？也不知道啊。所以两边谁也说服不了谁，争论还会继续。

中国农业大学，有学生做过一个调查，调查什么呢？调查部分学生对转基因技术的态度。因为我们还没有说，我们吃不吃转基因食品，尽管我们食堂里头，油啊，这些大部分都是转基因大豆生产的油，但是总的趋势看，反对的跟支持的接近一半一半，45%和55%，但是学不同专业的学生态度很不一样，学农学、生物类专业的大部分支持；信电、理工类的也只有一半支持；人文社科的大部分反对，说不能吃。这是从不同专业背景的一个调查的结果。有人也许会问，吴老师，你为什么敢吃呢？你就不怕发生问题吗？后来我想了一想，我还得吃，为什么呢？我说我不吃，那么美国在转，它给你豆粕是当饲料的，玉米是当饲料的，榨的油也是转基因的，就是说别人转了卖给你，你还得吃，那还不如我们自己转呢。

致谢：本文图2、图3来源于朱作言院士的PPT，在此表示感谢。

飞行奥妙与空气动力学原理

刘沛清

1960 年 12 月 30 日生，系山西省忻州市人，中共党员，博士学位。1997 年至今，在北京航空航天大学流体力学研究所工作；2000 年至今，任教育部流体力学实验室责任教授，博士生指导教师；2003 年至 2012 年，任航空科学与工程学院副院长。现为空气动力学国家级精品课负责人，国家级航空航天实验教学中心主任，中国空气动力学学会第六届理事会理事，中国空气动力学学会流动显示专业委员会副主任委员，第九届流体力学专业委员会工业与环境流体力学专业组副组长，第八届科学普及工作委员会委员，《空气动力学学报》编委。2000 年获”全国 100 篇优秀博士论文“称号，2005 年获国家教学成果二等奖，2009 年获北京市教学成果一等奖，2011 年获北京市教学名师。长期从事空气动力学、水动力学实验和数值模拟工作。承担国家自然科学基金项目、国防预研和国防基础等多项课题。

主要研究方向：现代飞机旋涡分离及其控制技术，高速层流控制技术，现代高效轻质螺旋桨设计与优化技术，大型飞机起降气动特性、地面效应和水上迫降。

Liu Peiqing

刘沛清

飞行，顾名思义就是在空中飞、在天上飞。天到底是什么样子的呢？屈原（公元前 300 年）在《天问》中写道：“日遂古初之，谁传道之？上下未形，何由考之？”这就说明人类在自古代便对神秘莫测的天际有着无限的向往和崇拜。这一张是伏羲和女娲的一张图片（图 1）。这幅图中的伏羲和女娲头顶太阳、脚踏月亮，既表达了人类始祖遨游日月苍穹的憧憬，也反映了我们中国人对太空的想象。古代人们就认识到，天空不仅仅是指大气层这一段空间，还包括了从地球到月亮和太阳那一段之间的空间。人类要想飞上天空，是从模仿鸟类开始的，但是花了很长的一段时间才认识到飞的原理。

图 1　伏羲和女娲

人类从飞鸟得到启示并向往飞行，但长期受认识上的限制，对飞行的愿望只能寄托于神话与遐想中。人类真正实现了翱翔天空的梦想，应归功于近代100多年的历史。1903年12月17日，美国莱特兄弟发明了第一架带动力的飞机，并成功实现了飞行（图2）。尽管这架飞机飞行的时间不到一分钟，但是后人给它了高度的评价——为人类开创了航空新纪元。经过100多年的努力，人类掌握了飞行的奥妙，克服了各种技术难关，研制出各种不同用处的飞行器。飞行器成为20世纪人类最重要的科技成果，为社会的文明发展起到巨大的促进作用。而航空科学技术则成为一个国家科技成就、社会文明发展的非常重要的历程产物。

图2　莱特兄弟和他们发明的飞机

人类虽然没有翅膀，但有一个拥有无限智慧和遐想的大脑，通过对鸟的飞行奥妙的认知与实践，制造出的各种飞行器，在尺度、飞行高度、飞行速度、飞行航程、复杂程度等方面，远非鸟所及，远超过唐代诗人李商隐的名句“身无彩凤双飞翼，心有灵犀一点通”。如图3所示，天鹅号称是羽毛最多的鸟，但是羽毛和骨头加起来的数量总和也就是25 000个多；人们常见的飞机波音747-400，有600多万个零部件，是火车、汽车零部件的10的6次方的倍数。飞机的复杂程度远远地超过了鸟类。

图3　天鹅与飞机波音747-400

如今在大气层内飞行的飞行器数量巨大、种类繁多。如图 4 所示，飞行器可以分两大类，一大类是通过空气浮力产生的飞行器，这类飞行器的密度比空气轻，如气球、飞艇；另外一大类是通过机翼产生的飞行器，这类飞行器的密度比空气重。在第二大类中又分固定翼飞行器（如滑翔机、民航飞机）和非固定翼飞行器。非固定翼飞行器又包括三类：一类是旋翼机，如直升机；一类是现在在日本冲绳岛和美国服役的倾转旋翼机；另外一类是人们现在已经开始制造的扑翼机。

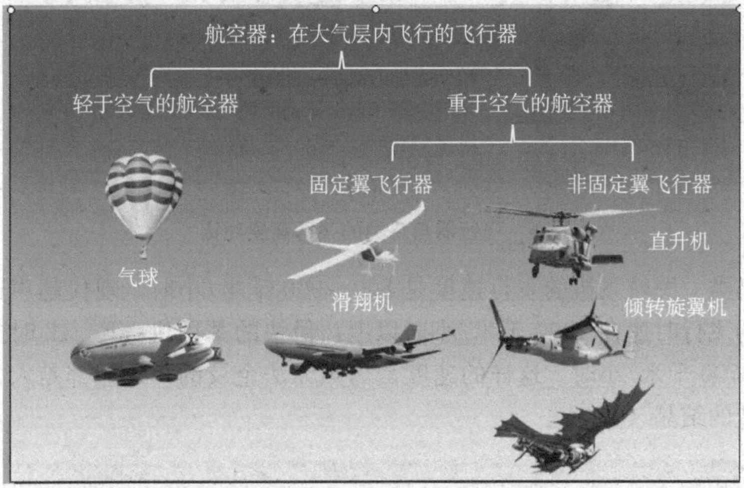

图 4　飞行器的分类

人类制造的各种各样的飞行器，飞行高度也大不相同。如图 5 所示，横坐标表示飞机与鸟类的尺度，纵坐标表示飞行的高度，无论尺度还是高度，鸟类都集中左下角很小的地方。如世界上最大的鸟（信天翁）翼展可达 4 米。而人造飞机的展长可达到几十米，如空中客车公司生产的飞机 A380，翼展长度为 80 米。从飞行高度上看，一般鸟飞行高度在一两千米，即使飞得最高的鸟也只能在 9000 米海拔翱翔。而飞机常常在 10 000米左右的高空中巡航，如民航飞机巡航时的飞行高度常为 11 000 千米左右，远远超过了鸟类的飞行高度。另外高空飞艇一般在 20 000 米左右，离大气层更远的地方还有卫星等等。

从飞行速度而言，鸟类飞行的速度和人类飞行器的速度也不在一个量级上。鸟类的飞行速度通常只有每小时几十时千米，即使鸟类中飞行速度最快的雨燕也只能达到 170 千米/小时。人类飞行器的飞行速度远远

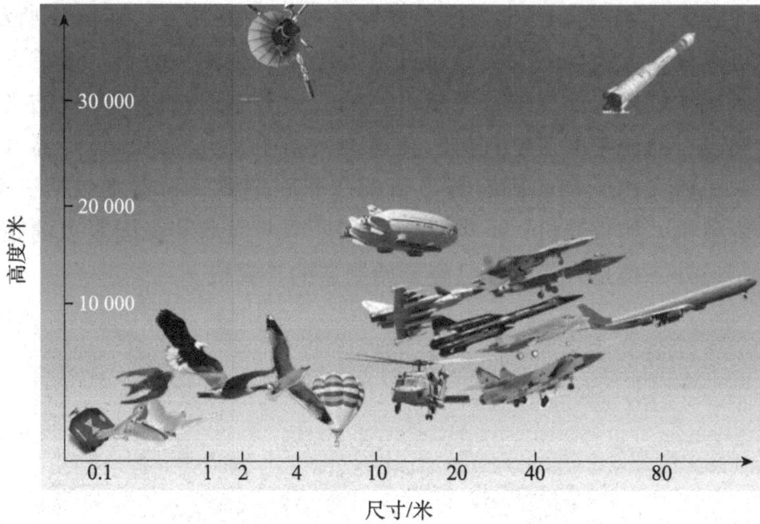

图 5 飞行器与鸟类的飞行高度对比

超过鸟类。民航飞机的飞行速度是 800～900 千米/小时，现代超声速战斗机的飞行时速在 2000 千米/小时以上，最快的军用机 YF－12 时速可达到 3700 千米/小时。这样的速度是鸟类无法企及的，这些都是人类智慧创造的结晶（图 6）。

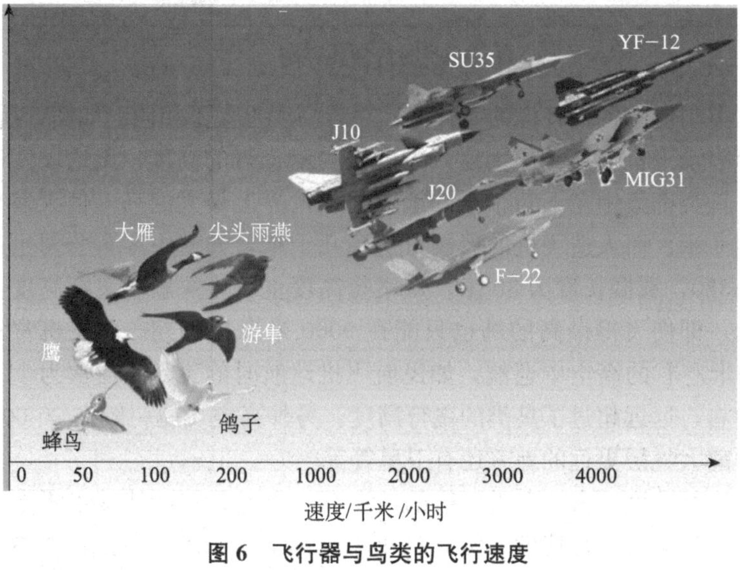

图 6 飞行器与鸟类的飞行速度

林林总总的航空器在不同领域发挥着各自的作用。航空技术水平成为衡量一个国家经济技术水平、国防实力和综合国力的重要标志。退去高难度的技术层面，飞行器的原理到底是什么？现在看来并非难事，但人类花去将近 100 年的时间才认识了这个原理。例如气球，气球本身的重量就像中国的秤砣，当把这个秤砣拽起来的时候，向上举力和秤砣重力相等，此时气球就可以飞起来了，这就是气球飞行原理，如图 7 所示。飞机飞行原理就像中国的杆秤，如图 8 所示，飞机上中间作用一个上举力，一边是重物，一边是秤砣，当这三者的作用力和力矩达到平衡时，飞机就可以在空中飞行了。然而就是这简单的力平衡原理，人类也历经了上千年的认识与实践。

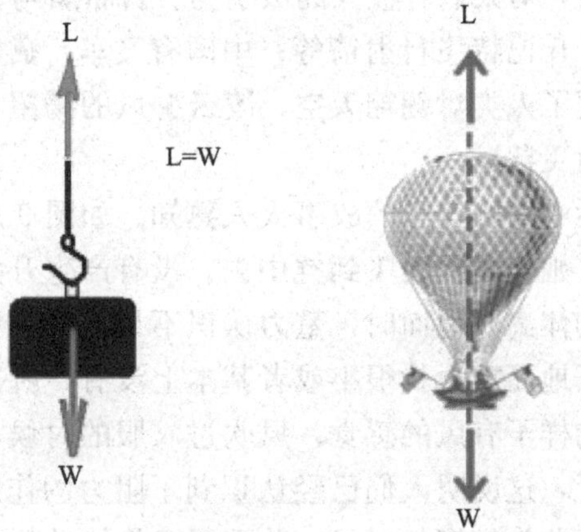

图 7　力平衡原理——弹簧秤

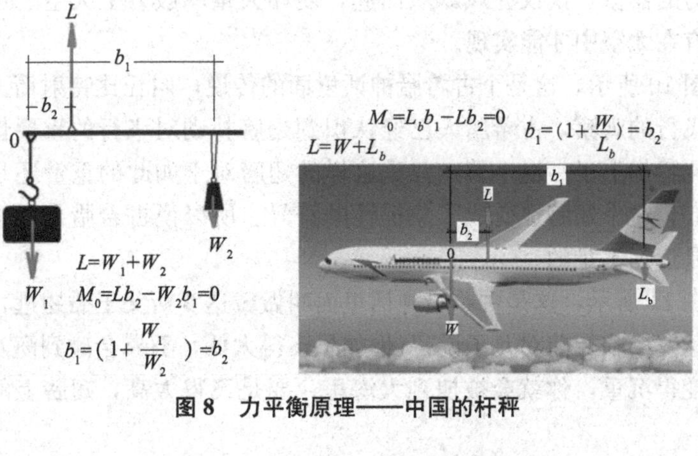

图 8　力平衡原理——中国的杆秤

人类要想实现飞行，须要回答飞机在飞行中如何产生升力？如何克服空气阻力？如何保持平衡或稳定？以及远航时，如何控制与导航（不要飞偏或者回不去)？等等，这些问题是人们在近代百年来所回答的。从历史看，人类飞行发展史课大概可分成四个阶段。第一个阶段是飞行的梦想，在此阶段人类是靠遐想来实现飞行的。第二个阶段为飞行的尝试与实践，该阶段人们为了从梦想中变成现实，对飞行进行了大量的尝试性实践。第三个阶段为对鸟的模仿实践，也就是所谓自然界启发飞行。最后一个阶段是智慧的结晶，在近代百年的历程中，人类利用智慧创造性地发明了大量多复杂的、不同用途的飞行器。

人类关于飞行的梦想源远流长，古已有之。大量关于飞行的神话与传说，美丽而玄妙，对人们有极大的吸引力。古希腊与古罗马有架战车飞行、羽衣飞行、丘比特飞行射箭等；中国有飞车、嫦娥奔月等。种种传说，无一不表现了人类对翱翔天空、凌云御风的渴望与遐想。人类渴望像小鸟一样自由飞翔!

中国古代神话中嫦娥奔月的故事人人熟知。如图 9 所示，嫦娥在奔月中。嫦娥很轻，她轻飘飘地飞到空中去，没有产生升力的部件。这说明当时的人们对物体离开地面时，重力认识不足，以为鸟也像人类想象的那样，只要离开地面重力就很小或者基本上没有，所以才有飘起来的样子。可是嫦娥的样子有风的感觉，风吹过衣服的时候，由于阻力的作用，衣带飘起来了，这说明人们已经认识到了阻力的作用。因此，在人们对重力的认识还非常模糊的时候，并不了解物体升到空中时依然会受到重力的作用。那时的飞天传说充满了玄秘与浪漫色彩。嫦娥没有借助产生升力的器械，仅仅凭风飘然而起，便如失重一般升上天空。这样的情景只有在太空中才能实现。

如图 10 所示，这是个古希腊神话里面的传说，叫丘比特射箭。通过对鸟类飞行的观察，古希腊人已经认识到翅膀扑动对飞行的重要性，于是为丘比特加上了一对小翼。只是这样的翅膀对于如此的重量还是显得力不从心，这个翅膀也变成了象征性的符号。所以说古希腊人对重量的认知还是远远不足的。

如图 11 所示，这是古希腊神话里面叫做戴达罗斯父子插翅逃亡的故事。戴达罗斯临行前对儿子说:" 你如果飞得太低，羽翼会碰到海水，沾湿了会变得沉重，你就会被拽到大海里；要是飞得太高，翅膀上的羽毛

图 9　中国古代神话传说（战国末年）——嫦娥奔月

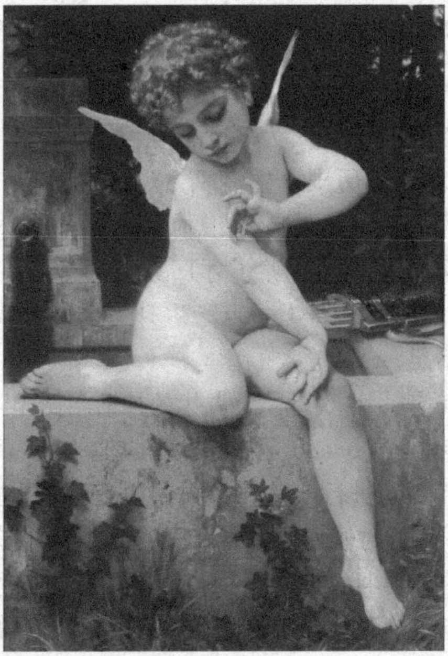

图 10　古希腊神话传说人物（前 800 年）——丘比特（厄洛斯）

图 11 古希腊神话传说（前 800 年）——戴达罗斯父子插翅逃亡

会因靠近太阳而着火。" 可见此时人们已经对飞行中重力的影响有了一定的认识，只可惜伊卡洛斯还是因为翅膀散落命丧大海。对风力的认识和应用在中国已有 4000 年的历史，凭借风力飞行的设想早在公元前就有记载。列子是战国时代的传奇人物，据说他能乘风而行，轻虚缥缈，微妙无比，一飘就是十又五天，飘游够了才回家，那个自在劲儿，令人羡慕不已。但如图 12 所示，列子身上一点产生升力部件都没有，这说明当时人们对重量的认知不足。

在公元 100～200 年，北欧有一个古代的神话叫做 Wayland 的羽衣（如图 13 所示）。根据传说，Wayland 是铁匠，制成他的第一套飞行翅膀后，就开始同他的兄弟 Egil 一同进行实验，且强调说道："顶着风飞，你就容易升高。以后，当你下降的时候，要顺着风飞扬。" 结果他弟弟按照他的方法去做时发现，起飞的时候羽衣非常平稳，顺风下降时并不平稳。这说明飞行器顺风飞行时性能差，而且容易失稳。后来 Wayland 告诉他弟弟说："我忘了告诉你，你回来的时候也是逆风就好啦。" 从这个故事当中可知，人们已经认识到了飞机、风筝等飞行器逆风起飞和着陆是最好的、稳定和安全的。所以到飞机场送行的时一般不说一路顺风，而说一路平安为好。

图 12　古代中国对风的认识（战国时期）——列子御风

图 13　北欧古代神话（公元 100～200 年）——Wayland 的羽衣

公元725年，李白在《上李邕》诗中写道："大鹏一日同风起，扶摇直上九万里。假令风歇时下来，犹能簸却沧溟水。"从大鹏的飞行原理看，第一句说当风速达到一定值时，大鹏可以借风的力量而扶摇直上，因为只有当风与羽翼的相对速度达到一定值时才能产生足够大上举力；第二句话说如果风停下来，大鹏飞停水面，通过羽翼的气流仍能扬起江海面上的水体，也就是说风已经停了，但大鹏羽翼和空气之间的相对运动所产生的气流同样可以把海水激起。由此可见，李白那时就已经注意到空气和羽翼的相对运动可以产生上举力，说明李白对鸟飞行的观察是十分细致的。这里的大鹏（如图14所示）是指《庄子·逍遥游》里面的大鸟。在《庄子·逍遥游》中记载："北冥有鱼，其名为鲲。鲲之大，不知其几千里也。化而为鸟，其名为鹏。鹏之背，不知其几千里也。"

图14　《庄子·逍遥游》中的大鹏

实际上古代记载的大鹏，外形看很像鹰，而且各种鹰的飞行姿态和古代鹏的飞行姿态十分相像。前面所有提到的故事或者事物，都是古代文人笔下关于飞行的幻想。要想把飞行幻想变成现实，人们经过了长期的飞行尝试性实践，下面说明人类是怎样实现飞行的。

通过对力的属性认识逐渐加深，人类从幻想走向了实践。要想飞行首先要有作用于飞行器上的上举力（空气动力学也叫升力）以克服重力。前面已经提到，气球升空是最简单的作用其上的升力与重力平衡的例子。人们知道这个原理后，早期的飞行器如孔明灯、风筝、竹蜻蜓等以最简单的方式解决了升力产生的问题。孔明灯（图15），在《三国演义》里诸葛亮使用过它。诸葛亮把情报放在孔明灯里，他根据气象知识判定风的方向，然后在灯底点燃灯芯，通过灯芯的燃烧，灯里面的气体加热，加热的气体密度较轻，而外面的冷空气密度较大，这个密度差就产生了向上的浮力。在风的吹动下，诸葛亮使用这种灯顺着风向可把情报送出去，因此人们把这样灯称之为“孔明灯”。孔明灯升空原理是由静浮力克服重力而实现的。孔明灯里面热空气的密度比外面冷空气的密度小，这个密度差会产生浮力，如同物体在水中产生浮力道理是一样的。所以当浮力大于气球的重量时，气球就慢慢浮起来了。空气在地面密度大，越往上空气的密度越小，所以气球并不是无限上浮的，而是开始时浮力大，后面浮力慢慢变小，最后浮力和重力平衡时，气球不再上升而是在空中某处飘着。利用孔明灯把这个情报送出去其实是很危险的，因为如果风向改变，孔明灯就会跑到敌方去。

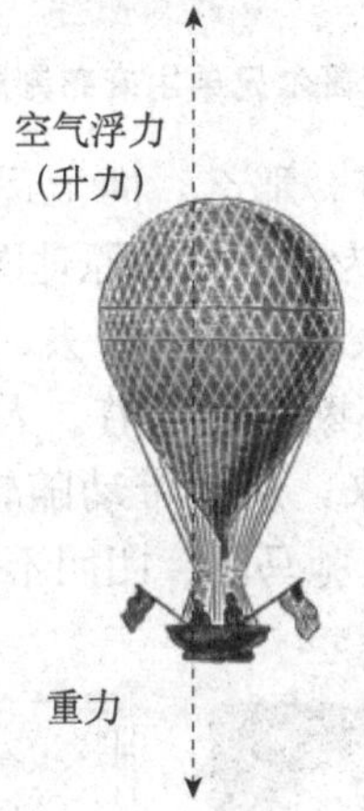

图 15　孔明灯（三国时期）以及原理

真正在科学上实现热气球升空的是法国人蒙哥尔兄弟。在 18 世纪(1783 年 6 月)，蒙哥尔兄弟用麻布制成热气球，完成了热气球的升空表演(图 16)。所以热气球实现成功飞行是蒙哥尔兄弟发明的。蒙哥尔兄弟在气球底下燃烧一种草或者其他物质，加热的烟气就进入到气球里面。气球里面的热烟气密度比外面冷空气密度要小，从而产生上浮力，导致气球升空。热气球和孔明灯原理是一样的，只要上浮力等于重力，气球就可以升空飞行了。

另外一种利用热气体向上运动而驱动的简易装置为中国的走马灯，与气球原理完全不同。人们在走马灯里面点燃蜡烛，当蜡烛燃烧到一定时候，灯里面气体的温度就会升高，这时灯就会转起来，在灯罩上画着不同人骑着马的姿态，这时人们看到旋转灯罩上的画就好像马不停地往

图 16 法国蒙哥尔兄弟用麻布制成的热气球

后走过去，由此称之为走马灯。那么，向上运动的热气流是如何让灯罩旋转起来的？如图 17 所示，为走马灯的原理图，当灯烛点燃后，里面会产生向上的热气运动。气流从马灯底下进去，然后从灯罩上面钩子底下的叶片缝中向上排出，源源不断地循环着。人们会发现当气流通过螺旋型叶片时，将驱动叶片转起来，从而带动随轮轴一体转动的灯罩旋转。从灯罩外面看去，便成为“车驰马骤、团团不休”之景况。

图 17 走马灯（公元 1000 年）及原理——燃气涡轮的前身

荷兰的风车最早是从德国引进的，如图 18 所示。荷兰风车旋转的原理也很简单，当风吹过风车桨叶时，荷兰风车会自己旋转起来。开始时，风车仅用于磨粉之类，到了16～17世纪，风车对荷兰的经济就有了十分重要的作用。

图18　荷兰风车（1200年）——力矩原理

相比之下，中国的竹蜻蜓飞行原理和荷兰风车有所不同。荷兰风车是风的运动而驱动叶轮旋转。但中国竹蜻蜓是在静止空气中，通过对叶轮转轴两手一搓而使叶轮旋转起来，从而导致竹蜻蜓向上运动，如图19所示。原来竹蜻蜓的叶片和水平旋转面之间有一个倾角，当叶轮旋转时，旋转的叶片把气流从上面排向下面，即给空气一个向下的推力，从而导致空气也竹蜻蜓旋转的叶片一个向上的反作用力，即一个向上的升力，当这个升力大于竹蜻蜓的重力时，竹蜻蜓便可向上飞起。这就是后来人类发明螺旋桨的原理，竹蜻蜓也是直升机旋翼的前身。

早期对飞行器升空机理的探讨，几乎为涉及飞行姿态的控制。如何才能向鸟儿一样自如飞行呢？细心的观察者发现，当鸟需要俯仰或转向时，它们或是身体倾斜，或是扭动尾翼。由此，引出了力矩的概念。上述关于向上浮力等于重力的气球飞行原理很简单的，相比之下飞机的飞行原理要复杂的多，除了所必须的力平衡条件外，还有对飞机重心的力矩平衡要求，否则飞机会栽头或者侧飞，飞行过程不能稳定，所以飞机的飞行原理应为中国秤的杠杆原理。如当秤钩提起重物时，可通过移动秤砣在秤杆上的位置，当达到平衡时就可测量被测件的重量。飞机在飞行时若要保持稳定，需要时刻保持力矩平衡状态，此时可通过调节尾翼的气动力来实现，这样飞机可以长时间飞行而不能掉下来。人们对鸟的飞行进行了大量的观测，特别关注了鸟在俯仰转向飞行时，如何改变尾翼羽毛形状来保持身体平衡的。如要在飞行中保持机体平衡，就要作用

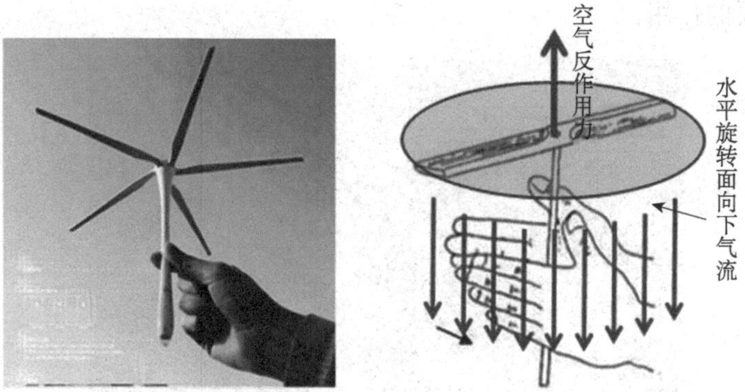

图 19 竹蜻蜓及其飞行原理

在鸟或者飞行器上所有的外力对重心的力矩等于零（力矩平衡原理），才能达到平衡（图 20），如同秤的工作原理。

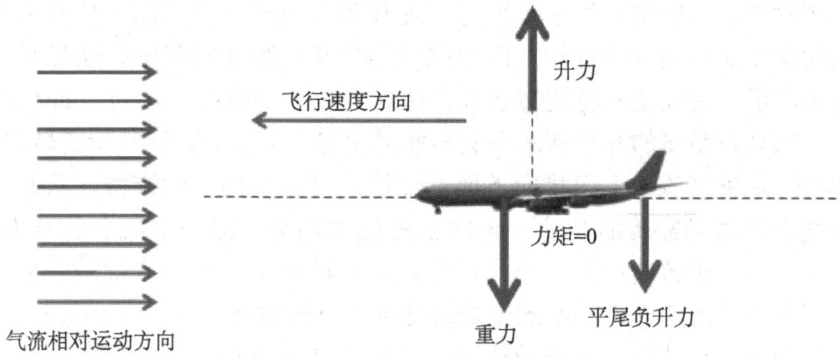

图 20 飞机飞行时的平衡原理

为了解决飞行稳定性问题，历史上很多伟大的科学家进行了研究。据资料记载，在飞行原理研究中明确把力矩概念提出的应该是从意大利文艺复兴时期算起。在 15 世纪，研究飞行原理最多的就是大家熟知的全才科学家达·芬奇，他既是一个著名画家，又是一个伟大的自然科学家，还是生物学家（图 21）。人们之所以称其为全才科学家，是因为他几乎所涉足当时的各主要科学领域，特别是首次对鸟的飞行原理进行了科学的研究。此外，对飞行原理研究贡献大的还有英国的凯利、德国的李林达尔等著名科学家。

人类向往飞行是从模仿鸟类飞行开始的，历史上意大利全才科学家达·芬奇（1452—1519）是第一个用科学理念研究鸟飞行原理的人。达·芬奇对鸟的羽翼、骨头、骨架，还有鸟飞行时的平衡等均进行了大

图 21　达·芬奇

量的研究，现在世界上还珍藏着达·芬奇关于研究鸟的手稿，如今此手稿价值连城。达·芬奇研究了近 20 年的扑翼飞行原理，最后得到的结论是：受人体重量的限制，靠人的臂力带动羽翼是无法升空的。因为人体太重，靠人的两个背带动羽翼产生的升力无法克服重力。如图 22 所示，达·芬奇自己设计的一个飞行器，它模仿了扑翼飞行原理，通过飞行员的臂力提供动力的飞行器，称这种飞行器为“扑翼飞机”，且两片机翼是可以上下扑动的。如图 23 所示，为达·芬奇研究鸟翼时的图画。

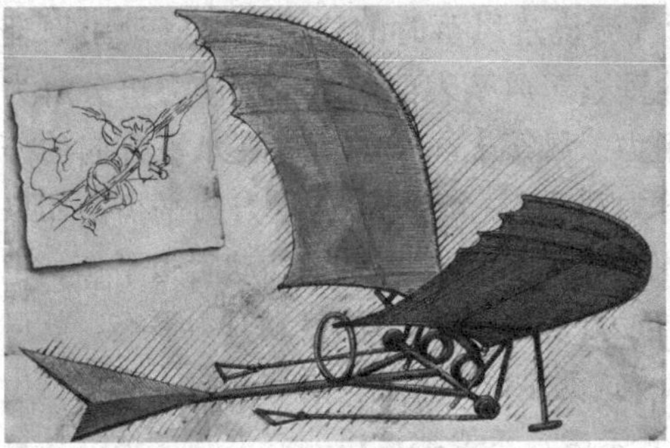

图 22　达·芬奇设计的飞行器

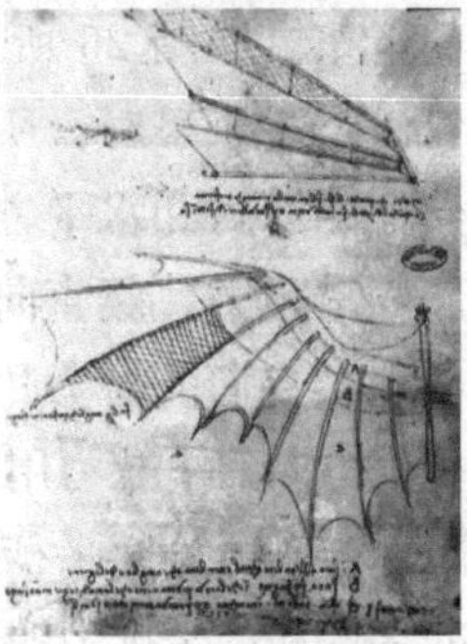

图 23　达·芬奇设计手稿

英国人乔治·凯利（1773—1857）是经典空气动力学之父，他比达·芬奇晚出生 300 年（图 24）。乔治·凯利也对鸟类飞行进行了大量的研究，通过对鸟翼面积、鸟的体重和飞行速度的观察，估算出速度、翼面积和升力之间的关系。他在 1809 年发表的著名论文《论空中航行》中，提出了一个非常重要的论断：人造飞行器应该将推进动力和升力面分开考虑，不要把推力和升力混在一起考虑。这个论断使人们放弃了单纯模仿鸟的扑翼，逐渐接受和实践了固定翼产生升力的正确原理，因而成为人类实现固定飞行器的重要理念。

图 24　乔治·凯利

凯利的这一论断，也许受到过中国风筝的启发。图 25 所示的为一个真实的风筝。如图 26 所示，为气流绕过风筝时的绕流及其气动力原理图。气流绕过风筝时，所产生的垂直于风筝表面的总空气动力可分解为垂直向上的升力和水平方向的阻力。风筝上绳子的拉力在水平方向的分力克服气动阻力，竖直向下的分力和重力一起与平气动升力平衡。如果把绳子水平方向的拉力用发动机的推力代替，与风筝气动阻力平衡；把绳子垂直方向的下拉力用飞机的重力代替，与风筝的气动升力平衡，就可实现阻力与升力分开平衡的理念。这就是说，人们在造飞机时，可把产生升力的部件和产生推力的部件分开考虑，不像扑翼机一样混在一体（鸟翼翼梢部分既是升力面又是推力面）。乔治·凯利提出的分解原理对后人美国莱特兄弟发明带动力的固定翼飞机起到了重要的指导作用，虽然在当时的技术条件下尚未能制造出适合的推力部件（就是发动机），但是他升力部件进行了大量的实践，他做了许多滑翔机，所以也称其为滑翔机的发明人。

图 25　风筝

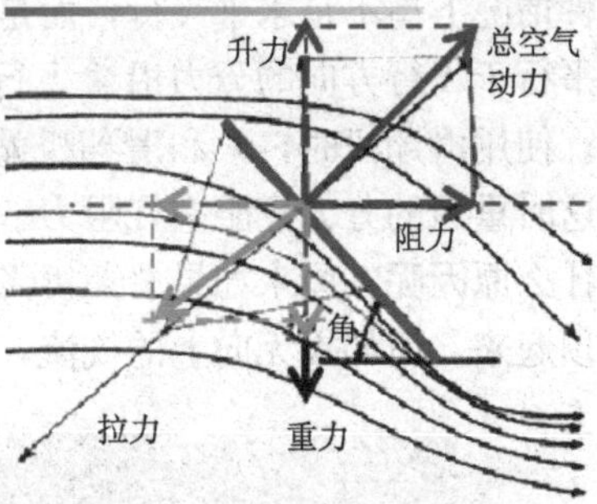

图 26　气流绕过风筝的原理

乔治·凯利制造的滑翔机，如图 27 所示。滑翔机有两层机翼，因为一层机翼产生的升力不够，两层机翼就可以满足对升力的要求。滑翔机后面还有尾翼，立起来的尾翼叫立尾，起偏航或侧滑控制作用，水平的尾翼叫平尾，起俯仰控制作用。滑翔机飞行的原理是什么？固定翼怎么能够滑翔起来呢？乔治·凯利对鸟的滑翔进行了分析，从而到了滑翔机的飞行原理。

图 27　乔治·凯利制造的滑翔机

图 28 是一个鹰在高空中滑翔（翱翔）时的原理图。鹰滑翔时没有动力，张开的嘴绝对起不了发动机的作用。从样子上看，鸟在滑翔时应该是最省力的，如无其它企图可以闭目养神。但它如何能够飞得这么好呢？靠什么平衡鸟的重力，靠什么克服空气阻力？这些问题涉及固定翼飞机的气动力如何产生。人们发现，鸟滑翔时羽翼尽可能平直，空气相对于羽翼以一个较大的速度绕过，这时绕过羽翼气流被向后和略向下排去，从而使气流会作用于羽翼上一个气动力，这个气动力在垂直于飞行方向的分力称为羽翼的升力，与飞行方向平行的气动力称为气动阻力。显然，鸟的重力与羽翼的升力平衡，但靠什么克服鸟的阻力？刚才已经说明鸟在滑翔时没有动力，在这种情况下，鸟的动力从哪里来？仔细观察图 28，会发现

在这种情况下鸟不是水平飞行，而是有一定的下倾角飞行，原因是鸟的重力在平行于飞行方向的分力沿着飞行方向，其大小正好与空气绕流阻力相平衡。使用滑翔机时，人和滑翔机站在高处，然后驾驶着滑翔机一路飘下来，这时重力的分力克服空气阻力。但有时候可看到滑翔机还能够往上飘，这是什么原因呢？原来如果滑翔机飞过有向上速度分量的气流时，滑翔机会被顶起来。但如果无向上的气流，那滑翔机只能从高台一路滑下去。

图 28　鹰滑翔的原理

又过了近 40 年，德国工程师和滑翔飞行家李林达尔（1848—1896）开始制造滑翔机，他是制造与实践固定翼滑翔机的航空先驱者之一，1896 年在一次飞行试验中失事牺牲。李林达尔制造了多架单翼或双翼的固定翼滑翔机，并在柏林附近试飞 2000 多次，积累了丰富的资料，虽然其最终未能实现动力飞行，但他所积累的大量宝贵的飞行经验和数据，为日后美国莱特兄弟实现动力飞行提供了许多宝贵的经验（图 29）。

美国莱特兄弟在前辈乔治·凯利、李林达尔等人的航空经验和知识的指导下，根据他们的试验资料，自行制造了带动力的飞机。1903 年 12 月 17 号，莱特兄弟的世界上第一架带动力、可操纵的飞机由他们自己驾

图 29　李林达尔

驶试飞成功。“飞行者 1 号”的起飞重量仅仅为 360 千克，勉强能载一个人飞离地面，速度比汽车还慢，只有 48 千米/小时，最成功一次飞行只有 59 秒，距离 260 米（如图 30 所示）。但就是这么一架不起眼的小飞机翻开了人类航空史上的重要一页，从此人类实现了固定翼飞机的带动力飞行，让人类进入航空文明时代。莱特兄弟没有上过大学，是修自行车出身，他们的机械原理掌握的比较好，因此莱特兄弟能够把科学原理通过动手实践变成实现。这样强的动手实践能力是人们开展创新工作必须的，特别是对学校的学生加强动手实践能力培养是非常必要的。

图 30　约翰·丹尼尔斯拍摄的历史性瞬间相片

图 31 是莱特兄弟的飞机设计图，图 32 是莱特兄弟的飞机实物图。莱特兄弟的那架飞机是一架有双层机翼的飞机。如图 32 所示，飞机的前面有一个平尾，后面有一个立尾，中间趴的那个人是驾驶飞机的飞行员，

螺旋桨后面推动飞机。这架飞机是一个人爬在机翼上面，平尾放在机翼前面叫鸭式布局，莱特兄弟的飞机与现在经常看到的飞机布局是不一样的。如果平尾布置在机翼的后面，叫做正常式布局；如果平尾布置在机翼的前面，就是莱特兄弟飞机的那种布局，叫鸭式布局。飞行时，这两种布局的飞行控制原理是不一样的，正常布局，飞行的稳定性比较好，所以民用飞机都用这种布局。而鸭式布局，虽然稳定性差，但机动性好，所以战斗机采用这种布局，例如我国歼-10 飞机就是平尾布置在机翼前面。平尾放在前面的叫鸭翼，放在后面的叫平尾。

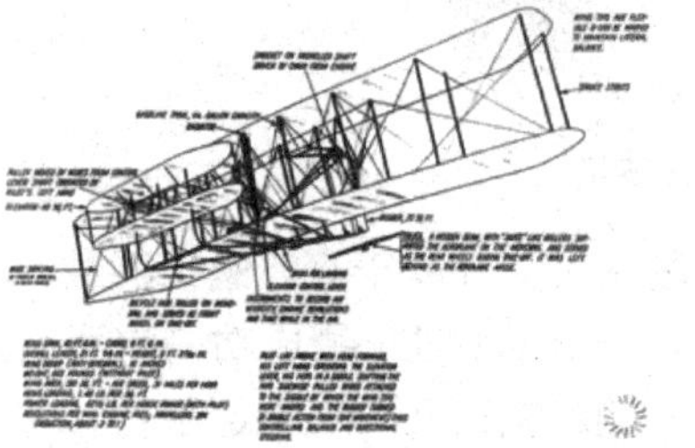

图 31　莱特兄弟的飞机设计图

图 32　莱特兄弟的飞机实物图

早期飞机速度比较小，所以遇到的第一难题是升力不足。怎么能够产生一个大的升力使飞机飞起来，这是早期设计和制造飞机的关键。由于飞机气动力正比于飞行速度的平方，所以当飞行速度小时，在同样机翼面积下产生的空气动力也小，但是飞机重量不能减小，因此就采取了增大机翼面积的措施，但考虑到机翼结构方面的因素，早期飞机就出现了两层机翼，甚至三层机翼的布局。图 33 是三层机翼布局，因为两层不够用了，所以制造三层。同时因飞行速度比较小，空气阻力相比升力而言不是主要的问题。

图 33　三层机翼的飞机

前面我们对力及其行为已有了初步认识。首先人类实现了靠空气浮力就可以飞上天的气球，仅仅有气球飞上天是不够的，鸟类和很多的飞行器不是依靠空气的浮力飞行，它们通过空气绕过这些鸟类或者飞行器的相对运动而产生的气动力飞行。所以人们逐渐认识到空气绕过机翼产生相对运动时可以产生升力，这时浮力的作用很小。第二是在空气中运动的物体必然要克服空气阻力，所以就提出了动力的概念。第三是飞行器要在空中能够保持稳定飞行就引出了力乘距离的概念，即力矩概念。所以这三个概念的提出为我们实现真实的飞行奠定了基础（图34）。

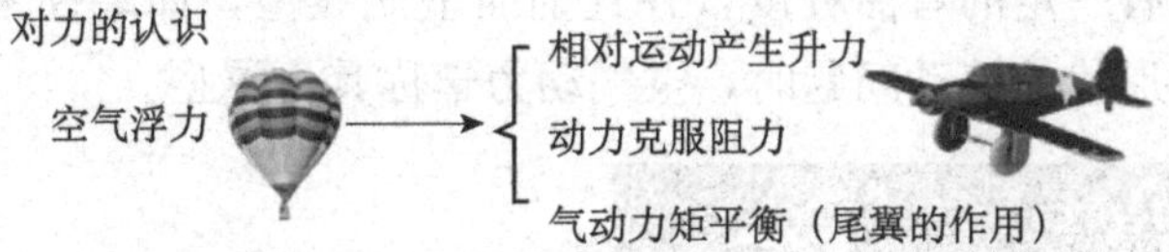

图34　对力的认识

飞行器的发展（图35），可以从向鸟类模仿开始，叫做仿制鸟。后来人们把动力和升力分开，分开以后就出现了固定翼的飞行器，所谓固定翼就是升力面是固定的，所以最早的固定翼就是滑翔机。滑翔机是无动力的飞机，是通过机翼产生升力的。另外，飞行器安装发动机后，有了动力就变成了真正的飞行器。如果再把动力、升力、阻力以及飞行器的重力进行平衡和控制，再加上导航系统，飞行器就可以振翅高飞了，就实现了人类的飞行梦想，人们远行可以通过飞机实现，现在的旅客飞机速度快、安全、舒适，所以飞行器是人类20世纪最伟大的科技成就。有了飞行器以后，恐怕原来孔子说的“父母在不远行”说法就的改一改啦，应该改成“父母在不久行”。意思是，你不要长久离开父母，远不怕，飞到美国不就是需要13个小时吗？所以飞机的出现，使得人们居住和生活地之间的距离变感觉缩短了许多。

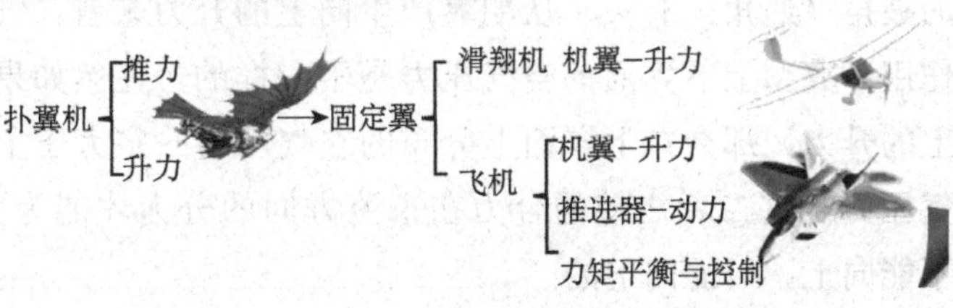

图35　飞行器的发展

真正的飞行器是怎样实现飞行的，离不开对鸟的认识。在飞行方面，可以这样说，鸟类是人类的鼻祖，是我们的爷爷，无论造什么样的飞行器，我们都需要向鸟学习。因为鸟有在空中足够的飞行经验，它们经过长期进化过来的。下面我们通过对鸟的飞行原理分析，探讨飞行奥妙。机翼如何产生升力，尾翼如何产生力矩，发动机如何产生动力，怎么样减小飞机阻力，机身如何设计，起落架怎么模仿鸟的，从这几个角度探讨。

如图 36 所示，这是一个鸟的骨架与羽翼，和顺着气流方向在羽翼上切出的一个剖面（叫翼剖面）。我们会发现这剖面前面是翼骨，然后通过肌肉把羽毛连起来，所以切开以后相当于前面一个圆头，后面一个薄薄的羽毛，具有一定的弯曲程度，并且剖面呈流线型，如果仅考虑绕过这个独特剖面形状的流动问题时，空气动力学称其为翼型。

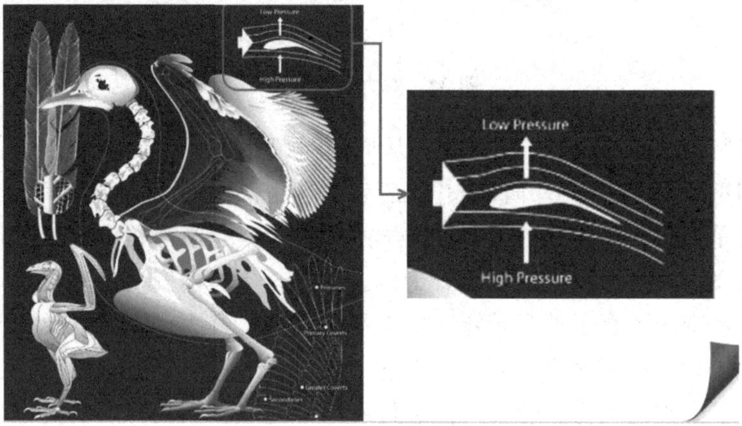

图 36　鸟翼的剖面

业已知道，当气流绕过翼型时，就会在翼型上作用空气动力，此力在垂直于来流方向的分力为翼型升力，在平行于来流方向的分力为翼型阻力，其大小除与来流速度、翼型几何形状和尺寸外，还与翼型和来流方向之间的夹角（迎角）有关。从羽翼产生向上的升力来看，气流通过翼型时，作用于翼型上下翼面的空气压力是不一样的，显然如果要翼型上产生向上的升力，那么在下翼面上分布的空气压力一定大于上翼面上分布的空气压力，这二者之差的合力在来流方向的分力才能为向上的，否则合力不能向上，可能向下的。

那么在翼型绕流时，为什么对于同样的来流在上翼面的压力大于下翼面压力呢？这是人们认识飞行原理长期纠结地方，也是空气动力学的经典而复杂的问题，在大学课程中将会给出详细讲解。如图 37 所示，由气流绕过翼型的图画表明，绕过下翼面的流动速小于上翼面的速度，与上述压力分布的关系是小速度的地方压力大，大速度的压力小。这里给大家做一个实验，不是魔术而是科学实验。这是一张普通的白纸，它在重力作用下会下弯，如果我在纸面的上方水平吹气，那就会改变纸面上下两边的速度。当在纸面上方吹气时，纸面上方的气流速度要大于纸面下方的气流速度，这时会发现纸会向上飘起。这说明速度与压力成反变关系，这个原理由瑞士科学家伯努利在 1738 年著的《流体力学》中建立了压力（压强）与速度的关系，即为流体力学中的能量方程。验证能量方程的例子很多，比如人们常发现家里面桌子靠近墙的那个小缝隙里面墙上会有一道灰尘线，就是由这个原理造成的。当气流通过缝隙时，速度增大，压力比周围压力小，所以灰尘就自然会吸附在缝隙附近，粘到墙上去，久而久之靠桌子的墙面缝上就存一条灰尘线。要想消除这条灰尘线，最简单的办法是把桌子与墙的缝隙缝拉大一些就可以了。

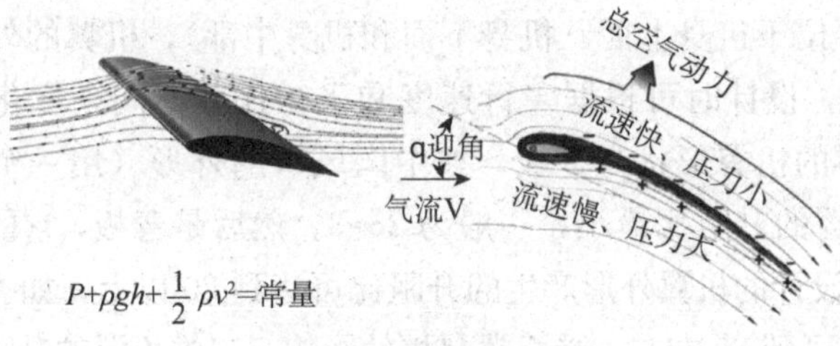

图 37　鸟翼如何产生升力

试验发现，在来流一定时，作用于翼型上的气动力大小与翼型的形状、尺寸、姿态等有关。特别是，翼型的外形对升力与阻力的比值有关。良好翼型外形，产生的升力大、阻力小，升力与阻力比值（升阻比）较大，这样翼型之所以为好翼型，是因为它们的气动效率好。即，举起一千克的重力所需付出的阻力小，效率好。在空气动力学里专门讨论翼型的优化，怎么优化呢？原理上，就是寻求使升力和阻力比值最大的外形。在当今飞机机翼设计中寻求升阻比较大的外形是永恒的机翼气动优化设计问题。对大型民用飞机机翼用的翼型，设计好的升阻比可达到 50～

80，如为 50，即相当于举起 1 千克的重力只需要克服 20 克的阻力。

如图 38 所示，为翼型气动力的原理，随着翼型姿态的变化，作用于翼型上的升力与阻力的比值是变化的，在一定的迎角姿态下，将产生一个最大的升阻比，这就是飞机经济巡航需要的升阻比。

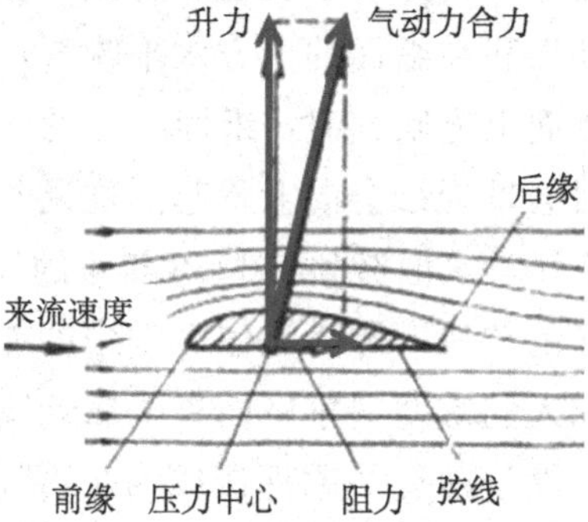

图 38　翼型气动力原理

飞机的主要部件是机身和机翼，飞机的机翼是产生升力的气动部件，为了获得良好气动效果，一般机翼做成三维薄形细长翘体结构，布置在机身两侧（可位于机身上面、机身下面和机身中部），机翼的外形有各种各样（图 39），设计时可根据飞行速度和飞行任务不同来优化布置和机翼外形。最早的机翼形状为平板，如中国风筝的外形（用一个彀把布张起来），平板翼的升阻比最小，一般为 2～3。然后是弯板，它的升阻比可达到 5，后来设计的机翼外形产生的升阻比可达到 20 以上，如大型客机纯机翼的升阻比可到 30 左右。受机翼翼梢的影响，三维机翼的升阻比要小于二维翼型的升阻比。由于机身主要产生阻力，因此加上机身等阻力部件，整架飞机的升阻比会更小。如大型客机波音 747，在巡航时飞机的升阻比大约为 17～18，相当于举起 1 千克的重力只需要克服 55 克的阻力。

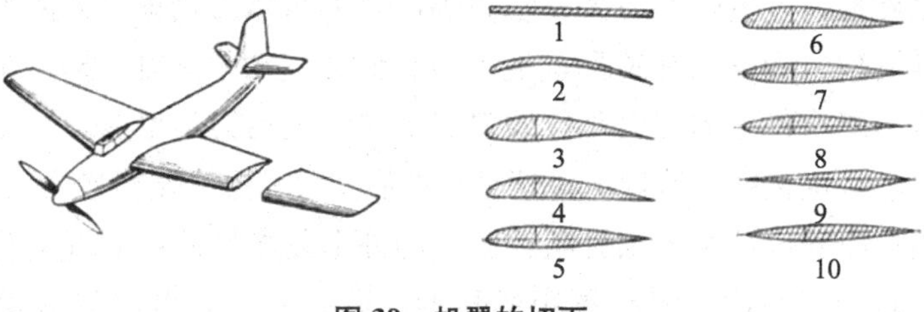

图 39　机翼的切面

要想使飞机升起来，在飞机重力一定的条件下，就必须使飞机的升力达到重力，又因为升力与速度的平方成正比，所以需要足够的飞行速度才能使机翼产生所需要的升力，把飞机升起来。如果速度不够，它所产生的升力就不足以克服飞机的重力，所以飞机在起飞之前，需要在跑道上滑跑一段距离，就是要使飞机加速到足够的速度，而产生足够使飞机升起的升力，这时飞行员只要把驾驶杆一拉飞机就可以飞离地面，振翅高飞。如果速度不够，即使拉杆飞机也起不来。飞机的速度在速度表盘上随时显示，达到离地速度时飞行员可拉杆起飞。

要想平稳地飞行，除了升力与重力、发动机推力与阻力平衡外，还有一个就是力矩的平衡。如图 40 所示，升力作用在机翼上面，飞机的重心在升力的前面，升力与飞机力不在同一点上，如此一来变会产生绕飞机重心的低头力矩，如果在机身后面无平尾，否则飞机根本飞不起来。在做风筝时，为了避免风筝低头，拽风筝的绳子结点一定要系在风筝气动力的作用点出，以便保持力矩平衡。为了让这飞机在飞行时不低头，必须有一个使飞机抬头的力矩，这样在机身尾部安置一个平尾，产生下向的力，如同秤杆的秤砣，以产生使飞机抬头的力矩。飞机在飞行时，这个平翼产生一个小的负升力，向上的升力和向下的重力与负升力平衡，且对飞机重心总力矩为零，飞机就可以平稳飞行而不会低头。

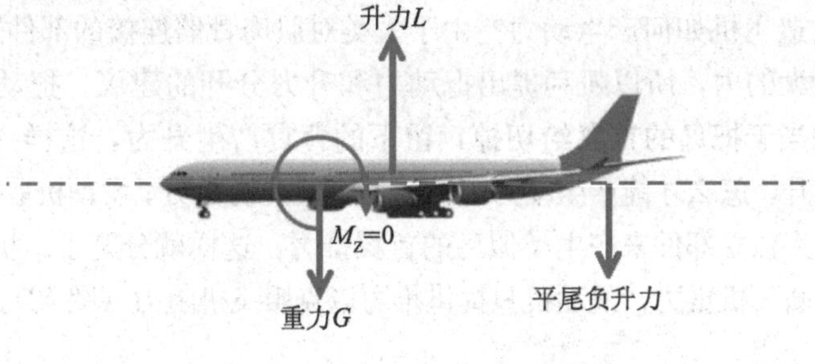

图 40　平翼——力矩平衡

设计飞机时，要合理地匹配尾翼的相对位置和面积。平尾面积大的虽然力臂短（机身短些），但负升力大。负升力大，一方面会使机翼的升力减少过大，是飞机的总升力不足；另一方面大的平尾面积，将产生大的平尾阻力。相反过小的平尾面积，力臂过大，导致机身过长，不便于起飞。所以飞机设计师一定要匹配好主翼和平翼的相对位置、面积的大小，使飞机在飞行中，在各种姿态下都能够较好的保持力矩平衡。

再看一下对动力的模仿。首先观察一下鸟是怎么产生动力的。如图 41 所示，鸟把这个翅膀打开的时候，分内段和外段。鸟无论怎么挥动翅膀，内段部分只产生升力，几乎没有动力，所以把它称之为背翼。鸟无论如何飞行，这一段都不改变方向。翅膀的外段叫首翼，首翼顺着气流上去，回来的时候顶着气流回来，这时气流就会对它产生一个推力，这个力就是鸟飞行用的动力，所以鸟通过羽毛、肌肉和骨头的合力连接，就能够在首翼上面产生足够的推力，而使鸟爬升到空中，也可使鸟进行各种动作的飞行。

图 41　鸟类产生推力的原理

那么人造飞机如何产生动力？由于人类对肌肉骨骼连接的部件造不好，也无法产生大的力，所以凯利提出把动力和升力分开的建议。把动力和升力分开，相当于把鸟的首翼给切掉，留下的背翼产生升力，这样一来，怎么才能够爬升，怎么才能产生动力呢？于是，人类就发明了发动机取代手翼，用发动机作为独立部件来产生类似鸟的首翼推力，这样就分开了。机翼只提供升力以平衡飞机重力，发动机只提供推力以克服飞机阻力（图 42）。

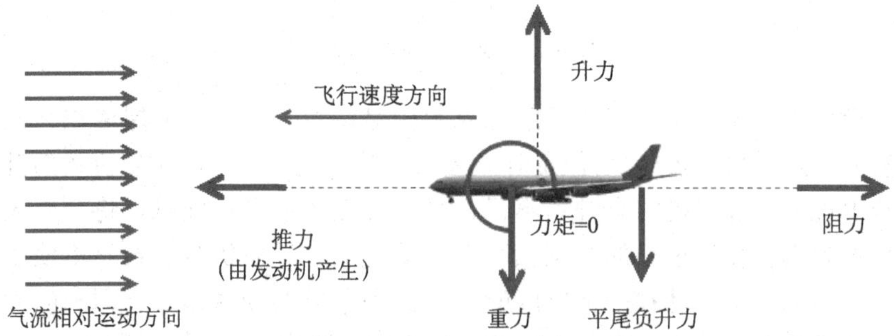

图 42　飞机向前飞行的原理

最早用于产生推力的装置可视为中国人发明的竹蜻蜓，竹蜻蜓能飞起来所用的原理：使安在轮毂上的叶片快速地转起来，这时气流和桨叶之间产生了相对运动，这个相对运动就会产生气动力，在旋转叶片上相对于气流方向照样有升力和阻力，如果把所有叶片上的气动力投影在飞行方向并求和，便得到螺旋桨的推力。如果把轮毂轴与其后的发动机连接，以带动螺旋桨旋转，就可以使螺旋桨产生推力，显然这里螺旋桨的作用是把发动机的旋转动能变成了飞机需要的平飞动能，如图 43 所示。一般而言，螺旋桨飞机的最大速度可达每小时 700 多千米，通常情况下在每小时 500～600 千米，如我国的运 8、运 7，都是这样的飞行速度。

图 43　螺旋桨发动机

后来人类发明了涡轮风扇发动机（图 44），现在的大型运输机基本都用这类发动机。形式上，这种发动机前面是一个大的风扇，后面是高速旋转的涡轮机，这类发动机风扇产生主要部分的推力，高效速度区要比螺旋桨发动机的大。一般情况下，安装涡轮风扇发动机的经济巡航速度可达到每小时 800～900 千米，要比螺旋桨的飞机的速度快得多。

涡轮喷气发动机（图 45），形式上，与涡轮风扇发动机相比，为了

图 44 涡轮风扇发动机

提高速度和推力，在涡轮前面不是一个低转速大直径的风扇，而是一个较小直径的中压压缩机，这类发动机的主要推力来源于涡轮后面的喷气，一般情况下安装这类发动机的飞机巡航速度可在超声速状态下飞行，如法国和英国研制的协和号中程超声速客机，巡航速度大每小时 2150 千米，最大巡航马赫数 2. 04。虽然螺旋桨发动机的速度最低，但三类发动机相比其推进效率最高，可达到 88%～89%。所以人类开始是靠螺旋桨发动机将飞机升空的，实现了飞行梦想。但随着石油的枯竭，如果没有其他能源替代，恐怕最后还的回到螺旋桨发动机时代，通过螺旋桨发动机将飞机从空中拖回到地面，因为用螺旋桨发动机最节省燃油。如果有其他能源取代，例如用核电池，那燃油的发动机将用电机取代，由核电池带动电机，电机驱动螺旋桨。那个时候飞机的动力系统较为简单，也不需要加油了，买一块核电池塞进去就可以飞了。因航空发动机技术难度大，现在国际上只有几家公司生产，如美国的普惠和通用、英国的罗罗公司等，这些是国际上最著名的航空发动机制造公司。我国研制的大型客机 C919，其发动机选用 CFM56 系列的发动机，该款发动机由国际 CFM 公司提供，该公司是由美国通用电气与法国斯奈克玛公司组成的合资公司。

图 45 涡轮喷气式发动机

对机身的模仿。机身是飞机的另一个关键部件，属于承载部件，里面装有重物、各种仪器设备、货物、还有人等，它是飞机为人类服务重要的部件。在气动上，机身一个阻力部件，它几乎不产生升力，因此所选用的外形应当是飞机在飞行中阻力最小。鸟在翱翔的时候，如图 46 所示，鸟把腿收起到肚子底下，而且收完以后，还用羽毛把它给遮盖起来，形成一个细长的锥体，以便减小空气阻力。

图 46 翱翔的飞鸟

观察鸟翱翔时身体的外形，是一个长细比大锥形体。长细比是身体长度与最大直径的比值，这个比值一般在 6～10 时，空气阻力很小。模仿鸟的身体外形，人类造的飞机机身也是一个长细比大的锥形体，这样可获得最小的阻力。图 47 所示的机身里面可容纳 150～200 人，但它的空气阻力远小于汽车和小轿车的空气阻力，是最好的小轿车空气阻力的 1/8～1/7，这个量级是很神奇的。小轿车容纳五个人，但它的阻力要比那个可容纳 150 人的庞大机身的阻力高出 7～8 倍，这是空气动力学的成就。人们在日常生活中，也会常用用到空气动力学减阻方面的知识。例如，当骑自行车时，如果遇逆风，为了减小阻力人们一定会自觉把腰弯下来，而达到减小迎风面积的目的。赛车运动员头戴的那个大帽子，虽然看起来有点笨拙，但戴上这样的帽子还是可以减租的，与不戴帽子相比，其阻力还是要小的，要知道在极限时刻，阻力减小一点就可获胜。

图 47　正在飞行的飞机

另一个模仿鸟的重要部件是起落架，该部件是飞机在起飞着陆时使用的。上面提到鸟在翱翔时腿会收起来，说明鸟已意识到在快速翱翔时，两条腿如果不收起所产生的气动阻力会很大，根本飞不快。这就提醒人们，人造飞机的起落架在飞机升空后也要收起。早期的飞机速度比较小，为了简单起落架常常不收，所以会看到早期飞机的起落架是不收的。现代的飞机起落架都是可收放的。图 48 给出的飞机是目前世界上最大的客机，叫巨无霸 A380。这架飞机双层客舱，三级座舱（头等一商务一经济舱）配置能够载客 555 座，起飞最大重量 560 吨，翼展 79. 8 米，机身长度 73 米，机翼面积 845 平方米，巡航速度为每小时 902 千米。虽然鸟无法跟这架飞机比美，但细心人们会发现，这架飞机在起飞、着陆、巡航的时候，其各种姿态均模仿了像信天翁这样的大鸟，包括在不同状态下机翼面积和形状的变化、起落架的收放等。

图 48　巨无霸飞机

人们观察发现，信天翁在起飞时，羽翼尽可能展开，要在宽敞的地面奔跑一段距离，当它助跑速度达到一定值时，就可以离地起飞。现在的固定翼飞机都是采用这种助跑式起飞方式。为了安全，飞机速度又快，飞机起飞前需要在固定的跑道上滑跑，当滑跑速度到达一定值时，驾驶员开始拉杆飞机即可起飞。信天翁起飞后，为了加快速度，首先把两条腿收起，两条腿紧贴着身体，并用羽毛覆盖，保持身体光顺，然后就可以振翅高飞，在空中可看到其优哉游哉，不需要花太多的动力。同样，飞机离地后，首先将起陆架收起，如果不收起落架的话，这架飞机的阻力很大，根本飞不快，另外气流噪音也很大，坐在飞机客舱内，根本安静不下来。

除了刚才信天翁在地面滑跑起飞外，天鹅可在水面上滑跑起飞，如图 49 所示。这些不同鸟类的起飞姿态，起飞的动作，起飞后起落架收放状态等，都值得人类飞机模仿。可以想象，如果鸟会说话，恐怕要与人类争飞机的发明权。另外，飞机在起飞着陆时，抬头的仰角（也叫迎角）比较大，但巡航时迎角比较小，为什么呢？这是因为巡航时，飞机速度较快，因升力和速度的平方成正比，所以不需要通过增大迎角而提高升力，此时其在小迎角下就可以平稳飞行。因此你在乘飞机时，当飞机达到巡航姿态，空姐会告诉你可以喝水和自由行动了。但是在起飞着陆时，为了安全起见，你就不可以走动，一定把安全带系好，因为在这样的姿态下，一方面飞机的迎角变大，另一方面绕过飞机的气流处于加、减速区，飞机又处于近地面飞行，此时在控制方面要比巡航时难一些，飞机事故率也比巡航状态的高的多，据统计起飞着陆状态飞机的事故率可达到 70%左右。由此可见，你在乘飞机时，在飞机起飞着陆状态下系好安全带多么重要。

图 49 天鹅和战斗机起飞滑跑

除了起飞状态外，鸟在着陆时羽翼形态变化也是人们模仿的。如图 50 所示，鹰在着陆时，其羽翼的羽毛尽可能展开，不仅面积增大而且羽毛下弯程度也变大，相比翱翔状态的羽翼形状，面积小弯度也小，这是为什么呢？其因为是在鹰在翱翔时速度快，升力高，羽翼面积小弯度小；为了安全起见，着陆时速度尽可能减小，当减速下降过程达到一定程度，特别是速度减小到一定值时，保持原有羽翼面积升力严重不足，为此鹰自动把羽毛尽可能展开并加大下弯度，以便增大羽翼的面积，因为升力跟面积成正比，同时通过提高迎角来进一步提高升力。对于人造的飞机而言在着陆时具有类似的行为，乘飞机时你可以发现，飞机着陆（起飞也是如此）时，机翼的前、后缘活动面全部打开，机翼的面积增大、下弯度增大，以增加机翼的升力，同时也增大迎角进一步增加升力。这说明，当飞机的速度改变时，可通过改变机翼面积和姿态角而改变升力。现代大型客机起飞着陆的速度与巡航速度差别有多大呢？一般情况下现代大型客机起飞着陆速度在每小时 220～240 千米左右，而在巡航时可达到每小时 800～900 千米，二者的速度比近 3～4 倍。为了实现上述行为，飞机机翼增升用的前后缘活动面称之为高升力装置，这些活动面的设计技术在飞机机翼设计中称为低速构型设计技术，是飞机机翼设计中极其重要的核心技术之一，也是空气动力学研究的热点之一，几乎涉及现代粘性流体力学所有的复杂问题。

图 50　鹰与飞机着陆与飞行状态时的对比

仔细观察鸟的起飞方式，除了滑跑起飞外，还有通过高平台滑翔起飞，地面弹跳起飞等。如鸽子起飞时，常常通过弹跳起飞。鸽子欲起飞，两条腿奋力弹起身体，同时羽翼展开快速下排空气，就可以起飞啦。显然无论地面助跑起飞、还是弹跳起起飞，鸟在起飞过程中要付出极大的力气，消耗能量很大。相比较而言，鸟在翱翔的时候因气流绕过羽翼的速度快，在加上鸟尽可能向上的气流，鸟所付出的力气很小。也许有人会想，如果机翼上不安装高升力装置，也就是说飞机机翼面积在起飞着陆时是一样的，这相当于飞机起飞着陆速度与巡航速度差不多，那会出现什么问题？此时，如果飞机以巡航速度进行起飞着陆，不仅大大增加了飞机的跑道长度，而且安全性极差。飞机在正常起飞时，由于离地速度过大，飞机在地面跑道上滑跑距离很大。如果飞机滑跑到快到离地速度时，发动机灭火不能正常起飞，飞机需要减速下来，显然离地速度越大，减速停下来所需要的距离也长，这说明安全上要求实际的跑道长度约两倍的起飞长度，因此起飞速度对跑道长度有着决定性的关系。实际为了安全起见和减小机场跑道造价，大型飞机起飞着陆速度尽可能降下来是合理的。

年年岁岁，朝朝暮暮，人类通过锲而不舍的追求，不屈不挠的奋争，创造性的思维，终于为自己插上了坚实的翅膀，赢得了翱翔天空的自由，创造了鸟类无法可比的奇迹。但在人类漫长的创造过程中，无时不在受自然界鸟类、昆虫类的仿生学启示。在飞行经验方面，他们是人类永远学习的榜样。

至今为止，人类所创造的各种各样的飞行器，主要分三大类型。一类是固定翼飞机，占了人类飞行器的绝大部分的家族，比例相当于中国的汉族；另一类是直升机，相当于少数民族；还有一类是为数更少的扑翼机。扑翼机的飞行原理几乎接近于鸟类，但由于人类对扑翼原理至今尚未掌握和吃透，现阶段还未能造出实用的扑翼机。

仔细观察鸟在着陆和翱翔时羽翼的形态，可以发现鸟类在翱翔时，羽翼尽可能向两端延伸，以获取低的阻力，如图 51 所示；而在着陆时，羽翼会尽可能展开，以获取更大的升力。

图 51　鸟类翱翔与着陆时翅膀宽度的对比

飞机的增升装置是在机翼前后缘加装活动面而实现的，在起飞着陆是这些活动面展开，巡航时收起。在机翼前缘的活动面称为前襟翼，在后缘的活动面称为后襟翼。如图 52 所示，是一个大型客机的后襟翼，飞机起飞着陆时，这个活动面向下偏转和向后展开，以尽量增加机翼面积和下弯程度，而获得机翼的高升力。

另一个模仿鸟类的技术是用于减阻的翼梢装置。如图 53 所示，鸟在翱翔时，除羽翼尽量向两端伸展外，在翼梢的地方羽毛是岔开的。为什么要岔开呢？通过空气动力学的研究表明，其原因是为了减少空气阻力。受鸟类翱翔时羽翼翼尖结构外形的启发，人们在人造飞机的机翼上也加转了类似的翼梢装置。如图 54 所示，我国的运 5 飞机在翼梢处加装了像羽翼翼梢处羽毛的分片结构，这个被称之为翼梢帆片，翼梢帆片的减阻

图 52　飞机的增升装置——后缘襟翼

效果为总阻力的为 3%～5%。可能有人会说，这么小的量级还用计较吗？对于飞机设计者而言，减阻和增升是永恒的追求目标。因为减阻 1%，对于一架 150 座客机来说，一年可以省油 35 万元；如果一架飞机服业 20 年可以省油 700 万元，所以即使仅减阻 1%也是可观的。空气动力学发展到今天，为了设计更为经济的客机，1 克也要计较，为减重 1 克而奋斗。

53　翱翔时岔开的翼梢羽毛

图 54　国家运 5 飞机

如图 55 所示，天鹅在翱翔时羽翼翼梢羽毛翘起来的形状，可见羽翼翼梢上翘，仿照此形状人类发明了一种翼梢上翘的装置，称为翼梢小翼。翼梢小翼也是为了减小飞机的巡航阻力。现在美国的波音飞机好多都装了翼梢小翼（图 56）。我国的 ARJ21 客机也安装翼梢小翼。

图 55 鸟翱翔时翘起来的翼尖形状

图 56 波音 377 飞机

战斗机的布局形状与运输机的是不一样的，为什么会有差别这样大外形和布局呢？这也与模仿鸟类飞行姿态分不开的，战斗机布局更注重模仿鸟类的机动性。战斗机要求高的机动性，特别是在空中加完有油后，它可以继续完成各种机动动作。可以跑的快，机动敏捷，大迎角拉起和俯冲等。因此在战斗机设计时，当然要求在气动上满足上述性能，否则无法适应现代战争的需求。为了完成各种高机动的战术任务，反映在机翼的气动布局和外形上均不一样，因此长期形成各种各样的布局和机翼外形。

在战斗机中，俯仰舵面的设计，对于各种机动飞行是非常重要的，也就是需要飞机在俯仰舵面控制下飞行，而且要敏捷，这些都是人们模仿鸟类机动飞行而得出的。舵面的控制效率高、控制范围大成为设计的关键，也就是说能够像秤砣一样机动灵活？与我们前面讲的机翼产生正升力不同，俯仰舵面需要产生负升力。如图 57 所示，如果机翼这样向下弯，将会产生向上的升力，在设计俯仰舵面时如果向上弯，就可以产生向下的升力，所以在俯仰舵面设计中对舵面的动作与飞机的低头和抬头有很大的关系。

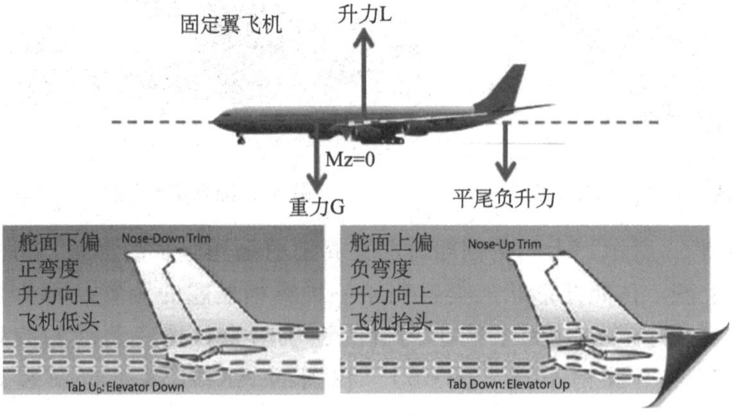

图 57 战斗机的舵面设计

另外，战斗机要载导弹，还有副油箱要在机翼下外挂。这些外挂物的姿态其实也是模仿鸟来的，一个基本的原则是要求处在最小阻力姿态。例如把瓶子顺着气流方向吊着移动时，其形状阻力最小，所以外挂的油箱和导弹都是顺着气流方向且细长体的外形。在日常生活也会碰到很多类似的情形，但也有对此不重视的，如我国许多城市出租汽车顶部的牌子，是迎着气流方向放置的，其气动阻力很大，如果把牌子顺着气流放置，其阻力可以大大减小，当然可以省油啦。但是也有的城市是顺着气流方向放置的，如四川绵阳就是这样的。

人类对飞行的认知一直在模仿和学习鸟类的经验。如图 58 所示，鹰抓鱼后，在空中飞起来后，抓起鱼的姿态就是顺着气流的方向，其前爪子把头抓住，后爪子把鱼尾抓住，然后把鱼顺着飞行方向，这样可以减小鱼的阻力，鱼鹰就飞得快。

图 58　抓鱼的鹰和载有导弹的战斗机

除了固定翼飞机外，另一类飞机为直升机。直升机最重要的优势是可以垂直起降，而不需要跑道。垂直起降的原理就是竹蜻蜓的原理。把竹蜻蜓杆一搓就可以垂直上升，对于直升机而言必须有旋转的机械，这个旋转的机械就是直升机上方的那个很大旋翼（图 59）。这样大的旋翼转起来时，可以把其下面的直升机垂直升起，也可以在不同姿态下前飞和后飞等，所以对直升机而言旋翼如同固定翼飞机的机翼，是产生气动力的最关键性部件，旋转时可达到每分钟几百转，比螺旋桨的转速要慢。螺旋桨的转速可以达到一千到两千转，但是这个旋转速度远没有达到蜂鸟的羽翼拍动频率。现已知道，蜂鸟（图 60）是世界上最小的鸟，其羽翼拍动的速率可达到每秒 50～70 赫兹，相当于每分钟 3000～3500 转，相当于旋翼的转速达 3000～3500 转。

图 59　直升机

图 60　蜂鸟

如图 61 所示，直升机在悬停的时候，其上旋翼是水平的，当旋翼转起来时所产生的上举力是垂直的，所以直升机不需要助跑就可以原地垂直起降。这一点是其最大的优点，如在 2008 年汶川地震时，出现了堰塞湖，我国租了俄罗斯一架世界上最大的直升机米－26，直接把挖掘机吊到了堰塞湖坝上去，该机最大起飞重量 56 吨，最大有效载荷 20 吨，旋翼直径 32 米，机身长度 35．91 米。直升机出悬停外，还可以前飞和后飞等，但其前飞时，旋翼的转盘平面向前倾斜，倾斜了以后的旋翼就可以产生一个向前飞的分力，这个力和前飞的空气阻力平衡。一般直升机的飞行速度远比固定翼的飞机慢，通常在巡航时每小时 200～300 千米。

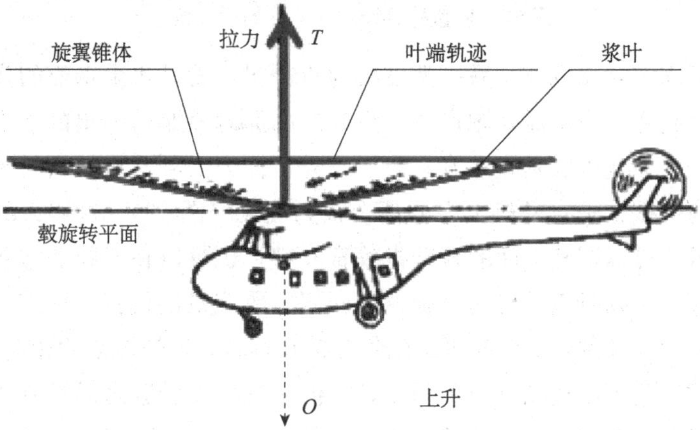

图 61　直升机实现垂直起降或悬停的原理

最让人类困惑就是鸟的扑翼飞行原理及其控制，人类现在对扑翼机并没有完全掌握，虽然可以做一些简单的扑翼机飞行，但是要想它变成现实可用的飞行器，像前面其他飞机一样为人类做多种服务还需要相当长的一段时间。有关扑翼非定常涡升力原理及其控制，现尚未掌握。所以在扑翼机方面人类尚需要向鸟类学习，了解和掌握很多的东西。如图62所示是一个简单的扑翼机模型，但尚未达到可用的程度。相比较起来，人类最自豪的还是固定翼飞机，但是毕竟需要跑道，噪声、污染等方面尚需要进一步改进，特别是由于特制跑道，往往飞机场离市中心很远，所以每次坐飞机的时候，人们都要提前两小时左右出发，到了目的地城市后，又要花一个小时往城市里赶，这是固定翼飞机特有的问题。如果把扑翼机应用到现实生活中，上述固定翼飞机的弊端就能避免。所以人类还会继续努力，在空气动力学理论指导下进一步挖掘鸟类的飞行经验，来揭秘更多的飞行的奥妙。

图62　简单的扑翼机模型

总结起来，飞行器或飞机在空中能够飞行是依靠作用在其的力（空气动力和重力）和力矩的平衡来实现的，对这一原理的认识过程，花去人类近1000年的历程。飞机在匀速水平直线飞行时，其上所受的力应该是升力和飞机的重力平衡，发动机推力和飞机的阻力平衡，绕过飞机重心的所有外力力矩应该等于零，这样飞机就可以在空中平稳飞行。这个就是固定翼飞机的飞行原理。

从技术层面来看，人类要在空中自由飞翔，对于人造飞机需要做到以下几点：第一个必须要有良好的气动外形，这个气动外形要求飞起来后升力大阻力小；第二个必须有轻巧的结构，就是在气动外形不变的情况下尽量有轻巧的结构。大家知道鸟为了减重骨头都是空的，为了减小低头力矩牙齿都没有，这些给鸟的起飞和配平带来很大的益处。如果鸟有牙齿，脑袋很重，难以想象为了配平后面的尾翼要有多大。为此，鸟不惜牺牲了牙齿咀嚼的能力；第三，飞机要想在空中飞行，必须有足够的动力以克服空气阻力。此外，还必须达到相当大的速度，极敏的操控机构，远航时还必须有精准的导航和通讯系统。例如，一架飞机从北京飞机场起飞到上海，在着陆是必须精准定位虹桥机场的跑道的位置，才能安全降落。相对而言，鸟的导航系统十分简单，是根据生物钟按照太阳的升起和降落而定的，鸟自需要目的地的大概方向就行，不需要准确的定位。比如从南方飞到北方，只需要北方的大概方向即可以，也就是说飞到北京或保定就可以啦。

所有上述各个方面的先进技术和成果，都是在人类不停地思考与探索、不停地尝试与实践、不停地创造而实现的。尽管人类当今创造出各种各样的飞行器，但是要想更好地利用空中资源，人类还需要攻克更多的难题。因此，人类需要继续努力和不断创新，才会有更多新机种的问世。让我们的梦想，通过揭示更多的飞行奥妙而实现。

健康生活八要素

钮文异

北京大学医学部教授，全国著名公共卫生、儿少卫生、健康教育和健康促进专家。国内众多健康领域内的特聘健康传播和健康干预专家。2002 年全国科普工作先进个人奖、2006 年国家图书奖特别奖、2012 年度公众最喜爱科学传播人奖和 2012 年度北京医学大会先进个人奖、2014 年北大医学部教学名师奖获得者。中央文明办、卫生部“相约健康社区行”国家级特聘专家。科技部/卫生部国家“十五”、“十一五”和“十二五”科技支撑计划重点课题专家组成员。中国健康促进与教育协会理事，北京医学会健康管理学分会常务理事。曾任卫生部/UNFPA 生殖健康 IEC 子项目特聘国内首席专家。中国食品科学技术学会营养支持专业委员会第一届理事会副秘书长和中华预防医学会少儿卫生学分会委员等。

Niu wen yi

钮文异

健康是我们每个人都非常关注的一个事情，我今天讲的题目就是“健康生活八要素”。这个提法是美国威玛健康研究所在早些年提出来的。对健康，它提出了八个方面的要点，是八个英文单词。第一个是 nutrition（营养），第二是 exercise（锻炼），第三是 water（饮水），第四是 sunlight（阳光），第五是 temperance（节制），第六是 air（空气），第七是 rest（休息），第八是 trust（信念）。

我想就这八个点展开来跟大家做一些交流。这八个英文单词的每一个词的头一个字母，我们把它取出来，又合成一个新的词——NEWSTART（新起点）。今天我想把这个八个点倒着往回说，先从信念开始说，由八到一这么说（图 1）。

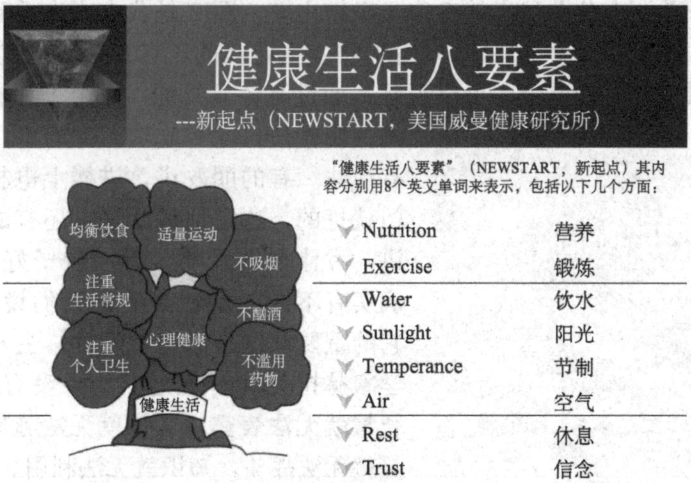

图 1　健康生活八要素

第八个词——信念，它主要是指要确立正确的人生观，相信科学的指导，树立信心，保持乐观的态度与平和的心态。作为一个人来说，健康对于我们非常重要。我们常说“三岁看小，七岁看老”。三十岁前积累学历，六十岁前积累经历，九十岁前积累病例。人从妈妈肚子里孕育到出生后，二抬四翻六会坐，七滚八爬周会走。上学读书，毕业、走向社会、就业，谈恋爱，成家立业，然后怀孕生子，子女绕膝，我们把孩子抚养成人，孩子们长大了，他们有自己的事业，我们生老病死，终其一生，这就是人的一生，非常短暂。有人说，我们可以看到非常有意思的画面，人生苦短，快乐奔向终点，生活乐趣，尽情享受今天。

我曾经跟朋友们做过一个交流，因为我曾经看到有位老太太，她过了第九个本命年，那是108岁。我问许多身边的朋友，我说您打算过几个本命年啊，那些朋友都特爽，说10个。10个本命年是多少岁啊，120岁。120岁折合多少天啊，好像这没算过，是43 800天左右。我们以普通男性计算，从18岁开始参加工作，到60岁退休，您大概能上几天班啊，好像也没算过，如果刨去各种节假日，不重复计算，大概是10 010天，现在咱们节假日也比较多，真正要上够10 000天班还真不容易，所以这个时间我们可以算一下，非常短暂，而且也不是24小时工作制，每天用1/3，最多2/3工作学习，那么折合成24小时的话，就变成了3000～5000天，也就这么长，所以这个资源非常有限，是有限的、稀缺的资源，因此我们就需要很好地去经营、去呵护、去管理。

我作为一个公共卫生的专家，经常出差，图2是我在山东看到的一幅字画，这是一个“寿”字，“寿”字上挺花哨的，有八仙，也就是说，在追求健康长寿的路上，可以说是八仙过海各显其能，每个人都有自己的一套做法，吃有吃法，穿有穿法，活有活法。有的朋友讲，进楼上电梯，出门就打的，这是他的活法；还有的朋友讲，亏什么别亏嘴，落一肚子好下水，确实有不同的活法。但是我们说健康，它的重要性这是毋庸置疑的。古希腊哲学家赫拉克利特说过，如果没有健康，智慧就无法表露，文化就无法施展，力量就无法战斗，知识就无法利用。

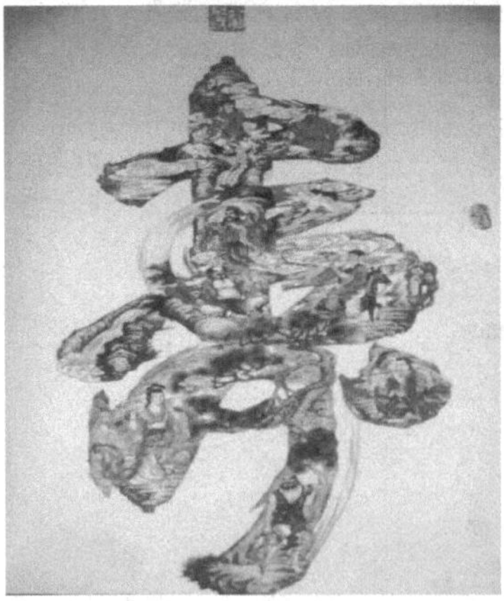

图2 书法“寿”字

在甘肃的伏羲庙，每年正月的时候，寺庙的大树上有许多红纸做的小人，走近观看，可以发现小人身上有一些香烫的黑点，问问百姓，这是一种民俗，他认为自己心脏不好，肝不好，或者肺不好，就在小人相应的心肝肺的位置上，用香烫一个黑点，认为经过祭拜活动，心肝肺就全好了，但是对于科学地寻求健康，这还不够。

什么是科学的健康观呢？世界卫生组织对健康下了三维定义，认为健康不仅仅是没有疾病或不体弱，而且包括躯体的或叫生理的健康，心理的或叫精神的健康，以及社会适应的完满状态。说到这儿可能很多朋友说，钮教授，你说的这个（指三维定义）对于你们做学问、搞研究的人还有用，对于我们老百姓有啥用啊？这个问题其实很好，我们说其实三维健康观对于指导我们认识健康问题，找到原因及解决对策具有指导意义，我们理解起来其实也不是很难。我们看到三足鼎立的鼎，如果我们把这个鼎看作是健康的话，这个鼎的三个足，就相当于健康的三维，三维健康观。我们设想一下，三个足中有任何一个足出现问题或者缺失，这个鼎就立不稳了。从这一点上我们就可以推出，一个朴素的、健康的核心思想，就是平衡，其实最重要的就是平衡，就是适量，就是我们所说的哲学的中庸，就是现在的时髦话“和谐”，它包括人体内环境的平衡和谐，人体与外环境的相互适应，动态平衡等这么几个方面的平衡。

大家可以看到以健康为中心，周围的很多，包括住宅、交通、生活方式、环境污染、工农业生产、卫生服务、饮水、营养、垃圾处理等，方方面面都会直接或者间接地影响我们的健康。鸵鸟在遇到危险的时候常常采取一种我们称之为鸵鸟政策的做法，就是把头扎在草垛或者沙子里，眼不见心不烦，顾头不顾腚。

问题是这么做危险去除了没有呢？没有，而且可能更危险了，然而在实际生活中，我们很多朋友对自己的健康风险，或是生活工作中遇到的挑战，常常采取鸵鸟政策。我记得我有一个邻居，那时候刚刚退休，男同志 60 岁退休了，有一天他跟我说，钮老师，最近我老是忽悠忽悠，老上脸。我们北京人说上脸，就是血往脸上涌的一种感觉，用我们学医的人来判断，可能是有血压的波动，可能心血管有问题，我就给他找了人民医院的一个内科主任，我说您去看一看，结果老兄谢绝了，他说我不去，我说为什么呀，他说我这人啊从来不看病，我一看病，病准找上门来，这就是典型的鸵鸟政策。后来过了一段时间，他老伴儿在体检的时候发现患有结肠癌，上了手术台打开一看晚期了，大夫就给缝上了，做放疗、化疗。经过几个疗程以后，医院让家属把他老伴儿接回家，在家伺候了一个礼拜。平常老伴儿没病的时候，我们那个退休的老同志，都是老伴儿伺候他，现在老伴儿病了，他得好好表现表现，忙里忙外伺候老伴儿，就在这一礼拜快结束的时候，他一天清晨上厕所，死在厕所里了，心脏猝死。我们知道心血管病人，特别是我们老同志中有心血管病的，不建议你早起锻炼，而建议你躺躺懒儿，睡睡懒觉，为什么呀？因为清晨到 10 点钟左右，这段是血压波动比较大的一段时间，容易出现风险，如果你再上厕所便秘一使劲儿，那血压就很容易出问题，所以这些是我们值得注意的。结果受此打击，他老伴儿在一个月之内，也离开人世了。然而他们家的悲剧并没有结束，在老两口去世大概三年，我记得是 2001 年春节刚过，这个邻居的女婿早晨上早班刚走，刚到西直门桥上，也就一站路的样子，他的爱人就给他打电话，说她不行了。他赶紧赶回家里，结果我这个邻居的女儿也死在厕所里了，也是心脏猝死，年仅 38 岁。过去我们说，30 岁前人找病，30 岁后病找人，现在心脑血管疾病的发病甚至死亡，出现了低龄化的趋势，这应该引起我们每个朋友特别是年轻的朋友的重视，确实是这样的。

在健康界有一个所谓的 1、0 定律，可能很多朋友都听说过，就是说，如果我们把健康看作是 1 的话，我们获得的家庭、事业、工作，各方面的成就，都是在 1 后边加上一个 0，成功越多，人生的价值就越大，然而如果我们忽视健康，一旦我们失去那个 1，1 后边所跟着的那一串 0，就变成毫无意义的符号了，由此我们更容易体会到，“健康是金”这样一个朴素的道理。

在具体的健康的做法上，可能很多朋友听说过，有四大基石，还有在此基础上的六大基石，那四大基石是国际心脏保健会议 1992 年在《维多利亚宣言》里边提出来的，翻译成中文主要就是十六个字：合理膳食，适量运动，戒烟限酒，心理平衡。这主要是针对心血管保健的。对于整个的健康生活方式，它也是一个主旋律。也有人在此基础上，加上定期体检和交通安全，把它称为六大基石。其实我们看看，有三位长寿老人，他们交换长寿的秘诀，我们听听他们怎么说的。第一位老人说，吃饭留一口，活到九十九。第二位老人说，饭后百步走，活到九十九。第三位老人有点儿特殊，媳妇长得丑，活到九十九（这个大概有点儿怪）。第一位算合理膳食，第二位算适量运动，第三位算什么啊？心理平衡。古时候有诸葛亮丑妻帮夫的说法，这算心理平衡，所以心理平衡很重要，有人说健康的一半是心理健康，我们要心态平衡，现在人在职场，日夜奔忙，身心疲惫，叩问上苍，都说累、郁闷，这是比较流行的词儿。曾经有商业机构做了一个上班族的调查，发现了以下几方面的问题：68%的人不运动；将近77%的人从不体检和不吃早餐；还有41%的人与家人缺少交流，焦虑、抑郁、郁闷；70%的人长时间处在空调的环境中工作、学习、生活；58%常坐不动；60%不能保证8小时睡眠；31%使用电脑时间太多，而且网络成瘾。

要想做好心理平衡、心理健康，首先一个要认识自己，这是最重要的。可能很多朋友会说：谁还不了解自己吗。每个人都会觉得自己最了解自己，其实不尽然，不一定。我们确实需要问问我是谁，这也是很多医学的核心问题，我是谁。蒙田说过，世界上最重要的事就是认识自己，解读心灵的秘密，了解自己，是一切成功的基石。在《孙子兵法》中有条兵法，我们大家也很熟悉，那就是：知己知彼，百战不殆。知己就是“我是谁”，知彼就是“你是谁”或者“他是谁”。这是核心的问题，你要想获得成功，你就要了解。

其实年龄它只是一种感觉，不是时间，有人说摆正好心态，人只有追求才不会变老，人不是因为老才变慢，而是因为慢才变老，这句话很有意思。科学家们对忧虑做了一个研究，发现几乎100%的忧虑都是毫无必要的，通过量化统计发现，40%的忧虑是关于未来，忧虑未来；30%忧虑过去；22%忧虑微不足道的小事；4%忧虑那些根本改变不了的事；还有4%的忧虑是正在做的事。其实我们大家都可以去仔细地看一看，在这些脸谱中，哪些是你常常出现的那张脸，你希望你在生活中出现哪张脸，在工作、学习、与人交往这样各个不同场合，你希望出现的是哪张脸，现在出现的实际是哪张脸，一样不一样，想想为什么，这一点很重要，这样有助于我们了解自己，问压力、问情绪、问自己的心态、问自己的作息到底合理不合理，问自己的家庭、问自己的人际关系、问自己的情感、问自己的健康，这些都需要我们去叩问自己。人活一世看似长久，实则三天，昨天、今天、明天。昨天过去了不再烦，今天正在过不用烦，明天还没到烦不着，唯此才可以天天不烦，这一点很重要。

我们要想自己心里快乐平衡，就要搞好人际关系。前两年春晚说的，不差钱但是缺朋友，这是一大问题，所以要广交朋友，交好朋友，交知己，这些都是很重要的。学会人际沟通的技巧，要学会倾听，学会肯定，肯定人家值得肯定的部分。别一张嘴就否定人家说的，有些人有这个习惯，老不让人说话，看人家说话自己着急，上来老想堵人家嘴，这不好，这不是好习惯，要学会倾听，因为上帝给了我们两个耳朵一张嘴，让我们多听少说，同时也要学会澄清对方真实的意图，这个是很重要的。要学会善待他人，分享快乐。有一个智者与朋友结伴而行，有一次险些跌入山谷，朋友拼力相救，挽救了生命，他把这个事刻在石头上。还有一次，他们俩为一个小事争吵起来，被朋友怒打一个耳光，结果他捂着脸，说要把这个事写在沙滩上，他朋友不解，为什么那个事写在岩石上，这个事写在沙滩上，他说我写在沙滩上的事，是唯恐我耿耿于怀忘不掉的，希望沙滩替我忘掉；写在岩石上的，是唯恐我记不住的，希望岩石替我永远记着。所以我们知道生活中什么该记住，什么该忘掉，这一点很重要。

要学会团结，团结能人干大事，团结好人干实事，团结小人不坏事，做好团结也是很重要的。要学会反思，思考是智慧，反思是爱智慧，所以我们要经常反思。学会换位思考，保持平和的心态。我们人生就是如此，当你站的角度不一样，看问题就不一样，你的感受就不同，因为我们站的高度不一样，所以要学会换位思考。

快乐是每天偷偷一笑积累起来的，遇到心理问题，我送朋友们十二个字，第一个要“面对它”，勇敢地去面对它，你躲不了必须面对；第二“接受它”接受问题的客观存在；第三“处理它”，把它处理好；第四还要“放下它”，要拿得起放得下，我们人生才有奔头，这也是很重要的。健康比长寿更重要，快乐比健康更重要，高职不如高薪，高薪不如高寿，高寿不如高兴。所以，希望朋友们天天快乐、高兴，能过幸福生活。

我们下面谈谈第七个词——休息，休息是指我们生活中要劳逸结合，平时应该注意保持良好的休息习惯，有规律地睡眠，所以我们常说，药补不如食补，食补不如睡补，所以要睡好觉，这对于我们身心健康都是非常有益的。当然这里特别强调的是生活有律，生活有律是健康的前提。在2006年全国科技博览会“预防疾病科学生活”这样一个主题下，我们组织全国的专家，搞了一个设计，一个展览会，当时我也是作为卫生部的策划专家之一，专家们提出了十条“金规律”。

第一条起居规律，按时起床，按时睡眠，这有益身心健康，因为越是有律，越容易达到平衡，越容易调整平衡。

第二条时限规律，做什么事都有时有晌，别太过了，饿极了才吃，渴极了才喝，臭极了才洗，憋极了才尿，困极了才睡，病重了才瞧，那样容易出问题，容易崩溃，所以要及早解决。

第三条饮食规律，强调的是规律，不论你一日三餐还是一日两餐，规律为好，饮食的种类和量规律为好，像三餐，一般早吃好，午吃饱，晚吃少。一日三餐看钟表，按时定量习惯好。英国人做过一个研究，同样的在总量不变的前提条件下，一天吃一餐、两餐、三餐、四餐、五餐、六餐、七餐，把它按这样的不同的次数去吃，发现餐数越多越长寿。

第四条午休规律，每天有一定的午休时间，对于我们身心健康都非常有益。

第五条排便规律，养成每天按时排便的习惯，有利于促进新陈代谢，也有利于预防消化道的肿瘤，特别是像结肠癌，大家知道结肠癌的患者，常常会出现十天左右的便秘，和十天左右的腹泻，交替出现的一种现象，如果你养成按时排便的习惯，就有助于早期发现。我有朋友因此早期发现早期手术，至今存活，我也有大学的同学女同学，她羞于开口，发现时已经是晚期了，肚子疼，一说十多天没大便，等到去医院一查，结肠癌晚期，术后半年离开我们，在大学期间就离开了我们，所以这个非常可惜。

第六条运动规律，一会儿运动的时候再讲。

第七条娱乐规律，要有一定的娱乐时间，但是反对通宵泡歌厅，而且常常地下的歌唱环境空气质量不好，这也是我们值得注意的一点。

第八条情绪规律，保持乐观阳光的这种情绪状态，有益于我们身心健康。

第九条社交规律，我们强调因为我们不仅是自然人，而且是社会人，组织靠活动，朋友靠走动，因此我们需要经常活动活动，走动走动。

第十条是性生活规律，对于已经步入婚姻殿堂的朋友们来说，适合夫妻双方和谐而愉悦的性生活，对于双方的身心健康都非常有益，值得提倡。

第六个词是空气，空气是指我们要多到大自然中去呼吸新鲜空气，但是我们出行的时候，应该注意空气污染指数。大家最近可能注意到，一直在热炒的关于PM10和PM2.5这样一个话题，其实这个话题大家知道，图3中上边的是蓝天白云，我们特别希望，是这样的一个空气质量，下边是阴霾非常重的情况，其实这里边我们知道，像我们北京地区，空气中的粉尘的浓度还是很高的，所以在空气污染比较重的、空气污染指数不太好的情况下，应该适当减少外出，不要在那个时间去锻炼。像这样的这些

PM2.5，颗粒物越细小，越容易进入我们呼吸道，进入我们的肺里，特别是肺泡，包括支气管、肺泡这样的一些呼吸道的末端，容易对人体健康造成损害。

图 3　空气质量对比

我们看图 4，右边是一根头发横切面，而 PM10 的颗粒相当于这样大小，这个小的颗粒是 PM2.5，对比一下，我们就对 PM10 和 PM2.5 的大小有一个感性的认识。这边是颗粒的直径，我们可以看到颗粒越细小，越容易进到肺部和支气管，一般大的颗粒都是停留在鼻腔、口腔。

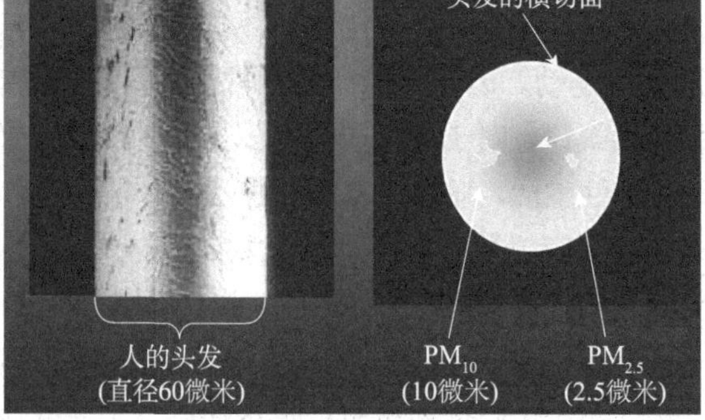

图 4　头发和 PM10、PM2.5 颗粒大小对比

这个情况下我们要不要戴口罩呢？必要时可以戴口罩。现在有几种方式的口罩可以选择。一种是活性炭的，主要是吸附，效能比较高；还

有一个空气过滤式的，下边这种是空气过滤式的，它相当于有一个过滤层，把一些粉尘颗粒给拦截住；还有供气的口罩；我们工厂还有专门防尘的口罩等等。我们一般老百姓戴的那种生活口罩，其实是基本防不了什么的，只是做出一个样子，大多数是一个样子，所以我们提倡至少用医用的防护口罩，如果粉尘浓度很高的话，就用N95的口罩。吸烟造成的空气污染也同样不容忽视，所以我们既要防大气的污染，同时也要减少我们对于微环境的，像吸烟的这样的一些污染。所以，第五个词是节制要节制不良的嗜好与欲望，不吸烟，少饮酒，不吸毒，不乱性。

在这里烟的问题我不想多说了，因为其实烟在很多场合都在做宣传，我们刚刚结束的一个国家的论证会，也是对吸烟对健康的危害的论证，特别提出来劝诫吸烟，“我要告诉你，因为我爱你”，这是一个口号，特别要让大家了解到。图5是孩子画的他爸爸吸烟，他画的他爸爸的图像是这样的，所以吸烟等于慢性自杀，这一点已经不容置疑了，很多的研究都证实，而且有时候被动吸入危害可能更大，就是所谓吸二手烟，旁边人吸烟，你被动吸入。所以我们说，烟吸进去自杀，呼出去杀人。

图5　孩子的画

一根香烟里面含有的各种成分根据产地和品牌的不同而不同。一般含有1200～3600种有害物质，可以分为五大类，包括重金属等，这里边还有什么砒霜类的，还有各种农药杀虫剂含量，所以它有非常多的致癌、致炎等这样的一些物质。当然吸烟使人成瘾的是尼古丁，它可以导致各种癌症，使人体不同部位发生癌变，导致口腔的、皮肤的、内脏的一些癌症。

酒的问题我也要说一说，我们国家也是一个烟酒文化都比较盛行的国家，常常是无酒不成席。我们要告诫朋友们，一定不要喝酒上瘾，不要成瘾，而且一次酒量要有限，限量饮酒。限量多少呢？2两以下，一般的提倡是1两以内为好，饮酒1两不算少，要喝最好红葡萄，喝点干红葡萄酒，但是从另外一个角度说，酒精的致癌性已经被证实，有大量的证据证实酒精的致癌性，酒精对心血管有一些益处有一些证据，但仍然不太足，所以从这两个说法上，大家可以去选择，你到底应该是选择喝还是不喝，所以现在是“限量饮酒，最好不喝”这样的提法。

过度饮酒也可以造成股骨头坏死，北京积水潭医院做的股骨头坏死的研究，国家级的课题，导致股骨头坏死两大因素，一个是过度使用激素，这在“非典”（SARS）期间治疗SARS病人，大量使用激素，人救活了，但是现在很多病人是坐在轮椅上的，股骨头坏死，有一批这样的患者。另外一个就是过量饮酒，这个也是一个问题。我曾经有一个朋友，他特别能喝酒，有一年他来了，我一看怎么拄着拐来了，我说怎么回事，他说：我股骨头坏死。才40岁出头就股骨头坏死，所以饮酒一定要限量，这一点非常重要。

有调查显示，酒店老板死于肝硬化的危险比一般人要高13倍，为什么？因为他经常喝酒，近水楼台先得月嘛。所以我们说，吸烟、饮酒无异于与死神拥抱，所以我们提倡尽可能做到只要感情有，喝啥都是酒。少量饮酒，健康之友；过量饮酒，罪魁祸首。

第四个词是阳光，我们要多到户外去接受阳光，但是要避免暴晒，如果是半个小时以上的暴晒，最好要擦SPF指数在15倍以上的防晒霜。像澳大利亚那些阳光很强的国家，他们一般擦的防晒霜，SPF指数都在30倍以上。我们来看一下图6，这是一年四季不同的月份中，紫外线强弱的分布示意图。我们可以根据不同的月份，选择户外活动的时间。其实紫外线有很多益处，能够促进人体钙的吸收，我们现在很多人要补钙，吃了大量的钙剂，如果缺少紫外线的催化，他体内的三醇类不能变成活性的维生素D_3，就不能帮助钙的吸收，所以你吃了大量的钙剂，如果缺少维生素D_3的话，你就白补钙了，所以要适当地增加阳光，这是很重要的。

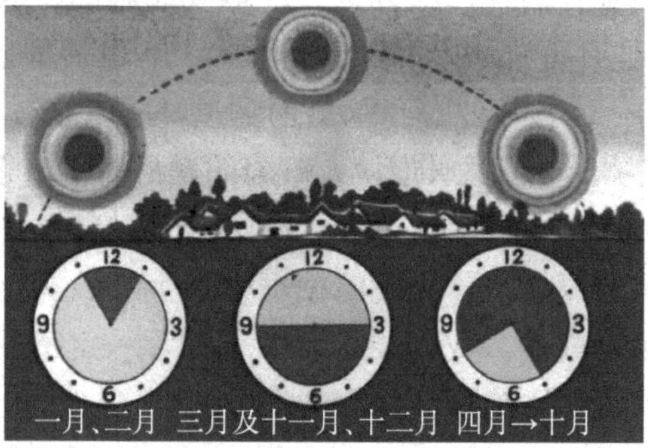

图6 不同月份的紫外线分布图

能不能隔着玻璃晒太阳呢？不能，这样做是没有效果的。为什么呢？因为玻璃的主要成分是石英，它能够挡住70%～90%的紫外线，所以这样晒太阳是没有效果的。你可能要说，我又不想晒太阳，又要接受紫外线，该怎么办？你可以站在树荫下，折射的紫外线也可以起到作用。

第三个词是饮水，我们希望现在有水的朋友，请大家先喝一口水。我们提倡每天要喝足够清洁的水，6～8 杯，多大的杯子呢？200 毫升的杯子。喝水要养成习惯，这一点非常重要，特别是对女性朋友，女性朋友要特别注意，多喝水可以减少泌尿性感染等，这也是非常重要的一点，所以我们每天需要喝七杯水，这个水包括的范围很广，我们可以参考图 7，水不光包括开水、茶、奶，还有汤，但要注意汤不要太油、太咸。

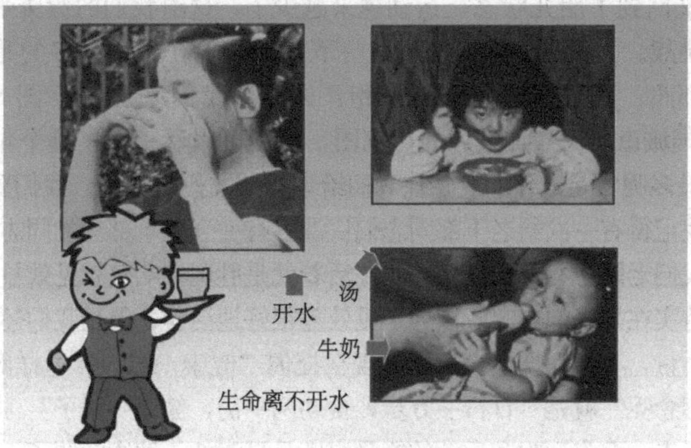

图 7　水包括的范围

第二个词是运动锻炼。它是指我们要坚持安全适量的有氧运动，每天至少要走路 2～3 千米，大概折合 5000 步。一般人们走路的步伐，一步大概是 75 厘米。现在卫生部提倡，每天走 5000～10 000 步比较好，因为走路是相对最安全，对膝关节负重的损伤也是最小的活动，所以走路是一项最好的健身的运动，也是最容易实现的。“生命在于运动”这句名言朋友们耳熟能详，但是我们还要强调“运动贵在平衡、贵在适量、贵在科学、贵在安全。”马奔安先生曾经写过一个幽默小品，叫做《难题》，小品中丈夫对妻子说，哎呀！我现在这体质是越来越差了。他的老婆就教训他说，野象能活 200 年，驯养的象只能活 80 年，牧羊犬能活 27 年，家里喂的宠物狗只能活 13 年，生命在于运动嘛，谁让你一天到晚，像个乌龟一样缩着不动！丈夫被训了以后很郁闷，憋了半天终于爆发了一下，亲爱的，请问乌龟能活多少年？这虽然是一个小品，但它却说出了两种学派：一种是生命在于运动，一种是生命在于静止。我曾经买过一本书叫做《生命在于静止》，回到家里仔细翻看，书中其实描述了一个非常朴素的观点，它说人的一生就像一盏油灯一样，灯油是有限的，如果灯芯做得越细小，燃烧的时间就越长久，这是它的朴素思想，它希望燃烧的时间长久，而不是不燃烧，而“燃烧”在这里是指“运动”，也就是说“生命在于静止”，其实它并不是提倡不运动，而是强调运动贵在“适量”，资源节约型嘛。所以这跟我们的“生命在于运动”，没有本质的冲突，“贵在适量、贵在科学”是一样的。从生物进化的过程中我们可以看到，人类是从爬行到直立行走，但随着现代化的进程及计算机的普及，人类似乎又回到了胎儿状态，运动越来越少了，这给我们的健康带来了很多危机和挑战。大家可以很好地反思一下，我们现在越来越多的是静态作业，趴在那儿，而很少去走动、去跑、去跳。我们来看一下图 8，这是 2002 年我国城市居民参加锻炼的比例图，我们可以看一下，哪个年龄组的朋友运动最多呢？是老年朋友，让我们给老年朋友们鼓鼓掌。我们要向老同志学习，我记得有一次给老干部同志们讲课，有一个老干部局的同志跟我说，钮教授，我们老同志有一句口号，叫“活着就是胜利，喘气就见效益”。这个口号真是特实在，我们确实应该为了见效益很好地活着，但是我们还要强调，要活得有质量，有生命质量。卫生部现在提倡“健康一二一”这样的一个运动，什么理念呢？就是“日行一万步，食动两平衡，健康一辈子”。这个并不复杂，每天走一万步，吃和运动的能量出入是平衡的，健康一辈子。

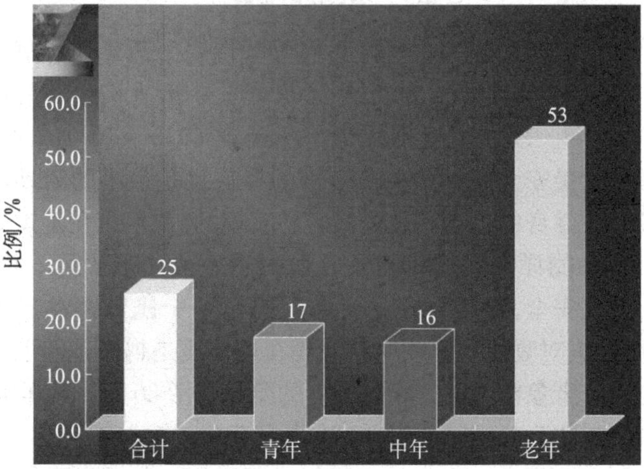

图 8　2002 年我国城市居民参加锻炼的比例图

美国医学家推出了一个走路自测健康的公式，如果你能在 10 分钟之内，走完 1 千米，说明你身体状况良好；在 20 分钟之内走完 2 千米，说明你身体状况优秀；30 分钟之内走完 3 千米，说明你像青壮小伙一样棒。我们可以用这个公式自测一下，看看自己的身体处于什么状态。我的同学，运动医学与运动营养专家李可基教授，研究推出了一个“千步活动量”，我们来看一看图 9 中的换算表，一个 60 公斤体重的人中速步行 10 分钟，就相当于 10 分钟走 1000 步，那么它的耗能相当于 32 千卡，它折合成慢跑是 3 分钟，打羽毛球是 6 分钟，做瑜伽是 7 分钟，打乒乓球是 3 分钟，跳绳是 3 分钟，骑自行车是 7 分钟，手洗盘子是 15 分钟，擦地板是 8 分钟，手洗衣服是 9 分钟。后三个我们女同志可以特别注意一下，我们动员家里边的男同胞做点家务的时候，就可以说，你想走 3000 步吗？好，你可以洗 15 分钟盘子，然后拖 8 分钟地，洗 9 分钟衣服，这就相当于你走了 3000 步，这是一个挺好的策略，还很温馨，为了你的健康，这一点是很重要的。专家们现在提出了“千步是把尺，活动有量度，六千是基础，追求在万步，循序加时间，渐进增步速，用力凭感觉，自己找适度”的建议，所以要“安全适度”，这贯穿于始终。

图 9　千步活动量换算表

有的朋友说，我不想运动，运动弄一身臭汗，太累，我不想运动，但我还是喜欢吃，喜欢美食。好，李教授做了这方面的研究，你想吃美食吗？但是你要是不能达到平衡，你会出现健康问题。你想吃，我想吃，大家都想吃，面对美食的诱惑，我们应该怎么办呢？我们来看看表 1，如果小朋友想吃一个冰激凌，选一个奶油的，你要走 5728 步才能把这份奶油冰激凌的热能消耗掉；如果吃一份中份的薯条，你要走 9728 步才能把热能消耗掉；有人说我爱吃老北京鸡肉卷，一份老北京鸡肉卷要走 14 573步；吃上校鸡块要走 1379 步；吃一个鸡肉汉堡 18 176 步，所以我们不光要吃，同时还要动，这才能达到食动两平衡，收支两条线一定要配合起来，你才能保证健康，否则的话自然就会长肚子了。

表 1　美食能量消耗表

食品名称	能量/千卡	步数	千步活动量
薯条（中份）	304	9 728	9.7
冰激凌（加奶油，1 个）	179	5 728	5.7
三明治（夹火腿，干酪，2 两）	244	7 808	7.8
比萨饼（夹奶酪，肉，蔬菜，2 两）	235	7 520	7.5
鸡腿汉堡（1 个）	568	18 176	18.2
葡式蛋塔（1 个）	153	4 896	4.9
老北京鸡肉卷（1 个）	455.4	14 573	14.6
上校鸡块（1 块）	43.1	1 379	1.4
香辣鸡翅（1 个）	119.6	3 827	3.8

按照现在国际运动健身的新理念，“动”比“不动”好。无论运动多少，多运动获益更多，无论强度、时间和频度。很多朋友强调，我没时间、没地方、没场地，如果你没有大块的时间，你可以间断运动，每段时间建议至少 10 分钟，当然低于 10 分钟的也可以，但是最好能够达到每次 10 分钟。另外我们提倡坚持每周运动 5～7 天，我们每天运动是为了做到什么呢？消耗能量，就是刚才说的食动两平衡，指的是这个。你把每天吃的热能全都消耗掉，这叫消耗能量。要做到第一点就能控制体重。如果你本来胖，你要比每天吃的热能再多消耗点，每天多消耗点，就会逐渐地减下来，不要一次一下减下来，否则很容易出健康问题，出现一些疾病的情况。锻炼心肺，强壮肌肉，活动关节，练习平衡。对于中老年朋友特别要注意，活动关节和练习平衡，这一点非常重要，特别是防跌倒，一旦跌倒出现骨折，特别是股骨颈骨折，一卧床，全身的肌肉、关节和器官的这些功能迅速衰退，用进废退，一卧床很容易出问题。

现在，我邀请朋友们再次起立，我来教大家第二套自选动作。可能有些朋友说，刚才第一套的动作我还没学会，第二套动作更记不住了。我保证，朋友们学了这套动作就不会忘，这套动作叫做“写名字”，会写自己名字就会做，从头到脚写名字。我们先从头部开始，用头写我们的名字。我看有些朋友，已经开始急急忙忙地写起来了，先别急，不是这么写的，这样写容易伤到颈椎。我们要注意头部的运动，它强调要柔缓，这样不伤脊椎。动作要非常柔缓，以牵拉颈部的肌肉为度，要慢慢的，不要考虑笔画的连接，只考虑是怎么写的。当然，写名字的同时，它具有心理学的特殊意义，叫认识自己。写自己名字的时候也可以默念，给自己一些积极的心理暗示，谁谁谁你要努力啊，谁谁谁你想做的事一定能成功，都可以给自己一些积极的心理暗示。当然我强调一下，这个绝非法轮功。可能有些朋友说，我的名字笔画少，我叫丁一。那可没办法了，这个我们改变不了，但是你可以多写几遍，慢慢写，不要快，不要把头写晕。有些朋友已经写完了，那我们来两手抱拳，用上肢写我们的名字。注意别抡着别人，注意水杯。这样写起来，狂草楷篆都可以，随你自己的定力，越有创意越好，还可以加阻力，可以有新的创意。请大家充分发挥自己的想象力。可能有些朋友会问，钮教授，你怎么没写啊？我是要单给大家写一下我的名字，让大家看一下我写我的名字，写“钮文异”三个字。其实我觉得，健康存在于快乐的有创意的追求中，健康不是我们的目的，高品质的生活质量，那才是我们的追求。刚才没写完的朋友可以继续写，下面我们两手叉腰，用腰写我们的名字，意念到了就可以了，做得可以夸张更一点。如果哪位朋友，没有记住我的名字的话，我的名字叫钮文异，“扭”出来的文字是不一样的，所以你可以幅度大一点，夸张一点，这样就能把关节肌肉周围的韧带组织都活动开。你想怎么动就怎么动。下面我们来两手抱膝，用膝盖写我们的名字，意念到了就可以了，有些朋友说我不写连笔行吗？我说不写连笔不容易。下面我们可以用脚写我们的名字，悬空，既可以步调一致，也可以左右开弓。

健康生活取决于你自己的选择，你是愿意做高级动物人，还是愿意做植物人，或者愿意做被矿化了的人呢？身体里的血管都钙化了，还夹着什么支架，都金属化了、矿化了，所以去想一想，这个很多取决于你自己。其实说到这，我还想跟大家再额外加一点，有很多朋友说，我没场地、没时间，其实任何一个地儿，你都可以做运动。比如说，我请一位朋友，说在这里给我游个泳，这里没有场地、没有水池、也没水，怎么游啊？我们可以旱地游，可以往上游、往下游、横着游，再加上腿部的动作，能游 10 分钟。这是运动量相当大的一种运动，非常好，我的柔韧性非常好，因为我经常做这样的运动。除此之外，我们还可以借助一些器械，大家来看图 10 中的照片。照片中大家拿着的这个东西叫越野行走仗，它可以增加耗能 15%～40%，国际的心血管会议上都提倡使用它。很多心血管会议，都有专门的关于越野行走杖的表演。我和我的高中同学去爬山时也用它，可以减少对膝关节的压力负荷。图 11 中这张照片是我去年参加首届北京国际山地徒步行走大会时照的，我手中拿着的就是走完 10 千米以后的证书，所以经常用这个越野行走杖可以走得很快，而且耗能也增加，是非常好的一种运动，所以建议大家都可以试一试。

图 10　2008 年参加北京越野行走活动

其实健康不是我们的目的，高品质的生活才是我们的目的。图 12 中的照片是我在爬山过程中拍摄的，跟大家分享一下，特别漂亮。因为我们爬山在山上，看到了一个鸟窝，我就拿相机照下了里面漂亮的鸟蛋。其实我觉得我们应该热爱生活，这是最重要的。你只有热爱生活，才会关注健康，才会找到生活的乐趣。要想坚持运动，不在于家里买了一个健身器材，健身的一些设备，如同鸡肋，玩两天就不爱玩了。为什么？因为人是社会人，他需要有一个这样的氛围，所以我们总结五条，“携带能量监测仪(或者是计步器)，运动别忘写日记，找些伙伴一起去，锻炼尽量定作息，适时奖励夸自己。”这五条里边的任何一条，都能帮助你坚持下来，所以我们现在提倡："较小强度尽量多，中等强度天天有，力量练习每周做。"

图 11　参加首届北京国际山地徒步大会

图 12　山中一景

第一个词是营养。我们说完运动，接着来讲营养，讲摄入。营养强调的是膳食要均衡，营养要均衡，要吃多种谷物粗粮，少油，低盐，无糖，控制主食，这些都是非常重要的。如何才能达到营养的平衡？其实对于我们每个人来说，都是不容易的，是一道难题。俗话说："山中走兽云中燕，落地牛羊海底鲜，山珍海味加鱼翅，有人还要吃牛鞭。"不同的饮食文化，吃得也不一样。图 13 显示的是每天的一日三餐，主要有四大类，第一类是以五谷杂粮、米、面为主的主食；第二类是以鱼、禽、蛋、奶、肉为主的蛋白质辅食；第三类是蔬菜水果，为人体提供维生素和矿物质；第四类是油、糖之类的能量食物。对于刚出生的孩子来说，母乳喂养是核心。现在联合国儿童基金会也提倡，母乳喂养最好喂到两岁，如果有条件，还可继续喂下去。这是现在最新的提法，也是全国妇幼保健的项目。

图 13　食物的分类

那么这四大类食物怎么吃？1981 年美国营养学家提出了“膳食金字塔”这样一个理论，认为这四大类食物的吃法，就像金字塔这样，如图 14 所示，从图中我们看出，这个理论很容易理解，也非常形象直观。塔底越宽吃得越多，越往塔尖走吃得越少。塔底是什么？是主食，谷类，薯类，干豆类要多吃。第二类，蔬菜水果适当多吃，鱼、禽、蛋、奶、家禽、鱼、豆腐适量吃，油、糖类少吃，加上盐，少吃。

关于这四大类食物的吃法，我们中国的营养学家在 1981 年做出来了一个有中国特色的中国居民的膳食宝塔，图 15 就是这个膳食宝塔。细心的朋友们会观察到，这个宝塔比刚才那个膳食金字塔多了一层。多了哪一层呢？多了第四层的奶类及奶制品、豆类及豆制品，在刚才的膳食金字塔里，三、四层是一层，而在这个膳食宝塔里这

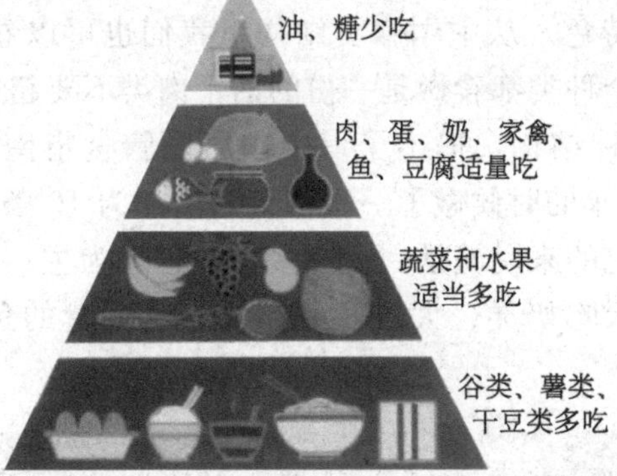

图 14 膳食金字塔理论

两层被分开了。中国人对于奶类及奶制品、豆类及豆制品的摄入相对缺乏，四次的全国营养调查都是这样的结论，相对缺乏，所以我们要特别注意，妈妈们要给孩子适当地增加点儿奶类及奶制品、豆类及豆制品。

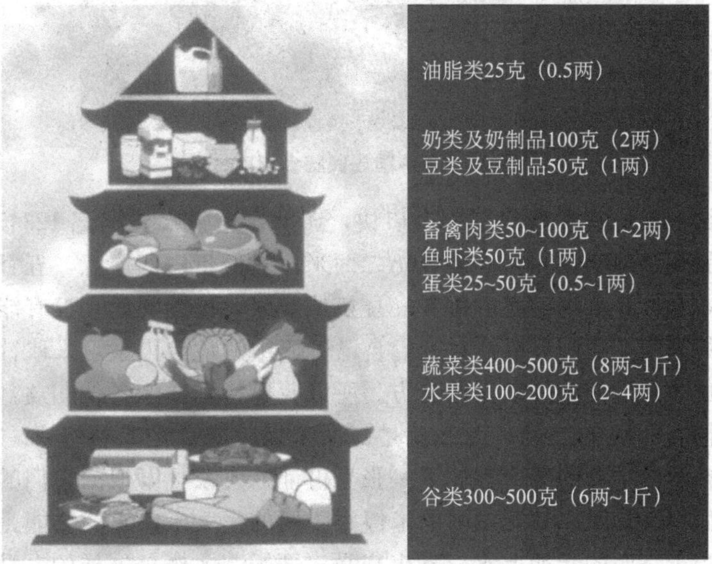

图 15 中国居民的膳食宝塔

其实我们中国传统的膳食结构，还是非常好的：五谷为养，五果为助，五畜为益，五菜为充。这四个种类只有第三种是肉类，其他的都属于植物性食物，所以中国膳食结构的特点就是植物性食物为主，这是我们中国的特色。从中国膳食结构里我们也可以看到，如果把这四种类中的每一个种类都看做是一份的话，肉类不要超过1/4。中国营养学会也根据这种结构，提出了《中国居民膳食指南》，最开始是8条，后来在2007年的时候做了一次修订，增加为10条，图16中就是它的具体内容。总的来说就是，食物多样，谷类为主；多吃各种蔬菜、水果、薯类；每天吃奶类、大豆及豆制品；吃适量的鱼、禽、蛋、奶和瘦肉等等。

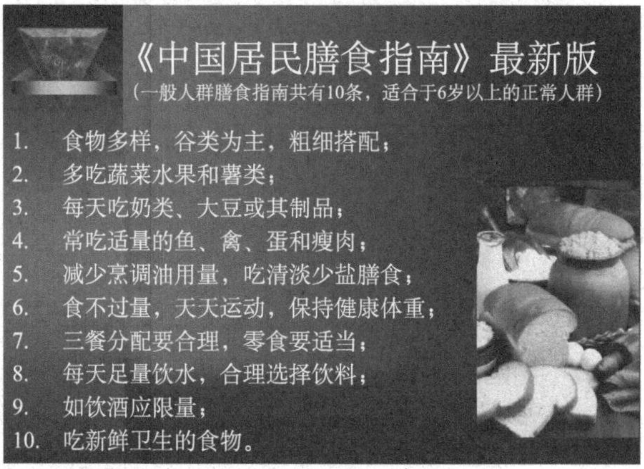

图16 《中国居民膳食指南》

总结一下，其实我编了一个口诀，叫“合理膳食要牢记1234567”，你怎样做到合理膳食呢？一袋豆奶二两米，三份蛋白四注意，五百克菜六克盐，七杯开水喝到底。每天一袋奶或豆浆，提倡喝奶。没有能够包治百病的东西，我们只有针对我们自己健康中的危险因素，采取针对性措施，这才是最佳的健康保健良方。所以我要特别提醒各位朋友：每天主食二两。一般的二两，大概就是二两米饭，或者是二两烙饼。图17中，我在两份主食的旁边都放了一张身份证，大家可以根据它们的大小对比，做一个参照。其实二两的米饭跟一两的生大米，它的热能是相当的，相当于一两的米加上水，煮出来是二两饭，大概是这样的，具体的我们可以参照图18。

蛋白质，每人每天三份就够了。怎样算一份呢？一两瘦肉半两豆，二两豆腐，鸡、鸭、鱼，还有一个大鸡蛋，这些东西吃得过多反无益。

图 17　二两米饭和烙饼

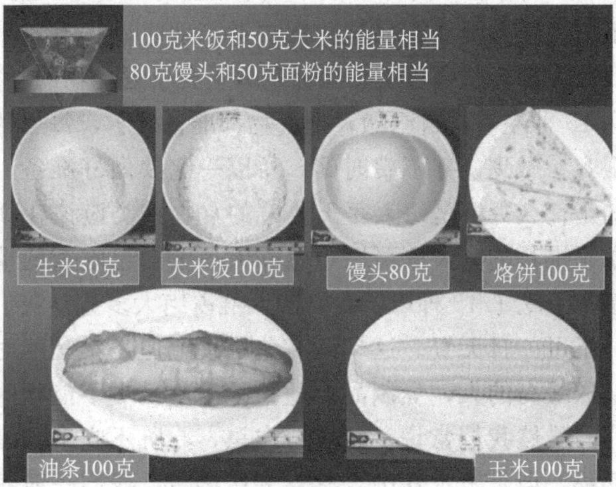

图 18　食物能量对比图

一两瘦肉这是一份，半两豆，这是生的豆子半两，但是不是让你生吃，你加工成任何形式都行，相当于把半两生豆子加工，那也是一份蛋白质；二两豆腐是一份，二两鸡是一份，二两鸭一份，二两鱼也是一份，一个大鸡蛋也是一份，每天三份。我举个例子，我今天吃了一两瘦肉，二两豆腐，一个大鸡蛋，这样今天的蛋白质就达标了。但实际上生活中绝大多数人的蛋白质都超标，而且超得不是一星半点，这就是我们现在慢性病、心血管疾病，包括肿瘤在内的发病率在迅速上升，出现井喷现象的一个原因，再加上运动又少，所以要特别提醒朋友们注意，肉要少吃，不是不吃，要少吃，要适量，这一点非常重要。

在吃肉的方面，提倡少吃红肉，多吃白肉。这个白肉不是指肥肉，不是指肥肉片，是指那些看上去没有血色的肉。鸡、鱼都属于白肉；像猪肉、牛肉这些都是红肉。吃肉还要看腿儿，吃四条腿儿的不如两条腿儿的，吃两条腿儿的不如没有腿儿的。什么意思呢？实际上这个道理跟红肉、白肉的原理一样。每 100 克这样的食物，红肉比白肉含动物脂肪高，腿儿多的动物比腿儿少的动物含动物脂肪高，基本规律是这样，但也不是绝对的，少量有个别有例外的，比如像鳗鱼，它的脂肪含量也很高。在四条腿儿的动物里边，我们强调多吃牛羊肉，少吃猪肉，因为猪肉含的动物脂肪，比牛羊肉相对高，100 克猪肉里边大概平均含有 30 克脂肪，即便是瘦肉也在 20 克以上，所以猪肉吃起来相对香一点儿。

人体内蛋白质的来源，除了来自动物性蛋白质以外，还要特别重视加强植物性蛋白，豆类及豆制品这些都要适当地吃，我不知道朋友们每天吃不吃，我每天都会吃到豆类，因为基本上我早餐食物的种类在 10 种以上，一般在 15 种左右。自己做，把食物都准备好了，每一种都搁一点进去，这样很容易做到，并不费时间，所以一定要做好准备。我们食物的多样强调的是什么呢？是每人每天要吃的食物种类应该在 25～30 种，这个是营养学家推荐的。大家可以想想昨天一天自己吃饭的情况，有多少种食物？基本上吃了 10 种以下食物的人群占绝大多数。我们常说，人可一日无肉，不可一日无豆。这句话有些道理，但是不是绝对的。对于痛风的患者、尿酸高的人，豆制品要适量地少吃，更不能喝啤酒、吃海鲜、吃黑木耳。虽然我们常说，红黄绿白黑，心脏不吃亏。黑木耳不是能降低血栓病吗？但是黑木耳中含有较多鸟嘌呤，我们一般喝的肉汤叫嘌呤汤，炖的香菇汤也是嘌呤汤，所以生活中其实有很多的误区，刚才说的这些东西如果吃得太多，就会诱发痛风，尿酸会高，脚踝或者脚趾会肿痛地非常厉害，我们可以多吃点儿像萝卜之类的东西，多吃新鲜的蔬菜和水果。猪吃叫，鱼吃跳，吃得鲜活，这样也比较好。要想达到食物多样，送朋友们几句话：少量多样，少食多餐，均衡杂食，新鲜好色。当然这个“好色”是指多种颜色的食材。营养学家认为茄子是有营养的，但是如果像张悟本说的，吃两斤生茄子，那会茄碱中毒的，如果同时再吃其他的辣椒一些的茄科类，茄碱量还会增加。大庆就发生过这样的事情，请张悟本去做报告，报告一做完，市场上的茄子没了，脱销啦，然后过了一些日子，260 多个人住院，都是茄碱中毒，所以这些都是应该吸取的经验教训，应该有多维的智慧、健康的知识。

美国有人提出了“10 个网球”这样的原则，而我把它改成了“十口”，其实就是按这样的一个比例去吃。如果你吃一口大小的肉类，你至少要吃两口大小的主食，不少于三口大小的水果，还有四口大小的蔬菜，大致是这样的一个比例。如果你按这样的一个比例去吃，那么基本上相对合理一点。对于糖尿病人，像水果类的可不可以吃？可以，但是要限量。一天当中吃相当于 30 克糖的水果即可。这是什么概念呢？一个棒球大小的苹果，相当于 15 克糖；3 个蜜枣也相当于 15 克糖；15 克糖为一份的话，30 克糖相当于两份；像草莓、柚子、西瓜、猕猴桃，这些都是低糖的，芒果的糖分会偏高一点；那么中等糖度的，像苹果、梨等，高糖类的，大家的误区是火龙果，火龙果是高糖的，不是低糖的，吃下去不觉得甜，但是它是高糖的，这个要特别注意。葡萄、香蕉也是高糖的，香蕉的生糖指数很高。除了水果以外，生糖指数高的，像稀粥、稀饭，你喝完血糖会迅速升得很快，所以一般干的食物比稀的食物生糖速度要慢。另外要注意的是，香蕉还富含钾类食物，含糖很高，糖尿病人适当注意，一般吃半根香蕉、十个草莓、一碗小西红柿，这就各相当于一份糖，而一天只能有两份糖，而一碗葡萄则相当于一份。

盐，我们刚才说了，我们应该少油、低盐、无糖、控制主食。每人每天应该摄入 6 克盐，多少是 6 克呢？一小勺，问题是你们家那小勺是挖耳朵勺，他们家最小的勺是大汤勺，这个没法儿统一度量衡，所以现在政府给多数人家里发了盐勺，买盐也有盐勺了。盐勺要大家注意看它是几克的，两克的还是三克的，如果是两克的盐勺相当于三勺，但是还得注意，不是说今天人均三勺，如果你还吃了什么咸菜之类的，二两榨菜相当于 11.3 克；二两芥菜疙瘩 19 克；二两酱萝卜 18 克，所以这样，你要吃了这些咸菜，还是超标了，所以我们可以用啤酒瓶盖来盛装盐，每盖 6 克是一人一天的量，包括炒菜放的盐，还有各种咸盐酱都算在内。所以不要光看，如果盐吃得多，就得减，如果家里有高血压的，全家的饮食咸度向高血压病人看齐，不是每天 6 克了，而是每人每天 4 克。普通人，6 克盐，高血压，4 克盐，口味淡，别太咸，心脑、肾，才平安。所以一定要注意少吃盐，要注意限量。有欧美专家研究，其实每人每天一克盐就能满足我们的身体需要。在一次国际会议上，澳大利亚的专家，也特别强调了食物多样性，以植物性食物为主，我们用一个字概括就是草，吃草，多吃草，我们中国人、亚洲人是草食性动物，而欧美人是食肉性动物，如果吃草的猛然改成吃肉了，就会出问题，那么要保持适宜体重，体重指数在 18.5 到 25，这是国际标准，我们国内 18.5 到 23.9。这个是怎么计算的呢？用这种小尺子就可以算出来，可以根据你的身高体重来转，就能自动算出身高体重，就能算出你的体重指数，这个是很方便的，也有公式可以计算。

体力活动，每天要有一个小时快走，每周要有一个小时出汗运动，每天吃 400～800 克的蔬菜水果，吃 800 克其他的植物性食物，最好是粗加工的，就是所谓的“吃葡萄不吐葡萄皮”，如果牙口好的连葡萄籽也吃了，最好不饮酒，反对过量饮酒，酒精的致癌性是确定的，多吃鱼，就是没有腿儿的，家禽两条腿儿的或豆制品来代替瘦肉，限制高脂食物，特别是动物内脏，每天食盐低于 6 克，减少盐的摄入，也跟防癌有关，少吃爆烟食品，爆烟食品如果有细菌污染的话，很容易产生亚硝酸盐，会有致癌性，避免吃霉变的食物，保质保鲜。但是冰箱不是保险箱，我们从冰箱里拿出的食物，特别要当心，特别是熟食，我们经常把面包放在冰箱里，其实你拿出来的时候里边已经有小霉点了，只是太小了你看不见，所以一定要注意，在它有效期内，打开吃完要及时吃掉或放回冰箱，不要在外边暴露时间过长，这都是我们维护健康的一些基本做法。正当地使用添加剂，我们家极少用味精，色素更少用，基本不用，鸡精也不用，不吃烧焦的食物，特别是街头上的，像烤羊肉串，如果是炭火，油滴下来，就冒烟，含有大量的致癌物，如苯并芘、多环芳烃类的，吃着很香，但是影响健康，所以这个是一定要注意的。戒烟我不多说了。来看图 19，这是国外研究的一个抗癌食物金字塔，大家可以看到，抗癌重要性的第一把交椅是谁呢？大蒜，然后是卷心菜、大豆、生姜、胡萝卜、芹菜、洋葱等。这里边没有任何动物性食物，全都是植物性食物，所以我们强调植物性食物为主，对预防心血管疾病和肿瘤都非常有益。

健康的人应该是这样，新鲜的蔬菜、水果为主，偶尔有条鱼，有点肉，还有一个鸡蛋，有大量的蔬菜水果，而且要开心，提倡多吃草，少吃肉，有利于健康和长寿，先吃草、后吃肉，减少摄能利于瘦，先吃植物性食物，再吃动物性食物，这样能减缓对于糖和脂肪的摄入，这些都

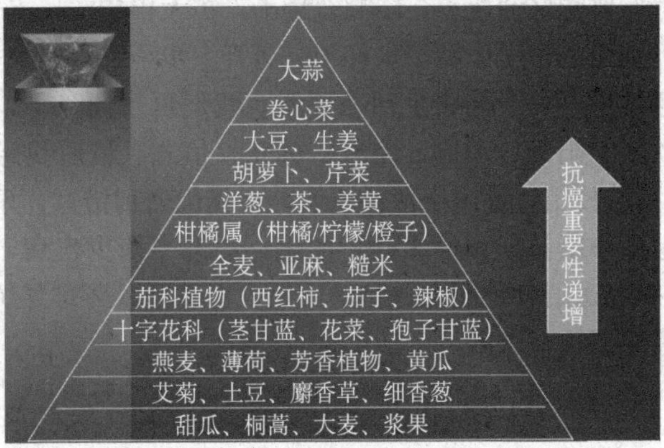

图 19　抗癌食物金字塔

供朋友们参考。另外控制体重也是很重要的。体重（体质）指数就是用体重的公斤数做分子，身高米数的平方做分母，算出我们每个人自己的体重（体质）指数，我们中国人为 18.5～23.9，大于等于 24 为超重，大于等于 28 为肥胖。另外还有一个指数叫腰臀比，腰围比上臀围，男性的如果超过 0.9，女性的超过 0.85 就必须减肥；如果没有，如果你的健康状况还可以，还可以保持着，但是适当地控制体重，要改变身体的这种曲线，特别是防止中段肥胖，有助于降低患心血管病的风险指数。每人每天半两油。我印象很深，有一次我们在社区让大妈们比着谁能准确称半两油，结果很多大妈一倒都多了，有一个大妈一倒说半两，一称二两。比着谁能准确抓 6 克盐，一抓一称 16 克。我们中国的家庭，大多数是女性做饭的为主，所以我们说，女性常常决定了一家的健康，其实很重要。另外一点，折箩。我们北京人讲“折箩”，就是打扫剩菜，折到一块儿吃。我们家里边，一般的妈妈、奶奶管这事，“宁可撑着人，绝不占着盆”，所以就都盯着让吃干净了，明明吃饱了，吃饱了以后还要吃，结果就出现问题。有位大妈就这么样，血脂高、血压高、血糖高，问大妈吃什么好的了吗？没吃什么好的，好的都给上班的吃了，净打扫战场了，就这么吃出“三高”了。所以我们说，“折箩不是好主张，打扫战场净喝汤；油盐全都进肚肠，既升血压又长胖；营养不足咸辣香，少吃油盐第一桩；勤俭持家本意好，防病更要放心上。”特别重要的是，我们说通往健康之路的膳食指南是三餐要合理，饮酒要节制，甜食要少吃，食盐要限量，粗细要搭配，油脂要适当，食物要多样，饥饱要适当。那么我们要想做到这些，要管好油瓶子，限制盐罐子，扩大粮袋子，丰富菜篮子，吃肉看腿子，别松裤带子，勤端水杯子，迈开大步子，这些都非常重要。

今天跟各位讲了关于健康生活八要素，我们再重温一下，那就是营养、锻炼、饮水、阳光、节制、空气、休息、信念。最后我想送给朋友们："应邀来到科技馆，健康生活讲八点，幸福优先别错过，乐活已成新话谈，经常运动体康健，食物多样不能偏，心态平衡少疾病，科学管理最关键。"同时也送给各位朋友一句健康箴言：灵丹妙药难寻访，身心健康在平常，需要帮忙就求助，生活丰富自然强。

给你一双慧眼——中医养生辨真伪

温长路

我国著名中医主任医师、教授、作家，中华中医药学会学术顾问，国家中医药管理局中医药文化建设与科学普及委员会专家，中国科学技术协会精品期刊评审专家，科学技术进步奖评审专家及多家中医药院校客座教授，长期从事医学教育、临床和科研工作，享受国务院特殊津贴。

Wen Changlu

温长路

我报告的题目是：《给你一双慧眼——中医养生辨真伪》。为什么报告这样一个题目？因为健康长寿是人类共同追求的一个主题，随着社会的发展、科技的进步、人民生活水平的提高，人们对养生保健越来越重视，这应当说是一种好现象，是国家富强、社会进步、人民生活水平提高的一种表现。因此，我们有必要就养生问题给大家以支持、扶持、引导，创造一个轻松、健康的养生环境。

近年来，随着养生市场的迅猛兴起和不断升温，全国上下养生的书籍、广播电视、网络没有不讲养生的。全国的出版社有 500 多家，出版健康类图书的超过 1/2，每年出版的健康类书籍有 1000 多种；中国人买书的支出平均每年增长 12%，而购买养生类书籍每年增长了 25%，说明人们在买养生书这一类中投入是非常之大的。新华社有一篇报导说，健康类书已经成为我们许多家庭的“红宝书”。这种养生书，不仅是一家一本了，有的家庭、有的老同志手里有很多很多本，应该说这是好现象。但是怎么养生？为什么养生？围绕什么问题养生？这些个问题还真的需要解决好。如果解决不好，面对这样的养生潮、面对铺天盖地的养生书籍、面对到处都是的养生讲座，我们究竟该信谁、究竟该怎么做的问题就很现实地摆在了面前。要解决养生的问题，咱得首先了解什么是健康，因为养生的目的就是为了健康，如果你连什么是健康这个概念都没有弄清楚，那你这个养生肯定是很盲目的。

关于健康的概念，传统的认识是“不生病就是健康”。不少人会说“我没去过医院”或“很少去医院”，以为这就是健康。按照现在的观点或者说从实际出发，不生病仅仅是健康的一部分，我们把它叫作“机体健康”。健康还要包括健康的心理、健康的社会适应状态和健康的道德观，这四个方面加起来才叫作健康。所以，养生要围绕四个方面说。

健康的机体，大家可以理解，就是说医院没有检查出我有病，我也没感觉到有明显的疾病，这就叫作健康的机体。健康的心理，就是要有一个好的精神状态。譬如你是不是高高兴兴地生活、你是不是轻轻松松地生活，面对各种压力、各种问题，你能不能正确对待等。这些心理问题，也是健康的内容。很多人可能都有体会，如果你有件发愁的事，那个疙瘩解不开的时候，你就吃不下饭、睡不下觉，它能健康吗？它肯定也是影响健康的，或者说是不健康的。健康的社会适应状态，可能有的朋友说这个不好理解，我这健康和社会适应状态有关吗？有关系，因为我们每个人面对的不仅是你那个小家庭的成员，而且你还要面对你周围的、社会上的形形色色的人。有老同志说，我面对的人很少，我不上班了，跟单位没矛盾。不对，你要去买菜可能就会遇到矛盾，你要去坐公交车也可能会遇到矛盾。所以，你得适应这个社会，这叫“社会适应状态”。你今天看见这个不顺眼、那个也不顺心，天天发牢骚，它有用吗？肯定没用！发发牢骚，可能解一时的痛快，问题并不能得到解决。一个人要好好地生活，就要适应这个社会，你不适应这个社会，对你生存会造成不良影响。有很多人会说，现在你看那个粮食、蔬菜被化肥污染得很严重，大街上那个汽车的污染很严重，那个雾霾很严重。是，这是一个社会问题，大工业的生产、科技的进步，在一定时期内可能会带来一些负面效应，这是个很难避免的现实。你能不能适应这个状态，这就是生活的考验。面对这个情况，咱们不生存吗？每一个家庭不可能有一片自己的地去种粮食、种菜吧，你还得去买菜、还得去买粮食嘛，你每天还得上街去吧！所以，你要适应这个社会，没有哪种方法能让你摆脱这个社会而生活在真空中的。有人用消极的态度去羡慕极乐世界，一闭眼两秒钟从20层的楼上头跳下来了，什么烦恼都没有了！实际上，没有人愿意去那个极乐世界的。国外有人对濒临死亡的人做个调查，结论是绝大多数人都不愿意死亡。濒临死亡的人就是，他想不开，跳楼了，结果没死；他触电了，没死；他上吊了，没死。再调查他，问他你还想不想死，结果只有十万分之一的人说，我还想死，大量的人都说后悔了。俗话说得好：“好死不如赖活着！”该怎么活啊？就得适应社会。这既是个心理问题，也是个社会问题，每个人都必须面对。

健康的道德观，道德怎么和健康有关系了？这可能是更不好理解的问题。道德与健康有关系吗？有！如果你有一片大爱之心，你用爱心看世界，你用爱心看周围，就会感到它的主题是和谐的，感到这个世界是光明的、美好的，那你一定就能心情愉快地生活着。如果你生活在阴暗中，你天天在想明天把谁给整倒、后天把谁给搞臭，实际你不是整了别人、搞了别人，而是把你自己搞苦了。你企图在气人的时候，人家知道吗？人家不知道，人家没生气，你天天在不满和气愤中生存，受害者当然是你。所以说，道德也直接联系着每个人的健康。

今后怎么去判断你是不是健康，就要用今天我们讲的这个新标准了，再也不要说我在医院没有拿药就是健康了，真正要达到健康的目标，就是健康的机体，加健康的心理，加健康的社会适应状态，加健康的道德观，这几个方面都健康了，你才是一个健康人。我们讲养生，一定是围绕这个标准来讲，这四个方面都能得分比较高的、最后的综合值比较高的，才是一个健康的人。人们都有了这个要求，所以都要寻求养生。用什么方法去养生呢？中国人除了有现代医学，就是西医以外，还多了一个独享一面的科学，那就是中医。有外国人感慨地说，中国人很幸福，中国人不仅可以看西医，还可以看中医。中医是我们中国土生土长的科学，是我们老百姓的医学。刚才我给大家讲的新的健康观，实际上在我们中医中早就有了，这个不是偶合。在几千年以前，我们的祖先提出的健康观，就是这样一个健康观。我们要研究养生，一定要研究中医怎么养生，因为中医的养生模式是中国人的养生模式，是符合东方文化特色、符合中国人生活习惯的养生方式，这样的方式能给人们提供科学的、正确的、实用的生活指导，并且更具实用性。打开中医的书籍不难发现，保健养生是中医的强项，它是中华民族几千年的实践和经验的结晶，它深植于广大群众之中，又经过不断地丰富、完善和修正，经过世代的传播，指导着民众生活，造就和繁衍了中华民族。现在我们天天在听养生，天天在看养生书，仔细一琢磨，不管是中医的、西医的、中西医结合的，还有那些根本没有医学背景的忽悠者的，讲的内容都离不开中医。为什么？因为他们看中了老百姓对中医的热爱、看中了中医学的深厚的基础。也有些人正是利用了老百姓对中医这种爱戴、对中国文化这种爱戴，打着中医的旗号，把一些不科学的东西强加到中医头上的。

当前出现的养生热是个好现象，这是主流和需要肯定的。但是面对这样迅猛的养生潮、面对这么多的养生经，不少人既感觉兴奋又感到困惑：同一个问题被不同的养生专家、不同的书本赋予不同的说法，老百姓不知道该听谁的了。比如，有人说菠菜和豆腐不可以同食。为什么不可以同食呀？因为菠菜和豆腐在同煮的过程中会产生一种草酸钙，草酸钙沉淀了以后，人容易得结石。所以，这个菠菜和豆腐就再不能同食了。过去吃了多少代的菠菜炖豆腐，不敢再吃了。这道菜，不仅有“一青二白”的美好寓意，而且又是老百姓情有独钟的普通食品，实在是太可惜了！有的专家说了，可以同食。菠菜和豆腐同食是老祖先创造的几千年的经验，说它们同煮要产生草酸钙这个说法，只是个书本理论，实际操作中是不会产生的。中国的老百姓非常聪明，在蔬菜的加工过程中已经把这个问题妥善解决了。有话俗语叫“千煮豆腐万煮鱼”，鱼和豆腐都是要煮透了才能吃呀！那个菠菜是不经煮的，菠菜和豆腐炖的时候，没有哪家把菠菜和豆腐同时放在锅里去煮的，那样煮了菠菜都没法吃了。一般都是把豆腐炖了七八成熟的时候才把菠菜下进去，所以这时候它根本不可能发生反应生成草酸钙的，它没条件呀!。我们说，菠菜和豆腐同煮产生草酸钙的说法，从理论上讲没有毛病；但只要采用科学的烹饪方法，这个问题是可以解决的，中国的老百姓太聪明了！

再如，有人说冬天保健要戴好帽子、穿好靴子、洗好脚，头和脚都非常重要。为什么？因为头为诸阳之会，头是人体司令部，我们把大脑称为“司令部”，所以脑袋要保护好。脚是人体的第二个心脏，人的脚底有丰富的穴位和经脉，当把双脚裸露在－4℃的环境下，只要4分钟，马上会打喷嚏、流清涕，感冒的征兆很快就表现来了，说明脚和人心脏是联系着。因此，要把脚保护好，一定要白天把靴子穿好，晚上把脚泡好，这是一种理念。还有一种理念是，冬天养生你把脚保护好就行了，帽子就不要戴了，因为人需要清醒，头为诸阳之会，头上热气太大，你老用帽子捂着，就容易迷迷糊糊，甚至思维都会受到影响。同一个问题有截然不同的两种说法，老百姓越听越犯糊涂了！这帽子是戴不戴啊，这脚是洗不洗啊？我们通过中医来找答案：戴不戴帽子，泡不泡脚，中医讲的是辨证。如果是个年轻的小伙子，不戴帽子头上都汗糊糊的，戴什么帽子啊，那肯定不用戴了；如果是个老年人，戴上帽子身上还感到冷，不戴帽子就更明显了。加之冬天的气温较低，部分老年人心脑血管有一定毛病，突然遇到寒冷的刺激，血管发生剧烈收缩，就可能诱发心脑血管疾病的发生。所以，老年人一定要注意全身保温，最好是又戴帽子又泡脚的。同时我们还建议，老年人冬季到室外的晨炼不能出门太早，很寒冷的时候甚至不要到外面锻炼。关于帽子的作用，有人形象地比喻说，人体好像一个保温瓶，帽子好像个瓶塞子，如果瓶塞子老不盖的话，那还能保温吗？瓶塞子在保温过程中起到四分之一的作用，如果瓶塞子盖不好，这个保温瓶的保温效果就大打折扣了。我们的结论是，对于这样的问题，得辨证对待，得仔细分析。任何一种说法，都是站在一定的角度上来讲的，而我们在接受的时候不能不分青红皂白，不考虑具体情况都按照一种方法去做，肯定是要出问题的。

像以上这类例子太多太多了，比如还有人说糖尿病是吃出来的富贵病，糖尿病病人的关键是少吃。有人说，错！糖尿病是消耗性疾病，症状为“三多一少”，即吃得多、喝得多、尿得多、机体进行性消瘦。他本来消耗就够多了，你这个也不让他吃，那个也不他让吃，没有营养能活吗？所以糖尿病 90%的人最终都是被饿死的。许多人在不知道自己患有糖尿病的时候，吃什么都吃没事，一但检查出来血糖高了，啥都不让吃、啥都不敢吃，营养高度匮乏，最后被饿死了。再如，有人说癌症就是被那些化疗、放疗把人给毒死了、烧死了。化疗、放疗使用的那些药物或手段的识别能力很差，作战时分不清楚哪是好的，哪是坏的，结果把坏细胞杀死的同时把好细胞也杀死了。所以很多患癌症的病人，经过化疗、放疗后生存的时间都很短。另有人说，癌症的患者有 90%都是被吓死的，很多人不知道有癌症的时候还活蹦乱跳，一旦知道有癌症很快就没这个人了，如此等等。在不同的讲座、不同的书籍中，存在着不少矛盾的说法，健康应该相信谁的问题，终于凸显出来了。很多买了一辈子菜的老太太不会买菜了、做了一辈子饭的家庭主妇不会做饭了。因为家庭成员中有年轻的，有年少的，知识层次也不同，如何吃喝的问题就答案纷纭了。本来并不复杂的问题，被说乱了、说杂了、说繁了，真到了该理性思考、冷静思考的时候了，养生宣传再不能乱讲了！

养生的目的，是让每个人建立起一个适合自己生活方式的科学的生活习惯。如果养生的目的讲了半天，听得人们不知道怎么吃了、不知道怎么喝了、不知道怎么玩了，这个养生的意义就值得思考了。在对待养生热的问题上，不应当再一窝蜂地盲从了。我今天主要就讲这个问题，养生很重要、很必要，但在养生热中一定要避免乱养生、过度养生。

当前出现的养生问题很多，可以大体把归纳为以下五个方面：一个是偷梁换柱，把各种说法都塞入养生，有些不是养生的东西，有些人为了忽悠你、为了让你听热闹，或者为了推销某一个产品，把它们都说成是养生。第二个是以偏概全，抽掉中医的个性化理念。中医是讲个性化的，他抓住一点不计其余。第三个叫囫囵吞枣，混淆了食养和食疗的概念。食养和食疗是不同的，放在一起讲就出问题了。第四个叫瞒天过海，夸大某些药物或者食物的作用。最后一个是混淆是非，迎合以补为尚的世俗偏见。这五个问题呢，我会稍微展开一下给大家讲讲。

先说偷梁换柱，把各种说法都塞入养生。养生是门科学，它既来源于生活，受到各种文化因素的影响，但它不能与生活打等号，不能把你生活中的某一个现象拿出来，说这就可以养生了。也不能把文人们书中记载的与生活有关系的内容都说成是养生，更不能把伪科学的东西强加给养生，给它扣上中医的帽子。譬如睡午觉问题，有人把孔夫子抬出来说话了。孔子认为，午觉最好不要睡，因为白天时间珍贵，睡午觉浪费时间。他有个学生叫宰予，特别爱睡午觉，孔子很生气，就骂他“朽木不可雕也”！说你这样老睡觉，不吃苦，怎样成才呀！很多人就以这个为借口，反对睡午觉了，甚至夜以继日，连晚上的觉也不好好睡了。许多人不是去工作了，而是彻夜地看电视、彻夜地上网、彻夜地去玩、彻夜地去乐，这肯定会出问题的。孔夫子是中国文化的始祖，当然他非常伟大了，但是孔夫子不是医生啊，他不是医学家，我们不能苛求他，不能给他加上太多的不适宜功能。再说，孔夫子说的主要是提倡一种奋斗的精神，是不能片面理解的。

实际上，人体的生物钟一天要经过两个睡眠期，就是一天要睡两次觉：夜里的长睡眠和白天的短睡眠。夜里的长睡眠，叫做“子觉”，子时指的是半夜时分；中午的小觉，叫做“午觉”，午时指的就是中午时分。中医把这两次睡眠称为“子午觉”，是非常科学的。子午觉哪个也不能少，因为睡眠关系人的生命，关系大脑的保护。尽管现在有个新说法，说人的大脑细胞可以再生，到了70岁以后还可以再生。这是近十来年才提出的新观点，原来长期认为人的大脑细胞是不能再生的。我折中地认为，人的大脑细胞再生是很难的，并且是在随着年龄增加不断退化的。我自己体会很深刻，30年以前背诵的东西，现在仍记得很清楚，但是前几天干刚刚看过的书，没隔几天就记忆不完整了。因为脑细胞的功能是逐渐衰退的，特别表现在人的这种近记忆功能退化上。要保护脑细胞就得休息，最好的手段就是睡眠，它是最基本的，也是最重要的。我们说，没有睡眠就没有生命。从某种意义上说，睡眠比吃饭更重要，这话一点儿都不假。

合理的睡眠时间是什么呢？不同的年龄、不同的体质、不同的生活习惯，还有春夏秋冬不同的季节，人的睡眠是不同的。一般说来，新生儿除了吃奶和排便，几乎全天都在睡觉中；三个月到半岁的婴儿，每天要睡16～19个小时；一至三岁的小孩，每天要睡12～15个小时；青少年要睡8～9个小时，成年人要睡7～8个小时。老年人的睡眠时间相对较短，但是不能少于6～7个小时的。不能人云亦云地说“人老瞌睡少”，孩子们也不能因为这个说法而不重视老人的睡眠问题。人老瞌睡少不是没有瞌睡，长期睡不到正常的钟点，说明身体是有问题的。

人的睡眠是有节律的，8个小时的睡眠期，分为4个阶段，大约两小时一节：第一节的两个小时叫做“深睡眠”，睡得最香；第二节的两个小时叫做“较深睡眠”，睡得也不错，这前四个小时的睡眠占整体睡眠质量的75%，剩下的4个小时睡眠只占睡眠质量的25%了。也就是说，如果前半夜你没睡好的话，后半夜你就是拼命地睡，甚至早晨睡懒觉不起床，第二天也照样感到混混沌沌不清醒的。为什么？因为你经过的时期叫作浅睡眠，你没有深睡眠。深睡眠最好的时间是从几点到几点呢？传统认为是夜里9点（21点）到第二天早上的2点。随着夜生活的不断丰富和生活节奏的不断变化，这个时段肯定很难施行了，但最多只能推迟两小时，就是从夜里的11点（23点）到凌晨4点。晚上11点是一定要上床的，特别是老同志，最好是10点至11点上床，不要再晚了。早点上床还能做做入睡前的准备工作，譬如说可以揉揉肚子，坚持睡前按摩按摩，有助于消化和睡眠。

午睡问题刚才我讲了，它特别地需要。一个人工作了半天，只有经过短暂的休息后下午才能精力充沛，才能工作得好。因为午睡使大脑细胞得到了一定的调整，工作效率自然就提高了，差错也少出了。所以，午睡一定不能少，不能丢掉中国人的这个好的生活习惯。现在，连生活节奏比中国快的发达国家也提倡午睡了。美国专家的研究说，中午哪怕睡20分钟，下午就会感到工作充沛，工作的差错和失误就会减少。德国的专家认为，人在完全苏醒状态下，只能连续工作4小时，白天必须有一定时间的睡觉，这个时间最好是13点至14点，中午是最好的午睡时间，如果能睡半小时到一小时，是非常之好的；如果没有这个专门的时间，就是打个盹也好。长时间地连续工作，会导致心脏病、糖尿病等的发生。所以，一定要保证晚上的长睡眠和中午的短睡眠。特别是老年同志，因为晚上的睡眠往往就比较少，中午这个午觉一定是要跟上的，一定要养成科学睡眠的好习惯，把这个觉睡好了。

2013年1月4日，台湾的《今日新闻网》报道说，当地一名34岁的年轻妇女，平常非常爱打麻将，最近因为她迷上了反复热播的电视剧《甄嬛传》，连续熬夜5天，看了72小时，没有想到引起了早发性的白内障。眼科医师警告说，紫外线、3C产品的荧幕辐射都可能造成白内障，千万不要轻视。眼睛是人体的窗口，爱护眼睛、保护视力要从细微做起，这种少睡眠、这种丰富的夜生活，如果正常了，可以调节我们的生活，如果过度了，会对健康造成严重的影响。3C产品，指的是计算机、通讯和消费类电子产品，又称“信息家电”。因为这三类产品英文的第一个字母都是C，所以称它为“3C产品”。这些东西对人的影响是客观存在的，且不论它们的影响有多大，长时期地玩这些东西对眼睛肯定是有影响的。这种射线、这种紫外线、这种长时间的眼睛疲劳，是无法排除的。这个问题，老年人可能比较好解决，年轻人，特别是对少年儿童的影响问题，一定要作为对他们教育的一个内容，一定要正确引导孩子们运用3C产品。白领族一定要合理安排自己玩3C产品的时间，现在公交车上、地铁里，全是玩儿手机的，要么在上网，要么在玩游戏，要么在看书。汽车行进中的晃动本来对人的视力就有影响，在光线不足的情况下，再看那么小的字，还有这个射线的辐射，对视力的影响是百分之百不可避免的。不少人不以为然，明明知道有影响还要这么做，认为影响不大，或者不在乎，或者习以为常了，甚至有人把它作为时髦的标志：人家都在玩儿，咱不玩儿，咱傻啊！咱好像不会一样，咱也玩儿吧！我想，在这个问题上还是要以健康为主。

还要说个问题，就是如何对待所谓的偏方、验方的问题。很多人都信偏方、验方，不分青红皂白拿来就用。很多偏方、单方、验方确实能够治病，但是也都有它的局限性，你用了好了，换第二个人可能用了不好。广东人用了好了，它那个地方温度高，拿到北方用了却不好使。对偏方一定要有个辨别，运用偏方时，最好能在有经验的医务人员的指导下去运用。举个简单的例子，生喝鸡蛋。在有一些地方，特别是一些农村还比较常见。有人嗓子疼，把鸡蛋上扎个洞，顺口吸进去，症状就减轻了。因为鸡蛋是凉性，以凉对热，有道理。但是，鸡蛋表面那些致病微生物，不仅不卫生，而且可能导致一些人的过敏，因此造成死亡的事件也有发生。所以，生活中的某些老方法虽然有用，但不科学，我们为什么偏偏要用那些不卫生、不科学的方法去冒险呢！健康问题没小事，在对待这些问题上，一定要有科学的态度。有人说这符合中医“以凉治热”的理念，但在中医书上历来没有提倡喝生鸡蛋的做法，说明中医对待药食两用是有原则、有选择的。

还有个抽烟的问题，也得说说。中国人抽烟，在世界上是有名的，许多人还有这样的自慰：“饭后一支烟，胜似活神仙。”烟对人类产生的影响是不可低估的，医学从来没有肯定过抽烟的好处，不管是中医还是西医，不管是古代还是现代。所以，戒烟这个问题是无可非议的，但是戒起来为什么这么难？需要引起每个人的深思。2008 年，世界控烟国大会在南非的德班召开，大会给中国代表团颁了个“脏烟灰缸奖”，颁奖词是“宁要漂亮的烟盒，不要公民健康”，中国人的脸丢大了。抽烟不仅是个人问题，而且是国耻了。面对这样严峻的形势，我们这个烟还抽吗？抽烟这么大的坏处，不管它的健康学意义、社会学意义，还是政治学意义都是消极的，真是有百害而无一利，应当这样说。如果作为药物，那得另当别论。烟草里面可以提取出人造血，能够代替血浆使用。如果能在造福人类健康的大事上做文章，这可能还是个研究方向。关于吸烟的坏处，报纸上、电台上天天都在说，我今天引用最权威的，以研究烟酒出名的诺贝尔奖获得者的研究结果给大家说道说道，这位学者就是诺贝尔生理医学奖得主、美国国家科学院院士、中国科学院外籍院士斐里德·穆可德博士。他指出，吸烟的人患肺癌的危险性高 13 倍、喉癌高 10 多倍，膀胱癌增 3 倍，与唇癌、舌癌、口腔癌、食道癌。胃癌、结肠癌、胰腺癌、肾癌、子宫癌等均有关系；75％的冠心病和高血压患者，与吸烟有关，冠心病发病率高 3.5 倍，病死率高 6 倍；慢支高 2～4 倍，太触目惊心了。有人说，我不吸烟啊，与我何关？其实，受到二手烟、三手烟危害的严重性应该说比一手烟的人大得多了，一个家庭里只要有一个人抽烟，一个小办公室里只要有一个人抽烟，所有的人都会是受害者。我国有关部门对 36 个城市进行了一个调查，结果显示，76.7％的人支持戒烟、支持国产烟盒穿上像毒品、颅骨头那样带点恐怖性质的外包装。

关于吸烟对周围人的影响之大，我再举一个例子。是 2012 年的 12 月 8 日辽宁电视台的一则报道：沈阳一个男子一天抽两包烟，他们夫妻俩竟然同时查出患上肺癌，他老婆不抽烟，他俩都肺癌。两年后，他的女儿也被查出肺癌，一家三口三个肺癌。医学研究发现，抽烟对肺的影响是第一位的，在家族中的表现最明显。近年来，医学家们把香烟散落在衣物上、头发上的残留物称为“三手烟”，同样是容易致癌的因素之一。儿童是三手烟最大的受害者，他不吸，周围也没人吸，但是因为香烟残留物散落在衣服上了、散落在他的玩具上了，到处都有可能，他就要无辜受害。

说来好笑，原来抽烟的起因非常滑稽：世界上最早抽烟的是西班牙的一个船员，他用个纸卷在嘴里一抽，鼻孔里冒出烟来。大家觉得好玩儿，也仿效起来。这件事后来被国王知道了，就把他抓起来，并关进了监狱里。再到后来，吸纸卷慢慢变成抽卷烟了，还成了时髦的行为，逐渐传到全世界了。这个时髦的出现，不知给人类带来了多大危害！过去人们不认识它，要赶这个时髦；现在认识了，还要赶吗？这个时髦赶不得了，因为它赶走了健康，带来了疾病，影响了人的正常生存！时髦与健康，哪儿轻哪儿重，我想大家能够掂量出来的。

俗话会说：“烟酒不分家。”酒的问题，咱也得说说。酒具有双重性，对人的健康还是有一定好处的，比如说它的兴奋作用、提神作用、活血作用、驱寒作用和矫正异味的作用等。所以，我们不绝对反对饮酒，而是提倡戒烟限酒。限酒，就是可以喝一点而不要多喝，更不能以酒当饭，不能经常处于一种酗酒的状态。当年魏武帝曹操说：“何以解忧？唯有杜康。”他说，人在忧愁的时候一喝就没有了。为啥没了呀？实际就是被酒精麻醉了、发生慢性酒精中毒了。喝醉了，啥都不知道了、迷糊了，当然就不知道忧愁了。很显然，这是它的消极作用，忧愁的问题不但没有真正得到解决，还让人中了毒。关于酗酒的害处，明代医学家李时珍早有告诫，他说：“过饮不节，杀人顷刻。”经常酗酒，等于慢性自杀，人就活不了啦！所以，我们一定要把酗酒当成一个影响健康、影响社会安定的大问题看。你酒后开着车，把人给撞死了、把建筑物给碰坏了，不只是涉及一个人、一个家庭的事，不知道要涉及周围多少个人和多少个家庭啊，所以千万不要酗酒。经常看见一些人醉卧在街头，甚至被冻死的惨状，都是值得我们深思的。

究竟每次饮多少酒为好啊？咱们还是拿诺贝尔奖获得者斐里德·穆可德博士的研究成果来回答。他认为，成人每天的饮酒量不超过 24 克酒精，就是相当于啤酒 540 毫升、果酒 200 毫升、白酒 60 毫升（40 度以下）。正常人每天如果饮酒达到了 40～80 克酒精，10 年即可出现酒精肝，出现相关的肝病；如果饮酒量加大一倍，8～10 年就可以发生肝硬化。肝脏是非常辛苦的一个脏器，因为所有的酒都要经过肝脏去解毒，喝了酒首先就是伤肝。世界卫生组织提出的喝酒标准是“无损害饮酒”，比我们过去提的“适量饮酒”的标准又进了一步。适量就是合适，什么叫合适呀？不好把握。啥叫无损害啊？你身体非常健康，你多喝半杯也无妨；如果你有肝脏病、肾脏病、心脏病，你连一滴都不要沾，喝一滴都叫损害。所以你不要说，我少喝点儿，我喝半杯吧！这叫做自己安慰自己，很多人都是这样。哎呀！我心脏不太好，人家喝三杯，我喝两杯吧！两杯也不能喝，喝了是要出问题的。无损害饮酒，就是说不要损害到你的健康，不要影响到你的生命，每个人都不能含糊。

以上是我讲的第一个问题，第二个问题叫“以偏概全”，就是抽掉中医个性化理念的错误宣传。中医讲三个基本观点：第一是天人相应观。人生活在大自然中，要适应寒热的变化，要适应四季的变化，你不要跟大自然唱对台戏，这是中医的一个观点。第二是整体认知观。人是一个整体，人是有思想的，你拿出来个化验单一看，说它有啥问题，细胞有问题，细胞有思想吗？它没有；你拿出来个 CT 的单子一看，他那儿有肿瘤，肿瘤和年龄有关吗？和他的这个性格有关吗？都是有关系的。各种细微的检查虽然有重要意义，但看不见人的思想。中医注重看思想、看活动着的状态：这个人是老的，是少的、是男的，是女的、是健康状态下的，还是不健康状态下的、是南方的，是北方的，都要分辨。第三是辨证论治观。就是对不同的人、不同的病、不同的时间、不同的地点，采取不同的治法。中医提倡的人与自然和平相处，与我们平时讲的“和谐”是一个道理，社会要和谐，人体也要和谐。所以，不能把人体分割开来。现在很多养生讲座，把人分割来讲了，这样讲就要出问题了。看见一个症状，就说怎么办怎么办；所有的症状都了解了，又该怎么办呀？忽略了这个问题，就是见木不见林，就要出问题。只片面地去强调事物的某一个侧面或层面，就很难达到中医养生防病的效果。

应当怎么去判断呢？百人百态，每个人的身体都不一样，但有大体规律可循的。中医把它分为“九种体质”，希望大家在医生的指导下，看看自己是什么体质，养生就心里有数了。这个九种体质是：

第一，平和质，是相对比较健康的体质。比如说，脸上的颜色比较红润，身上皮肤的颜色比较滋润，头发长得比较密、有光泽，目光比较有神，嗅觉比较通利，口唇比较红润；不容易疲劳，精力很充沛，对寒热的适应性较好，睡眠情况较好，吃饭情况较好，大小便正常等。养生能够达到这个标准的话，维持这个状态就行了，什么药也没有必要去吃，什么保健品也不需要用。这样好的状态还要养吗？再把它养坏去吗？要把这个现状打破吗？不要刻意去养、过度去养了。

下面还有八个情况，基本是属于有点问题的，或者说是病态的：

气虚型。说话语言比较低微，少气懒言，很容易疲劳，精神不振，容易出汗，舌苔是红颜色的，舌边有齿痕。

阳虚型。平素比较怕冷，手足老是凉的，喜欢吃热食、温食，精神不振，舌苔胖嫩。

阴虚型。手足心是发热的，经常口燥舌干，鼻子也发干，喜欢冷饮，大便干燥，舌红、没有津液。

痰湿型。面部皮肤油脂比较多，容易出汗，汗很黏，容易胸闷，痰也比较多，口里边经常感到黏腻，并且有些甜味，喜欢吃甜食，喜欢吃肥腻的东西，舌苔是腻的。

湿热型。面部很油光，容易出痤疮，经常口苦口干，身体容易困重，大便经常很黏腻，大便干燥，排便不利索，小便量少色黄，男性易出现阴囊潮湿，女性带下量多，舌红苔黄。

血瘀型。皮肤的颜色晦暗、有色素沉着，不到老年就看见像老年斑一样的色色点点，甚至有明显的色斑，唇舌黯淡，甚或舌上有暗紫色的瘀点，舌下络脉色紫暗而形增粗。

气郁质。神情抑郁，情感比较脆弱，动辄落泪，烦闷不乐，失眠少寐，舌苔淡白。

特禀型。常见于过敏性体质，或见哮喘、风团、咽痒、鼻塞、喷嚏等，或有遗传、先天、家族性特征。

严格说来，人的体质还可不止这些，但从总体上说，这九种体质基本可以概括了。养生保健的时候，一定得分清体质，有针对性地进行。另外，人的体质不是一成不变的，要随时征求医生的指导，不能一劳永逸。

第三个问题，是混淆食养和食疗的观念。食疗和食养是两个概念，药食同源，很多食物既能吃又能治病，很多药物不仅是药还能吃，这叫“药食同源”。作为生活用，它是食品，我们主要考虑的是它的营养；作为治病用，我们主要考虑的是它的治病功能。所以，要把这两个概念分清。以芹菜为例，它有降血压的作用，但是一般人、一般的家庭，隔三叉五地吃个芹菜，既不可能把高血压病人治好，也不可能把低血压人的血压降得更低。一些家庭不敢买芹菜吃，怕把大家的血压降下来了，其实不是那码事，它有降血压的功能，但并不是吃一次有降压作用的食物就把血压一下子给降下来了。作为食养，芹菜是大家都可以吃的，不管有没有高血压的情况，隔三叉五地吃不会出问题，这就是“食养”。食疗，用的是食物治病作用的一面，那就不一样了。必须要考虑适应证的问题、用量多少的问题，并且需要有一个过程，得长期吃、慢慢来。所以，要区别食养与食疗的概念。不要说一个家庭有八口人，有八种不同的体质，老太太得买、得做八种菜，这是脱离生活现实的。把两个概念区分清楚了，家庭买菜的矛盾就解决了。张悟本对绿豆的误导，不在绿豆的本身。在夏天这个季节，人们熬点儿绿豆汤喝，谁都知道它清热解暑；就是平常季节，人们想调调口胃，在大米粥里煮几颗绿豆，也不是什么大惊小怪的事。因为用的是绿豆的“养”，没有毛病。如果用它降血压、降血脂，把它当治病的药物来用，考虑的就不一样了：它有禁忌证、适应证，不同人的用量应该是多少，需要用多长时间等，都是必须要考虑的因素，可能有人适应，有人就不适应。所以，一定把食养和食疗分开来说，不能混淆。

第四个问题，是瞒天过海，夸大某些药物和食物的作用。任何药物和食物的作用都是有限的，天下没有包治百病的药，也没有全营养的食品。药物有可选择性和替代性，不是必须要用某味药就能把病治好的。食物和药物，没有唯一的和最好、最坏之分说，适应的就是最好的。冬虫夏草好，让全民都去吃冬虫夏草，吃得起吗？我们吃不起。其实，它仅仅是一种保健品，有条件才可以吃，没条件，咱吃胡萝卜，也可以达到养生的效果。条件不一样，吃法不一样，要因人、因时、因地制宜。从某种意义上讲，养生是与各人的生活条件、生活环境等方方面面的因素相关联的，不要攀比。有人迷信进口药，说它价格高，肯定最好，非要去买那个药不行。其实未必，那个高药价中的很大一部分是被广告公司收走了的。经过长期实践考验的有效药物，上广告是最少的。为什么？

它经过多少年的动物实验、人体实验，非常保险了。它不用做广告，大家都熟悉了。凡是新药都要打市场，都要去做广告。我不反对做广告，广告有它的积极意义，但是千万不要跟着广告吃药，千万不要认为做广告最多的就是最好的，就这么一个简单的道理。中医历来认为，“药物无贵贱，治病是良丹”，能治疾病的就是最好的。它很贵，它不治你的病，甚至把你治坏，就是坏药；它最便宜，一吃就能治病，就是好药。食物也是这样，海参很贵，有人吃了海参，能身强力壮，有好处；有人吃了海参，引起过敏反映，甚至马上拉肚子，它就没好处。所以，不能以价格来判断它，以你的体质适应不适应吃、对你有没有好处来判断，这个是基本的标准。现在有很多养生讲座都只讲什么好、只说它的好处，引导大家去吃某一种食物、某一种食品，必须保持清醒的头脑。

我举个例子，譬如人参与甘草。人参是中药中非常名贵的药物，它的价格也比较昂贵，甘草被中医称为“和事佬”、“甘国老”，十个药方里九个方子可能会见到它，价格不能与人参比。使用时不是比价格，而是看需要。人参吃对证了，会补气、能强身，效果确实不错，对身体有益；如果你火气很大，不吃人参已热气蒸腾了，你还去吃人参，吃了之后牙疼、流鼻血、脸上出包、痔疮下血，什么都出来了，因为不适应，就不能吃了。甘草很便宜，你用对了，作用可大了。中医有个名方叫“炙甘草汤”，是把甘草蜜制以后配伍其他药物使用的，可以有效提高人的心率，很多心脏疾病的患者用它治疗以后效果都非常之好，便宜照样能治病。所以，我们不能盲目去追求新药、追求贵药、追求进口药，你要考虑的是，这个药吃了对你的身体有好处没有。有好处，一分钱的药都是好药；没好处，一万元钱的也不吃它。

最后一个观点，是混淆是非，迎合以补为尚的世俗偏见。什么是养生？有人把养生和进补打等号，养生就是吃好的。对不对？错！身体已经很强壮了，你再去吃好的，越吃越坏；身体有火了，需要泻，泻才是养生。所以我们首先要弄清的是你需不需要补；第二要解决的是补什么。中医把补法分为平补、温补、峻补三类。平补，就是柔和的、平平的，不寒不燥的补；温补，针对的是寒凉性质的，寒凉症状明显了，给它温一点；峻补，补的程度厉害了。遇到了大病、大伤，疾病很危重，马上抢救，需要峻补。在补法中，中医还要区分人体是阴虚、阳虚、气虚、血虚。不同的体质、不同的病，补法是不同的。不要认为你对门的老太太买了个保健品，吃了很好，你也去跟着买，可能人家吃了很合适，你吃了不适合。很多老人平时舍不得花钱，儿女给他的钱舍不得买吃买穿，一听保健品宣传，就大量去买，买到家里不能吃，吃了出毛病，退又退不掉，犯难了。我的观点是，有虚就补，没有虚就不要去补了。五谷杂粮，蔬菜水果，把三餐给打发好了就是最好的养生。

中医对补的原则是：无病不可补，不用补，如果根本没病，谁给你送的好东西，你也不要吃。不少人遇到这种情况很矛盾：当礼品送别人吧，不舍得；放那儿吧，担心放坏了。思来想去，还是自己吃了吧！原本身体很平衡，结果把平衡破坏了、不和谐了，吃出毛病来了，不划算啊！无虚不可补，补的指征是身体得有虚。不管是阴虚、阳虚、气虚、血虚，得有一条再补。火大的人也不能补，有些人本来就火气很大，像刚才我讲的脸上出着包、鼻血不停地流着、痔疮下着血，还去补，这不越补越厉害吗？阴虚的人不受补，有些人确实很虚，但他是阴虚，补起来很复杂，补不好还会出大问题的。啥是阴虚？我举个简单例子：我们可以把阳理解为火，阴理解为水。阴是物质基础，就像是水，流动着的，能够看得见的。阳是功能活动，看不见，它是动力。比如说，这儿放一个火炉子，火炉子上放了一个烧水的锅，我们看到火炉子把锅里面的水烧得冒烟了。请问，锅里的水为什么会冒烟？有人说是火大了，有人说是水少了，两个答案都正确。火大了，叫阳盛，阳是火；水少了，就是阴虚。阴虚，就是火炉子里的火根本不大呀，而是锅里的水太少了，所以稍微一烧它就冒烟了。这时候你还补吗？你还敢添火吗？再烧下去，锅底不烧穿才怪！正确的方法是加水啊，根本不要去管那个火，把水加进去，水足了，你那点儿火连烧温都烧不温。然后我再加把火继续烧，等烧得差不多了，再加点儿水。就这样，反复地添水加火一加火添水，水涨船高啊，这叫治本，身体越来越强壮了。如果你根本不管水多水少，就去加火，把水烧干了才去补水，补起来就很难了。我讲的是这个道理，生活中加水很容易，你接到自来水管上就行；治起病来没那么容易的，用药物、用食物去补，补起来是很难的，需要漫长的过程。所以一定得分清你是不是虚、你是什么性质的虚、你是该补该泻、你该怎么补，补法很复杂。人有九种体质，补法都有考究。我刚才讲了这个阴虚、阳虚的问题，但它不是孤立的，因为人体是个整体，阴阳气血是互相联系着的。气为血之帅，血为气之母。就是说，气像个元帅，它带着血在走，推着血前进；血为气之母，血足了才能生气。你说是补气好还是补血好？它俩是联系着的，阴阳气血都是有联系的。这是个科学，需要通过医生的指导，每个人都不能凭想当然地去吃药，也千万不要和别人比着去吃药。大家最熟悉这个阴阳鱼吧？白颜色的是阳，阳里面含着阴；黑颜色的是阴，阴里面包着阳。当这个白色的阳由大慢慢变小的时候，那个黑色的阴就慢慢变大了；同样道理，当这个黑色的阴由大慢慢变小的时候，那个白色的阳就慢慢变大了。它俩总是在处于不停的变化中，保持着一种相对的平衡。养生的目的，就是为了保持阴阳的平衡，把过量的减一点，把不足的添一点，如果某一个方面给补过了，平衡被打破了，就要出毛病了。老百姓的话，你把它惯上去了，你想让它再回来，难。你就用昂贵的药物或补品，一个劲儿、一个劲儿去惯它吧，一旦把这个平衡破坏了，后悔可来不及了。

前面我们把养生中出现的五种常见的混乱问题讲了一遍，希望能对大家有点帮助。实际上不止这些，这里只是笼统地给大家提个醒。

第二个大问题，咱们说说中医的养生理念。中医的养生理念，一个字——顺。中医学的祖本、现存最早的一本书《黄帝内经》是这样说的："故智者之养生也，必顺四时而适寒暑，和喜怒而安居处，节阴阳而调刚柔，如是则辟邪不至，长生久视。"意思是说，善于养生的人，必顺顺应四时寒暑的变化，春夏秋冬有寒有热，你得适应它。夏天的时候，该穿薄的衣服，该乘凉；冬天的时候，该穿厚的衣服，该保暖。喜怒哀乐谁都有，该高兴了高兴，该愤怒也得有愤怒啊！不要以为愤怒都是坏事，有时候它是民族气节的一种表现，敌人来了，坏人来了，我还不能怒一下、跺一下脚啊！但生活中不能总是怒气满面的，大怒伤身。安居处，是说居住的环境得好，周围的污染少、安静，这都是必要的。刚才讲了阴阳了，阴阳得适度，得调节它，该刚的时候让它刚，该柔的时候让它柔，千万不要让某一个方面过分了。如果以上几点都做到了，那什么邪气都很难向你靠近了，你就能长生了。这个长生，就是健康，不是长生不老，不是永远不死，活到你应该活的岁数，中医叫"天年"，就算健康了。

养生难不难？不难，如果你做到这几条就叫养生了。养生不是刻意的，要随遇而安。你养的什么是生？生，就是生命、生存、生长的意思；养，就是保养、调养、补养的意思。养生，就是根据生命的发展规律，采取必要的心养、食养、体养、药养（包括针灸、按摩、气功）等手段，实现机体与自然界以及自身的阴阳气血的平衡，以减少疾病的发生，或者把疾病消灭在萌芽的状态，从而达到培养生机、健康精神、增进智慧、延长寿命的目的。养生可以延长生命过程，但不能让人长生不老。秦始皇想长生不老，四下寻求长生秘方，结果呢，他还是死了，把发臭的尸体从威海拉回咸阳了！汉武帝为求长生而长期服用丹药，把炼丹师都请到宫殿里去了，最后他也葬在茂陵了，也未能活太大的寿命。“生”与“死”是相对的概念，天底下没有长生不老的事。现在有很多人，养生超出这个要求了，企图想把世界上最好的药弄来、最好的食品弄来，让自己吃了之后能永远不死，这个不但达不到目的，想入非非，还可能造成短寿。外国人早就批判过这种现象，称它叫“道林格雷综合征”，也叫“自恋型人格失调证”，看来人心一样啊！每人都非常爱自己，自恋是必要的，但是你恋过了，你想把世界上最好的东西都归于自己，想永远不离开这个世界，那地球肯定是要爆炸的。天地不可违，不能违背大自然的规律。

在养生问题上，有三条原则需要掌握，我说给大家。

第一，养生不能脱离国情。我国的GDP总值居世界第二位，与过去相比，我们是富裕了。但我们的人均占有值是排在世界第102位的，人多口多，这是个现实。那些小而富有的国家，人家做了一锅粥，一个人一碗都分不完；我们也做了一锅粥，所有人把筷子一蘸就没了。所以，不能盲目乐观，一味与发达国家去比，比那些不现实的东西。养生不能脱离国情，不能不顾这个现实。一个国家如此，一个家庭也是这样，有人家天天吃冬虫夏草、有人家天天吃海参，人家吃得起，所有的家庭都能达到这个水平吗？不能。所以要面对现实，针对你自己的家庭实际、自己的身体状况，确定可行的养生方法。收入不高就不养生了吗？不是，也要养、也能养。养生之法很多，没有唯一之说，没有唯一的标准。

第二，养生不能脱离东方民族的生活习惯。肉食养出来的西方民族与五谷杂粮养出来的东方民族，生活方式是不同的，不能盲目对照或者照搬。长期的生活实践，使西方人适应了以肉食为主的生活方式；东方民族适应了以五谷杂粮来为主的生活方式，一下子无法改变。中国人的平均寿命在夏代的时候才有18岁，到了汉武大帝时期才20岁多一点儿，新中国建立初期36岁，1957年57岁。2005年，中国人的平均寿命达到

73.3岁；2013年，女性达到了80岁、男性73.5岁。我们社会不是在进步吗？为什么中国人的寿命增长速度这么快？为什么我们的路走得这么好？五谷杂粮，决定了这个民族长寿的特点。现在世界上许多国家都在研究中国人的饮食科学问题，要学中国吃五谷杂粮。而我们有些人却非要与西方人去比，那就有点不合时宜了。人家不吃麦当劳了，我们却当成了宝贝，是否有点不可思议呢！千万不能丢了自己的宝贝去拣别人的垃圾。学习别人的东西，一定不能脱离中华民族的生活习惯。

第三，养生不能脱离自己的个性化特征。有人想吃吃不起，有人吃起不敢吃，这是当前养生问题的现状。第一，说糖和肉吧。在一些还比较落后、比较偏僻的农村，他想天天有肉，他吃得起吗？肯定不行；他想天天吃糖，没有呀！他一年可能都吃不上多少糖。那么，在肉和糖相对超量的城市，肯定要提倡戒肉戒糖的，因为它在许多人的身上已经超出健康需求了。我们不能用一个标准笼统地说，现在肉太多了、糖太多了，不要吃糖了、不要吃肉了。对不同的人，要有不同的标准：对缺肉的地方，要给他补充肉食营养；对缺糖的地方，要给他补充含糖量高的食物。相反地，对肉多、糖多的地方，就要限糖、限肉。这是按地区讲的，按年龄讲也是这个道理：我们这些上了年纪的人，年轻的那个时代是想吃吃不起啊，孩子多、工资低，又是按计划供应，就是有钱也买不到啊！现在吃得起了，自己收入高了，孩子们开始“进贡”了，政府给的照顾也多了，但消化功能下降了、“三高”（高血压、高血脂、高血糖）来了，许多东西都不敢吃了啊！你敢和年轻人比吗？他吃多了没事，蹦蹦跳跳；您吃多了立马见效，今儿晚上都睡不着觉，明天就可能生病了。所以一定要养成好的生活习惯、适合自己身体需要的生活习惯。

我最后的总结是：养生要顺应自然、顺应社会、顺应生活、顺应自我。顺应自然，就是不能和大自然对着干，对不过的，“人定胜天”是个积极的理念、理想，要真正能胜天还早着呢！你可能让它局部下雪、下雨，不可能把旱灾、涝灾彻底解决了，起码近期解决不了。顺应社会，刚才我也举了很多例子，这里就不重复说了。顺应生活，每个人有不同的生活境况，你得顺应它，你别牢骚太多，你别凡事和别人比。顺应自我，一人一体，你还得根据你个人的具体情况来确定。你能不能这样做、你能不能接受，这是心里要有数的问题。这四条就是中医养生的法宝，这四条做好了，养生就做好了。世界卫生组织称，个人的健康和寿命，

60%取决于自己。你的寿命长短不在别人，不是温教授一讲，你今天就学好了；不是那个养生专家告诉你一个方法，你就养好了。60%的因素取决于你自己，就看你会不会驾驭了。15%取决于遗传，那是父母给的，没办法改变它。10%取决于社会因素，关系你周围左右的因素虽然很多，但不能凡事怨天尤人，那才占10%呀！8%取决于医疗条件，医疗条件有一定关系，但肯定不是最重要的。7%取决于气候影响，比例也有限啊！它告诉我们的是，个人的健康和寿命在很大程度上取决于自己，我的健康我做主，不管你是穷、你是富，不管你是高官、是老百姓，道理都是一样的。我的健康不能只依赖别人，解决自己的问题首先是自己得有自信。

关于养生问题，古人有很多说法，咱就不说了。我讲这个“顺”字，顺，就是随心、随意、随缘，不能刻意，越是刻意越难如意，你非要达到那个不切合实际的目的，肯定是达不到的。怎么顺呢？就是精神要顺，即精神养生；饮食要顺，叫饮食养生；起居要顺，叫起居养生；运动要顺，叫运动养生；药物要顺，叫药物养生。一共五个方面，这就是中医养生的精髓。中医学吸收了儒释道各家养生学说的精华，荟萃了各家养生学说的特点，最终形成了具有中国特色的科学养生观。养生就是要建立适合每个人自己的科学的生活习惯，我希望大家都记住这句话。你的养生目标咋定啊？适合你自己的，就是最好的，不要盲目与别人比。适合你自己的、科学的生活习惯建立了，养生的目的就达到了。

台湾有一位高僧，叫星云大师，80多岁了，养生养得非常好。前两年，他在北京美术馆讲座，有人当场问他：“星云大师，佛教与中国文化有非常密切的联系，我们现在讲和谐、讲中和，那佛教是怎么联系的啊？”星云大师非常和谐，他说：“有联系啊！你看我们的名字叫‘和尚’，和尚、和尚，以和为上尚；两个字反过来，尚和、尚和，崇尚中和啊！”他还诙谐地讲了五指与和谐的关系：一只手有五个指头，五指并拢才能合掌，合掌就是和谐了。和尚念阿弥陀佛，体现的就是这一意义。别看这是个简单的动作，要做到这点是非常不容易的。如果大拇指单独伸出来说，我老大，你合掌吧，合不了的；二拇指说，我很厉害，我指挥一切，你也合不了；三拇指说，我位居中央，你们一边两个都是围着我转的，怎么合呀？四拇指说，我最富有，什么金戒指、银戒指都戴到我这儿来，还是无法合。老五无言以对，他说，我离佛心最近。人家参透禅机了，合掌念阿弥陀佛的时候，它是不是离佛心最近啊！大家对面是佛，谁也不必去炫耀自己、去争高下，行动一致才是和谐。人体是个整体，和谐才有健康。只有把各个部位的功能联合起来，才能求得和谐；社会是个大家庭，大家的心连在一起了，也能够和谐。由合掌我们联想到鼓掌，鼓掌表现的不仅是一种尊重、一种气氛、一种友好，同时还有很多积极的生理学意义，它能活跃思维、振奋精神、活化血管等，好处大了！十指连心，手上有很多经络，活动手指，可以联系到全身，可以增进健康。所以，我建议咱们一起为健康鼓掌！

今天我的讲座到此结束，下面咱们互动一下，我来集中回答朋友们提出的几个问题。

一问：我遇到一位朋友，特别精神，红光满面的。问他养生秘诀，他说就每天吃几颗六味地黄丸。我想，是药三分毒啊！能长年累月吃这个药吗？

答：我在前面讲了，中医是讲辨证的。中医讲因人、因时、因地制宜，年龄不同、性别不同，这叫因人；春夏秋冬，季节不同，这叫因时；广州人与黑龙江人、北京人与上海人，这叫因地。不同的人、不同的季节、不同的地域，用药是不同的。六味地黄丸确实是个好药，它是滋阴的药。刚才我讲到阴虚了，如果阴虚了要滋阴，去用六味地黄丸，合适。滋阴药物都是偏凉性的，如果你是阳虚，手足不温，天天被窝都暖不热，天天老夹着膀子，穿着厚衣服，你再吃六味地黄丸，不等于用冰块给他了吗？肯定不行。所以这得看是什么体质，中国人很盲目就在这儿。有外国朋友总结了三句话说，中国人吃药三大怪：一说到男人都是阳虚，见到医生就问，我是不是阳虚啊，什么动物的生殖器啊、肾脏啊，都成餐馆的高档次食品了；二是女人全血虚，一开口就说血虚了，那就得吃那个阿胶啊什么的；三是全国都吃六味地黄丸，你说好、他说好，你传我、我传你，形成一个风气了。六味地黄丸虽好，它是有适应证的。就季节而言，夏天天气炎热，六味性凉滋阴，有选择的前提；冬天寒冷，肯定需要考虑了。中医很有智慧、很聪明，寒了加点热性的药物，出来个金匮肾气丸，在六味里边加了附子、加了肉桂，加上两味热药，也叫“八味肾气丸”，治疗范围就变化了。一句话，中医是很讲究科学性、讲究辨证施治的，千万不能别人说好你就吃。

二问：中医讲的是整体辨证，西医是局部辨病，选择哪个手段更好些？

答：中医的养生就是整体的调养，但也会涉及一些局部的问题。中医的整体辨证与西医的局部辨病，是不矛盾的。就人体结构而言，有了局部才能构成整体，有了整体才能联络起局部。比如说对颈椎病、腰椎病的判断，从中医的理论说，中医认为肾主骨，它和肾有密切的关系，用补肾的方法可以帮助这些部位的康复和治疗。这并不是说我一下子通过药物把这个突出的椎间盘给治掉了，而是帮助把这个部分的血液循环加强了，帮助它的正能量供应增加了，让机体自我去产生修复功能。如果说这个时候它有手术指征，就可以配合西医的手术把它做了，把它矫正了。中医也有手术的办法，也有矫正它的办法。在许多疾病的治疗上，中西医可以互相配合、兼容，效果可能会更好。利用各自学科之长，分别解决局部的问题和解决整体的问题，不存在矛盾的。站在整体的思想去考虑局部，然后在整体的指导下来解决局部的问题，是一条有效的思路，多方法解决问题要比靠一条路走到黑的单一方法好得多。中医历来不反对运用西医的各种检查手段来帮助对疾病的准确诊断，中医判断寒热不用温度计，但不知道度数，用温度计一量，更清楚了。你超过40℃，很高啊！你37.5℃、38℃，温烧啊！中医也有低温、高烧之分，两者结合起来，心里不是更有数了！所以，我认为局部和整体的结合、中医和西医的结合，将是解决健康的一个重要的、必要的手段。邓小平同志有一句话很经典的话，叫“黑猫白猫，抓住老鼠就是好猫”。我是中医，也学过西医，我的原则是固守中医而不排斥西医。我认为，大家在选择医疗手段的时候，最基本的原则是本着痛苦少、毒副作用小、时间快、恢复的过程短这个目标来的，中西医结合的方法当是重要的选择之一。当然也有单独选择中医或单独选择西医去治疗的，因为两者各有所长，对不同的疾病或同一疾病的不同阶段的作用是各有千秋的。对疾病治疗手段的选择，要遵循以下三句话，这不是我说的，是世界卫生组织说的：“能食不药，能口服不注射，能注射不输液。”就是说，能用饮食解决问题的千万不要吃药，是药三分毒，一点儿假不了，最好的药也有毒性啊！如果必须用药的时候，能吃药片，不要打针，你看那打针很快，正作用很快，副作用也很大。如果需要打针，那么能用肌肉针解决问题的就不必输液。输液虽然来得更快，出问题也更快，抢救起来更困难。这个原则值得我们在座所有同志去思考。中国是输液大国，发达国家人平均年输液量 2.7 瓶，中国是 8.7 瓶，超过人家两、三倍，不是好现象。一个感冒都去输液，许多人被输死了，自己还安慰说，液体也输死了，最好的药都用了，不遗憾了！输死了还不知道，罪过呀！

三问：得了痛风很痛苦，中西医都有什么好方法防治呀？

答：痛风，是西医的病名，中医没有这个病名，但有对这个病的描述，叫“痹症”，风寒湿或风湿热三气合而为病。这个“痹”字，就是不通的意思。痛风与这一原因有关，中医讲就是气血不通。现在认为，痛风跟饮食有非常大的关系，年轻人、好酒的人、嗜好海味的人、吃肥腻太多的人都是痛风的主要的对象。那么老年人也没吃什么好的东西，怎么就得痛风了呢？刚才讲了风寒湿、风湿热等因素都可以发病。对痛风的治疗，用中医的方法配合西医的方法会效果很好，西医治疗痛风的药物比较少，就那么几种，吃时间长了还容易产生耐药性，效果就差一点了。我建议，同时把中医治疗痹症的方法使用上，只要辨证准确，效果一般都非常不错。我在临床上也遇见过很多这种病人，都是在运用西药治了很长时间效果不好才来找中医的。我就在原来治疗的基础加上中药，经过一段时间的调整，病情就稳定下来了。除了药物治疗外，一定得合理地调配生活、科学地安排生活，养成良好的生活习惯，这些都是重要的因素。要么调整了半天，可能一顿海鲜就又给它推翻了、一顿大酒就给它推翻了。所以，从根本上讲，还是养成科学的生活习惯最重要。

关于痛风的预防，刚才我讲了，关键是要合理地调节生活。膏粱厚味，要适当地吃。所谓膏粱厚味，就是肥肉、酒类、海货一类的。特别有过敏体质的人、脾胃不好的人，吃这些东西都要掌握适量的原则，不能连续去吃。当然还有生活习惯问题，痛风有的和自然环境还有关系，长期熬夜、长期抽烟、长期喝酒、长期不顾寒冷天气，不注意衣物的调节都会引起或诱发它的。任何疾病都是得的时候很容易，治的时候很困难啊！有句话叫“病来如山倒，病去如抽丝”。山都倒下来了，“哗”的一下病就来了，真是防不胜防；治起来很难很难，抽丝多难，一根一根地慢慢来呀！所以，还是要把疾病解决在萌芽状态，还是要通过养生建立起科学的生活方式。少生病，利自己、利子女、利国家。身体健康了，自己少受罪，子女少膺记，还能节约医疗费。利己、利国、利民之举，我想这正是要做养生的重要意义。

四问：您前面讲了，深睡眠那么重要，那下半夜的浅睡眠是不是就可以不要了，增加点工作时间岂不更有意义？

答：我前面去玩时讲过深睡眠的重要意义，但不是不要浅睡眠，75%加25%才是百分之百，不能只有一半时间的睡眠。想在在后半夜多工作一段时间，这是个很美好的理想。我还是那句话，我们的基本观点是天人相应，人不能违背大自然的节律，你可以改造自然、可以有这种想法，但是这个过程肯定非常漫长，需要很长时间来实践，不是一下子能够实现的。因为人体有一个生物钟，就像钟表，几点天亮、几点天黑是有迹可循的。大脑也是个生物钟，几点钟睡觉、几点钟清醒，它都会向机体发出信号：清醒时，让你精神振奋；疲劳时，让你打哈欠。几点钟吃饭，唾液就开始分泌了，胃液就开始分泌了，让你饿肚子了，吃完饭还能让你消化好；几点钟起床、几点钟工作，让你思维敏捷、精力旺盛。要建立一个新的生物钟，需要很复杂的程序，不是随便一想就把它建立了、用一种药物就把它改变了。晚上睡觉白天工作，从我们老祖先开始，这种“日出而作，日入而瞑”的生活习惯传了多少代、多少年了，是无法轻易改变的。不仅是我们中国，包括外国人，整个人类无不如此。譬如美国，我们现在白天，他晚上正睡觉呢！

互动结束的时间到了，再次祝大家健康！

《地震与防震减灾》彩插

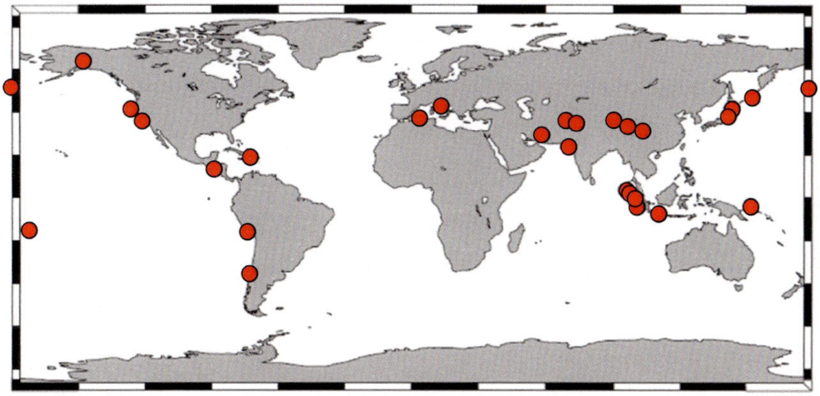

彩图 1　2000 年以来全球重大地震震中分布图

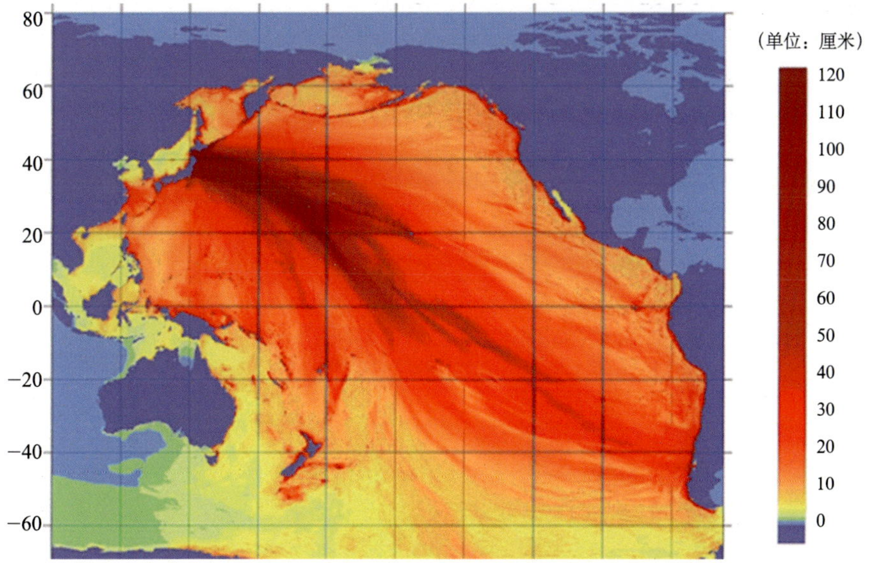

彩图 6　日本东北部大地震引发的特大海啸在海洋中传播情景预报图

彩图 10 全球板块大地构造图

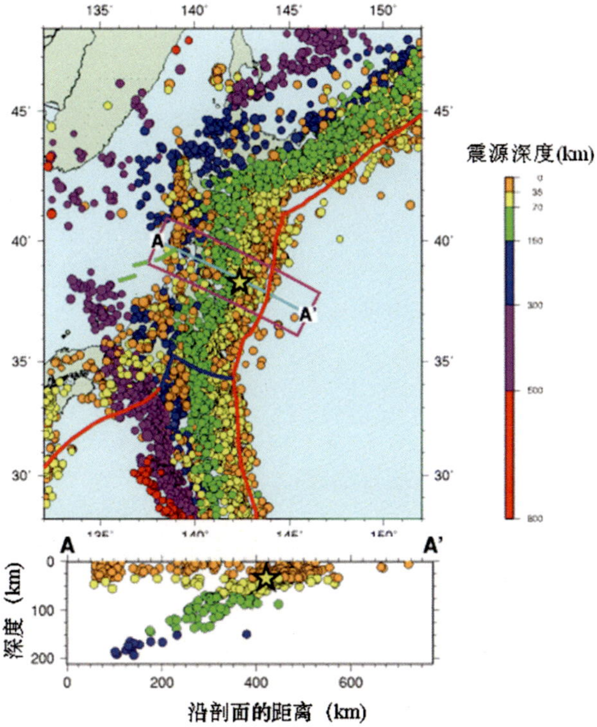

图 15　2011 年 3 月 11 日日本东北部大地震及其所在区域的地震震源分布图

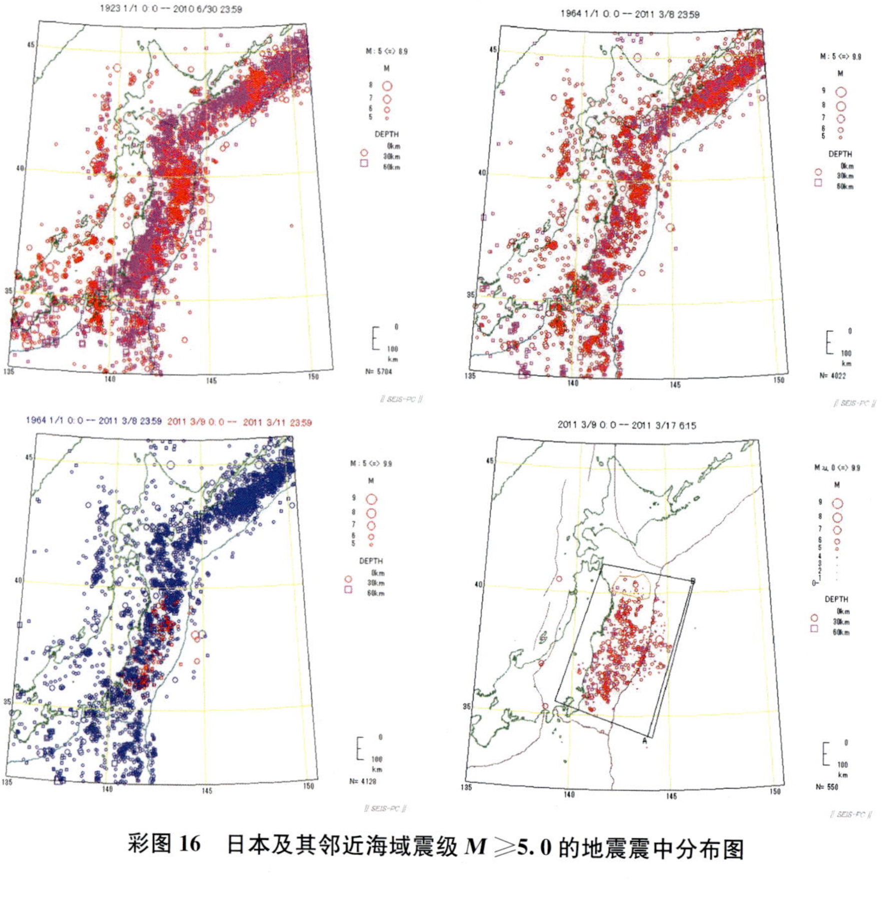

彩图 16　日本及其邻近海域震级 $M \geqslant 5.0$ 的地震震中分布图

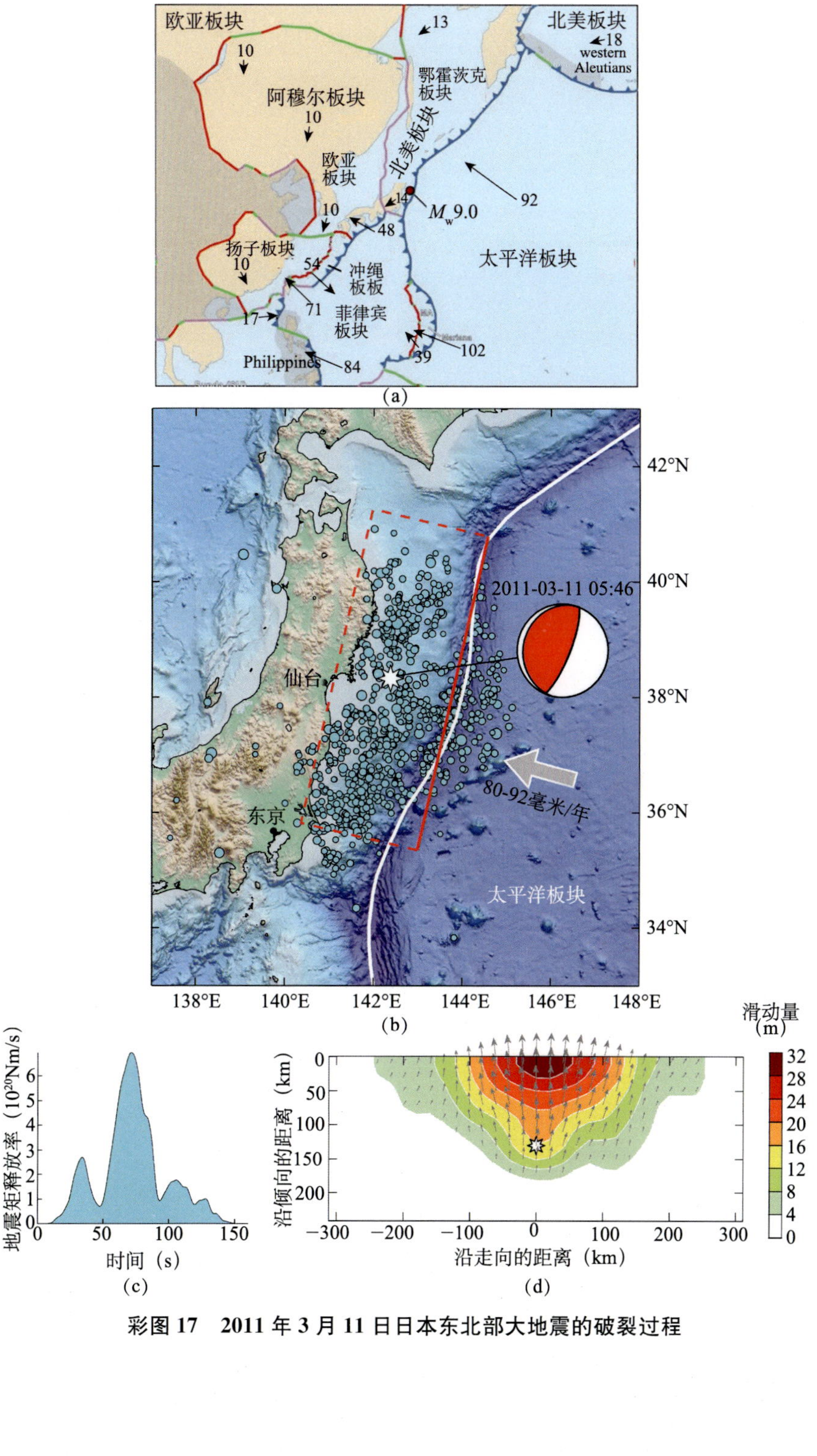

彩图 17　2011 年 3 月 11 日日本东北部大地震的破裂过程

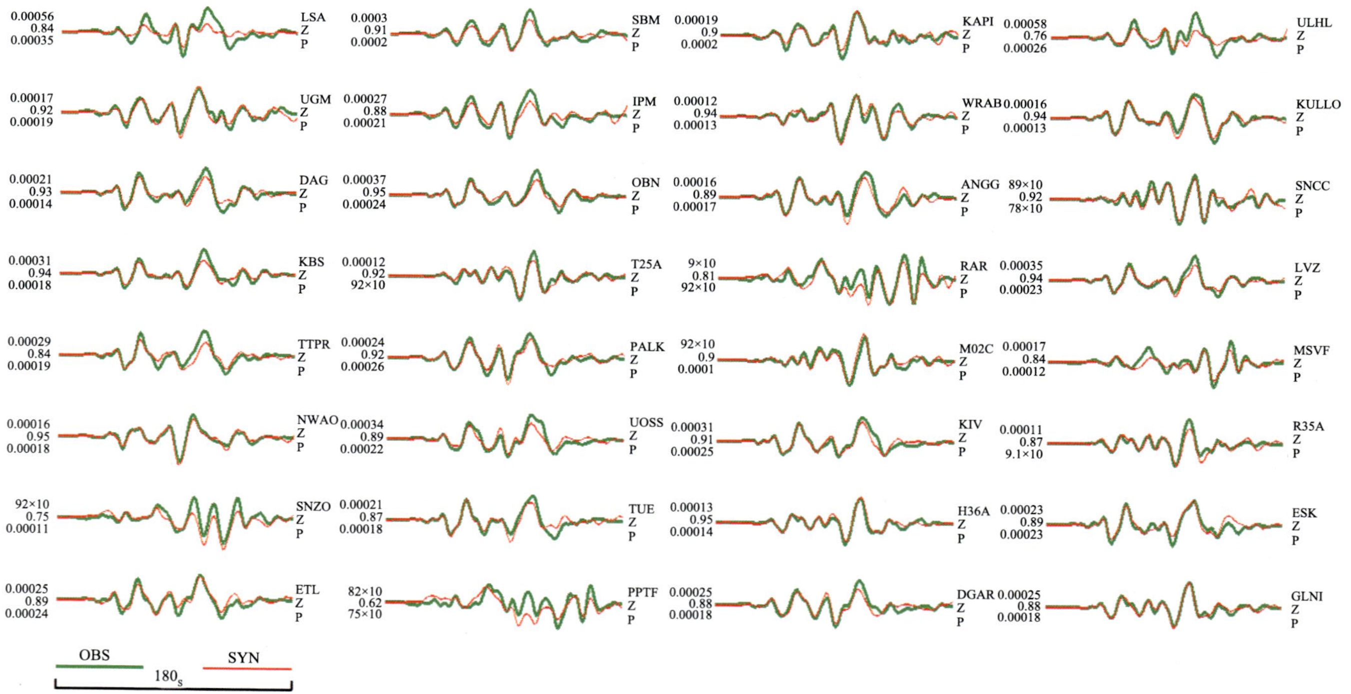

彩图18　理论地震图与观测地震图符合情况